高等职业教育土木建筑类专业教材
高职高专智慧建造系列教材

建筑工程测量

主　编　王淑红　寸江峰
参　编　陈胜博　范旭东
主　审　于军琪

北京理工大学出版社
BEIJING INSTITUTE OF TECHNOLOGY PRESS

内 容 提 要

本书按照高职高专院校人才培养目标以及专业教学改革的需要，依据最新标准规范进行编写。全书共分为十二个项目，主要内容包括测量基本知识、水准测量、角度测量、距离测量与直线定向、全站仪高级功能、小区域控制测量、大比例尺地形图的基本知识、施工测量的基本工作、施工场地的控制测量、民用建筑施工测量、工业建筑施工测量、建筑物变形观测与竣工测量等。

本书可作为高职高专院校建筑工程技术等相关专业的教材，也可作为函授和自考辅导用书，还可供工程项目施工现场相关技术和管理人员工作时参考使用。

图书在版编目（CIP）数据

建筑工程测量 / 王淑红，寸江峰主编.—北京：北京理工大学出版社，2018.1（2020.2重印）
ISBN 978-7-5682-5053-5

Ⅰ.①建…　Ⅱ.①王…②寸…　Ⅲ.①建筑测量—高等学校—教材　Ⅳ.①TU198

中国版本图书馆CIP数据核字（2017）第308663号

出版发行 / 北京理工大学出版社有限责任公司

社　　　址 / 北京市海淀区中关村南大街5号

邮　　　编 / 100081

电　　　话 / （010）68914775（总编室）
　　　　　　（010）82562903（教材售后服务热线）
　　　　　　（010）68948351（其他图书服务热线）

网　　　址 / http://www.bitpress.com.cn

经　　　销 / 全国各地新华书店

印　　　刷 / 天津久佳雅创印刷有限公司

开　　　本 / 787毫米 × 1092毫米　1/16

印　　　张 / 14.5　　　　　　　　　　　　　　　　责任编辑 / 钟　博

字　　　数 / 350千字　　　　　　　　　　　　　　文案编辑 / 钟　博

版　　　次 / 2018年1月第1版　2020年2月第4次印刷　　责任校对 / 周瑞红

定　　　价 / 42.00元　　　　　　　　　　　　　　责任印制 / 边心超

总序言

    高等职业教育以培养生产、建设、管理、服务第一线的高素质技术技能人才为根本任务，在建设人力资源强国和高等教育强国的伟大进程中发挥着不可替代的作用。近年来，我国高职教育蓬勃发展，积极推进校企合作、工学结合人才培养模式改革，办学水平不断提高，为现代化建设培养了一大批高素质技术技能人才，对高等教育大众化作出了重要贡献。要加快高职教育改革和发展的步伐，全面提高人才培养质量，就必须对课程体系建设进行深入探索。在此过程中，教材无疑起着至关重要的基础性作用，高质量的教材是培养高素质技术技能人才的重要保证。

    高等职业院校专业综合改革和高职院校"一流专业"培育是教育部、陕西省教育厅为促进高职院校内涵建设、提高人才培养质量、深化教育教学改革、优化专业体系结构、加强师资队伍建设、完善质量保障体系，增强高等职业院校服务区域经济社会发展能力而启动的陕西省高等职业院校专业综合改革试点项目和陕西高职院校"一流专业"培育项目。在此背景下，为了更好的贯彻《国家中长期教育改革和发展规划纲要（2010—2020年）》及《高等职业教育创新发展行动计划（2015—2018年）》相关精神，更好地推动高等职业教育创新发展，自"十三五"以来，陕西交通职业技术学院建筑工程技术专业先后被立项为"陕西省高等职业院校专业综合改革试点项目"、"陕西高职院校'一流专业'培育项目"及"高等职业教育创新发展行动计划（2015—2018年）骨干专业建设项目"，教学成果"契合行业需求，服务智慧建造，建筑工程技术专业人才培养模式创新与实践"荣获"陕西省2015年高等教育教学成果特等奖"。依托以上项目建设，陕西交通职业技术学院组织了一批具有丰富理论知识和实践经验的专家、一线教师，校企合作成立了智慧建造系列教材编审委员会，着手编写了本套重点支持建筑工程专业群的智慧建造系列教材。

    本套公开出版的智慧建造系列教材编审委员会对接陕西省建筑产业岗位要求，结合专业实际和课程改革成果，遵循"项目载体、任务驱动"的原则，组织开发了以项目为主体的工学结合教材；在项目选取、内容设计、结构优化、资源建设等方面形成了自己的特色，具体表现在以下方面：一是教材内容的选取凸显了职业性和前沿性特色；二是教材结构的安排凸显了情境化和项目化特色；三是教材实施的设计凸显了实践性和过程性特色；四是教材资源的建设凸显了完备性和交互性特色。总之，智慧建造系列教材的体例结构打破了传统的学科体系，以工作任务为载体进行项目化设计，教学方法融"教、学、做"于一体、实施以真实工作任务为载体的项目化教学方法，突出了以学生自主学习为中心、以问题为导向的理念，考核评价体现过程性考核，充分体现现代高等职业教育特色。因此，本套智慧建造系列教材的出版，既适合高职院校建筑工程类专业教学使用，也可作为成人教育及其他社会人员岗位培训用书，对促进当前我国高职院校开展建筑工程技术"一流专业"建设具有指导借鉴意义。

2017年10月

前　言

精准的测量工作是保证建筑工程质量的关键，无论是在建筑的设计阶段、施工阶段还是运营阶段均离不开测量工作。

本书以培养学生建筑施工测量和建筑变形监测基本能力为根本目的，编者在征求了许多高职高专院校教师和工程单位专家技术人员的意见和建议的基础上，结合土建类工程测量课程教学实践来编写了本书。本书在编写过程中，在充分尊重测量传统知识和理论的同时，注重结合新仪器、新技术、新理论，删除了一些因仪器或者技术革新而淘汰或者很少用到的内容，力求保证教学内容与当前生产实践同步。

本书共分为十二个项目，主要包括测量基本知识、水准测量、角度测量、距离测量与直线定向、全站仪高级功能、小区域控制测量、大比例尺地形图的基本知识、施工测量的基本工作、施工场地的控制测量、民用建筑施工测量、工业建筑施工测量及建筑物变形观测及竣工测量等内容。

本书由陕西交通职业技术学院王淑红、寸江峰担任主编，陕西路桥集团有限公司陈胜博、西安市第二市政工程公司范旭东参与了本书部分章节的编写工作。具体编写分工如下：王淑红编写项目一、项目二、项目三、项目六，寸江峰编写项目五、项目七、项目八、项目十、项目十一，陈胜博编写项目四、项目九，范旭东编写项目十二。全书由于军琪主审。

本书在编写过程中，得到了陕西交通职业技术学院郭红兵及建筑与测绘工程学院建筑工程教研室各位老师的大力支持，在此表示感谢。

由于编者水平有限，书中难免有不妥之处，敬请批评指正！

编　者

目 录

项目一　测量基本知识 ……………… 1

任务一　认识测量学的任务及其在
　　　　建筑工程中的应用 ………… 1
　　一、测量学的任务 ………………… 2
　　二、测量学的分类 ………………… 2
　　三、测量学在建筑工程中的应用 … 2

任务二　表示地面点的位置 ………… 3
　　一、地球的形状和大小 …………… 3
　　二、坐标系统及地面点的表示 …… 5

任务三　认识用水平面代替水准面的
　　　　限度 …………………… 14
　　一、对距离的影响 ……………… 14
　　二、对水平角的影响 …………… 15
　　三、对高程的影响 ……………… 16

任务四　了解建筑工程测量的基本
　　　　要求 …………………… 17
　　一、建筑工程测量的基本工作 …… 17
　　二、建筑工程测量遵循的原则 …… 18

项目小结 ………………………… 18
思考与练习 ……………………… 19

项目二　水准测量 ……………… 20

任务一　理解水准测量原理 ……… 20
任务二　认识水准测量仪器及工具 … 22
　　一、水准尺 ……………………… 22
　　二、尺垫 ………………………… 23
　　三、水准仪 ……………………… 23
任务三　进行水准测量的施测 …… 28

　　一、水准点和水准路线 ………… 28
　　二、水准测量方法 ……………… 29
　　三、水准测量成果整理 ………… 32

任务四　检验和校正水准仪 ……… 35
　　一、水准仪各轴线之间的几何关系 … 35
　　二、圆水准器的检验和校正 …… 36
　　三、十字丝的检验和校正 ……… 36
　　四、水准管轴平行于视准轴的检验和
　　　　校正 ……………………… 37

任务五　减小水准测量误差 ……… 39
　　一、仪器误差 …………………… 39
　　二、观测误差 …………………… 39
　　三、外界条件影响误差 ………… 40

任务六　认识精密水准仪和电子
　　　　水准仪 …………………… 40
　　一、精密水准仪 ………………… 40
　　二、电子水准仪 ………………… 42

项目小结 ………………………… 43
思考与练习 ……………………… 44

项目三　角度测量 ……………… 45

任务一　认识水平角及其测量原理 … 45
　　一、水平角的定义 ……………… 45
　　二、水平角测量原理 …………… 45

任务二　使用全站仪 …………… 46
　　一、认识全站仪 ………………… 46
　　二、全站仪的辅助设备 ………… 48
　　三、全站仪的架设 ……………… 49
　　四、全站仪测量前的准备工作 …… 50

五、全站仪角度测量 …………… 50

任务三 观测水平角 　　**51**
　一、测回法 …………………… 51
　二、方向观测法 ………………… 52
　三、水平角观测误差分析和注意事项 … 54

任务四 观测竖直角 　　**55**
　一、竖直角的概念 ……………… 55
　二、竖直度盘的构造特点 ……… 55
　三、竖直角计算公式的确定 …… 56
　四、竖直角观测的程序 ………… 56
　五、竖盘指标差 ………………… 57

项目小结 ……………………… 58

思考与练习 …………………… 58

项目四 距离测量与直线定向 ……… **60**

任务一 用钢尺丈量距离 　　**60**
　一、丈量工具 …………………… 60
　二、直线定线 …………………… 62
　三、距离丈量 …………………… 63

任务二 用全站仪进行距离测量 … **65**

任务三 确定直线的方向 　　**67**
　一、标准方向的种类 …………… 67
　二、方位角 ……………………… 68
　三、坐标方位角 ………………… 69

项目小结 ……………………… 72

思考与练习 …………………… 72

项目五 全站仪高级功能 …………… **73**

任务一 用全站仪进行坐标测量 … **73**
　一、坐标测量原理 ……………… 73
　二、坐标测量 …………………… 74

任务二 用全站仪进行放样测量 … **75**

任务三 使用全站仪进行数据采集 … **76**
　一、设置采集参数 ……………… 77
　二、数据采集文件的选择 ……… 77
　三、设置测站点与后视点 ……… 77
　四、数据采集 …………………… 78

任务四 全站仪内存管理与数据
　　　　通信 ……………… **79**
　一、内存管理 …………………… 79
　二、数据传输 …………………… 82
　三、文件操作 …………………… 84
　四、初始化 ……………………… 84

项目小结 ……………………… 85

思考与练习 …………………… 85

项目六 小区域控制测量 ………… **86**

任务一 认识控制测量 …………… **86**
　一、平面控制测量 ……………… 86
　二、高程控制测量 ……………… 88

任务二 导线测量 ………………… **88**
　一、导线的布设形式 …………… 89
　二、导线测量的外业工作 ……… 90
　三、导线测量的内业工作 ……… 91

任务三 交会定点 ………………… **98**
　一、前方交会 …………………… 98
　二、侧方交会 …………………… 99
　三、后方交会 …………………… 100
　四、距离（测边）交会 ………… 100

任务四 高程控制测量 …………… **101**
　一、三、四等水准测量 ………… 101
　二、三角高程测量 ……………… 104

任务五 GPS测量 ……………… **105**
　一、GPS概述 …………………… 105
　二、GPS定位的基本原理 ……… 108
　三、GPS测量简介 ……………… 109

项目小结 ……………………… 113

思考与练习 …………………… 114

项目七 大比例尺地形图的基本
　　　　知识 ………………… **115**

任务一 了解地形图的基本知识 … **115**
　一、地形图的比例尺 …………… 115
　二、地形图的分幅与编号 ……… 117

三、地形图的分类 ·············· 118
四、地形图的其他要素 ··········· 118

**任务二 掌握地物和地貌在地形图上的
表示方法 ·············· 119**
一、地物符号 ·················· 119
二、地貌符号 ·················· 123

**任务三 使用全站仪进行数字化
测图 ················· 127**
一、数字化测图概述 ············ 127
二、数字化测图系统 ············ 128
三、地形要素数据采集 ·········· 128
四、数字化测图的数据处理 ······ 129
五、数字化测图的图形输出 ······ 129
六、数字化测图软件 ············ 129
七、编辑与整饰 ··············· 134
项目小结 ····················· 135
思考与练习 ··················· 135

项目八 施工测量的基本工作 ····· 137
任务一 了解施工测量 ·········· 137
一、施工测量的主要任务 ········ 137
二、施工测量的特点 ············ 138

任务二 熟悉测设的基本工作 ····· 139
一、已知水平距离的测设 ········ 139
二、已知水平角的测设 ·········· 140
三、已知高程的测设 ············ 141
四、测设坡度线 ··············· 142

任务三 测设点位 ·············· 144
一、直角坐标法 ··············· 144
二、极坐标法 ·················· 145
三、角度交会法 ··············· 145
四、距离交会法 ··············· 146
五、十字方向线法 ············· 146
六、全站仪坐标测设法 ·········· 146

任务四 圆曲线的测设 ·········· 147
一、测设的步骤 ··············· 147
二、圆曲线的主点测设 ·········· 147
三、圆曲线的详细测设 ·········· 148

项目小结 ····················· 151
思考与练习 ··················· 151

项目九 施工场地的控制测量 ······ 153
**任务一 了解施工场地控制测量的
基本概念 ·············· 153**
一、施工控制网的特点 ·········· 153
二、施工控制网的种类和选择 ···· 154
三、施工控制点的坐标换算 ······ 154

**任务二 使用建筑基线进行建筑物
定位 ················· 155**
一、建筑基线的布置 ············ 155
二、测设建筑基线的方法 ········ 156

**任务三 使用建筑方格网进行建筑物
定位 ················· 157**
一、建筑方格网的布设 ·········· 158
二、主轴线测设 ··············· 158
三、建筑方格网的测设 ·········· 159

**任务四 进行施工场地的高程控制
测量 ················· 162**
项目小结 ····················· 163
思考与练习 ··················· 163

项目十 民用建筑施工测量 ········ 164
任务一 做好测量前的准备工作 ··· 164
一、熟悉设计图纸 ············· 164
二、仪器配备与检校 ············ 166
三、现场踏勘 ·················· 166
四、编制施工测设方案 ·········· 166
五、准备测设数据 ············· 167

**任务二 进行民用建筑物的定位与
放线 ················· 168**
一、民用建筑物的定位 ·········· 168
二、民用建筑物的放线 ·········· 171

任务三 进行建筑物基础施工测量 ··· 173
一、基槽开挖深度的控制 ········ 173
二、垫层标高和基础放样 ········ 174

三、基础墙标高的控制和弹线 ········ 174

任务四　进行建筑物主体工程施工测量　175
一、墙体定位 ·································· 175
二、轴线投测 ······························· 175
三、墙体各部位高程的控制 ·········· 176
四、多层建筑物轴线投测与标高引测 ··· 176

任务五　进行高层建筑施工测量　177
一、高层建筑施工测量的特点、基本准则及主要任务 ······················· 178
二、高层建筑的定位与放线 ·········· 178
三、高层建筑中的竖向测量 ·········· 180
四、高层建筑的高程传递 ·············· 182

项目小结 ·································· 184
思考与练习 ····························· 184

项目十一　工业建筑施工测量　185

任务一　测设工业厂房控制网　185
一、控制网测设前的准备工作 ······· 185
二、不同类型工业厂房控制网的测设 ··· 186
三、工业厂房控制网的精度要求 ···· 187

任务二　进行工业建筑物放样　188
一、工业建筑物放样要求 ·············· 188
二、工业建筑物放样精度 ·············· 188

任务三　进行工业建筑物结构施工测量　190
一、建筑物结构基础施工测量 ······· 190
二、柱子安装测量 ························· 194
三、吊车梁安装测量 ····················· 195
四、吊车轨道安装测量 ················· 196
五、钢结构工程安装测量 ·············· 197

任务四　进行工业管道工程施工测量　198
一、管道工程施工测量的内容 ······· 198
二、管道工程施工测量的准备工作 ··· 199
三、管道中心线测量 ····················· 199
四、管道施工高程控制测量 ·········· 201
五、管道纵、横断面图的测绘 ······· 201

六、地下管道施工测量 ················· 202
七、架定管线施工测量 ················· 206
八、顶管施工测量 ························· 206
九、管道竣工测量 ························· 207

任务五　进行机械设备安装测量　208
一、设备基础控制网的设置 ·········· 208
二、设备安装基准线和基准点的确定 ··· 209
三、基坑开挖与设备基础放线 ······· 209
四、设备标高基准点设置 ·············· 210

项目小结 ·································· 210
思考与练习 ····························· 211

项目十二　建筑物变形观测与竣工测量　212

任务一　进行建筑物的沉降观测　212
一、沉降观测基准点和观测点的设置 ··· 212
二、水准基点的布设 ····················· 213
三、沉降观测点的布设 ················· 213
四、沉降观测 ······························· 214
五、沉降观测的成果整理 ·············· 215

任务二　进行建筑物的倾斜观测　216
一、一般建筑物的倾斜观测 ·········· 216
二、塔式建筑物的倾斜观测 ·········· 217

任务三　进行建筑物的裂缝观测和水平位移观测　218
一、建筑物的裂缝观测 ················· 218
二、建筑物的水平位移观测 ·········· 219

任务四　编绘竣工总平面图　219
一、编绘竣工总平面图的意义 ······· 219
二、编绘竣工总平面图的方法和步骤 ··· 220
三、编绘竣工总平面图的注意事项 ··· 220
四、竣工总平面图的附件 ·············· 221

项目小结 ·································· 221
思考与练习 ····························· 221

参考文献 ··································· 222

项目一 测量基本知识

学习目标

通过本项目的学习，了解建筑工程测量的任务和基本内容、用水平面代替水准面的限度；熟悉工程测量的基本工作、建筑工程测量遵循的原则；掌握坐标系统及地面点的表示方法。

能力目标

对"建筑工程测量"课程有初步的认识，会使用平面直角坐标和高程表示地面点的位置。

工程测量的主要工程技术任务是为工程建设规划设计阶段、施工阶段、竣工运营管理阶段提供测定、测设服务。其中，测定是规划设计阶段、竣工运营管理阶段工程测量工作的主要任务，它是以地形图、竣工图、变形测量成果为依据，定性、定量地描述测量对象及其特征点的形状、大小、位置、变化、质量、安全等信息，主要为规划设计、建筑工程档案管理和安全运营管理服务。测设是施工阶段工程测量的主要任务，它是以规划图、施工图及其变更文件为依据，将建筑物及其特征点准确地标定到地面、传递到地表空间的地下和上空，主要为建筑工程信息化施工服务。

根据规划设计阶段、施工阶段、竣工运营管理阶段对用图、放样、变形监测的需求，研究如何测绘、使用地形图，研究如何将规划设计图上的建筑物特征点位置测设到工作面上为施工提供依据，研究如何精确测定、监测建筑物上一系列关键点在自身荷载和外力作用下随时间的变化，确保建筑物的安全、稳定，为验证设计理论和信息化施工提供资料。

建设工程包罗万象，建筑工程仅是建设工程领域的一部分，工程测量也仅是测绘地理信息业的领域之一。建筑工程测量主要是为土木建筑工程提供测定、测设服务的工程测量工作。

任务一　认识测量学的任务及其在建筑工程中的应用

任务描述

在小学数学课程中我们就开始接触测量——即用直尺量取一条线段的长度或者用量角器量取一个角度。但是大家都知道测量学肯定不会这么简单，那么它究竟研究什么？要使用什么样的工具？达到什么样的研究目的？在建筑工程中测量学知识有哪些应用呢？本任务要求学生认识测量学的基本任务及其在建筑工程中的应用知识。

相关知识

一、测量学的任务

测量学是一门研究如何测定地球表面点的位置，如何将地球表面的地貌、地物、行政和权属界限测绘成图，如何将图纸上规划设计好的点和线在实际地面上标定出来，以及如何确定地球的形状和大小的一门科学。它的主要任务包括两大部分，即测定和测设。

测定又称为测绘，是指使用测量仪器和工具，通过实际测量和计算将地物和地貌的位置按一定比例尺和规定的符号缩小绘制成图，供科学研究和工程建设规划设计使用。

测设是指将图纸上设计出的建筑物和构筑物的位置在实地标定出来，作为施工的依据，又称施工放样。

二、测量学的分类

测量学按照研究范围和对象的不同，主要可分为以下几个分支学科：

(1)大地测量学——研究测定地球的形状、大小和地球重力场的理论，是在地球表面广大区域内建立国家大地控制网等方面的测量理论、技术和方法的学科，为测量学的其他分支学科提供最基础的测量数据和资料。

(2)普通测量学——研究地球表面较小区域(不考虑地球曲率的影响，把该小区域内的投影球面直接作为平面对待)内测绘工作的基本理论、技术和方法的学科，主要是指用地面作业方法，将地球表面局部地区的地物和地貌等测绘成图。

(3)工程测量学——研究在工程建设的规划设计、施工建设和运营管理各阶段中进行的测量工作的理论、技术和方法的学科。

(4)海洋测量学——以海洋水体和海底为测绘对象，研究测量及海图编制的理论和方法的学科。

(5)地图制图学与地理信息工程——专门研究利用地图图形科学地、抽象概括地反映自然界和人类社会各种现象的空间分布、相互关系及其动态变化，对空间信息进行获取、智能抽象、存储、管理、分析、处理、可视化及其应用的学科。

(6)摄影测量与遥感学——研究利用摄影和遥感技术获取被测地表物体的影形或数字信息，进行分析处理，绘制成图或数字模型的理论和方法的学科。

三、测量学在建筑工程中的应用

建筑工程测量属于工程测量学的范畴，是测量学的基本原理、方法和技术在建筑工程活动中的应用，包括工程在规划设计、施工建设和运营管理各个阶段所进行的各种测量工作。在不同的领域，测量工作的内容和步骤也不同。

(1)规划设计阶段：运用各种测量仪器和工具，通过实地测量和计算，把工程建设区域一定范围内地面上的地物、地貌按一定的比例尺测绘成地形图，为规划设计提供资料和依据。

(2)施工建设阶段：将图纸上设计好的建筑物或构筑物的平面位置和高程，按设计要求在实地上用桩点或线条标定出来，作为施工的依据。准确的测量定位是保证工程质量、贯彻设计意图的关键。因此，在工程施工过程中需进行大量复杂的测量工作，其主要是建立控制及施工放样。

（3）运营管理阶段：工程完工后，要测绘竣工图，供日后扩建、改建、维修和城市管理使用。对重要建筑物或构筑物，在建设中和建成以后都需要定期进行变形观测，监测建筑物或构筑物的水平位移和垂直沉降，了解建筑物或构筑物的变形规律，以便采取措施，保证建筑物的安全。

由此可见，各种工程建设以及工程建设的各个阶段都离不开测量工作，测量工作贯穿工程建设的始终。作为一名工程技术人员，应熟练掌握工程建设各个阶段的测量方法和基本原理，同时，也要不断学习和掌握新技术、新方法的应用。测量学是一门与时俱进、不断发展的科学。近十年来，大量新技术和方法如数字测图、全站仪和GPS测量及计算机数据处理等已逐步应用到测量工作中，作为一名现代工程技术人员，只有不断学习、提高自己的知识水平，才能满足现代化工程建设的需要，并将它们应用到土木工程建设的生产实践中。只有这样，才能担负起工程规划设计、施工建设和运营管理等各个阶段的任务。

任务二　表示地面点的位置

任务描述

通过对地球的认识，建立起依托地球的坐标系统、高程系统作为位置参考基准，在该参考基准下按照一定的投影法则，将以点、线、面、体形式存在的地物、地貌用纸质地图、导航电子地图、互联网地图及其他形式表达出来。

建设工程如何选址选线，如何规划设计，怎么施工投资最小、工期最短、效益最大等一切测量工作的出发点、落脚点，都是以确定位置为根本任务。本任务要求学生掌握地面点位的确定与表示方法。

相关知识

一、地球的形状和大小

测量工作是在地球地面进行的。只有在对地球的自然形态、物理形态和数学形态有了科学的认识后，才能科学地建立定位和位置服务的参考基准。

地球的自然表面有高山、丘陵、平原、盆地和海洋，其表面粗糙不平，很不规则。地表上海洋约占整个地表面积的 71%，陆地约占 29%，地表上最高的珠穆朗玛峰高出海水面达 8 844.43 m，最低的马里亚纳海沟低于海水面达 11 022 m，"山高不如海深"，这样的高低起伏，相对于地球 6 371 km 的平均半径来说只算是微小的起伏。总体而言，地球是一个被水面包围的球体。

根据牛顿万有引力定律可知，在地球的自转运动中，地球上任一质点都要受到地球引力和离心力的双重作用，这两个力的合力称为重力，重力的方向线称为铅垂线。铅垂线是野外测量工作的基准线。在地球的任意一点上，用细线悬挂重锤，通过重锤静止后细线的方向即可取得该点铅垂线的方向，如图 1-1 所示。

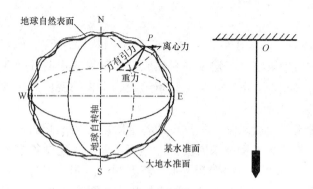

图 1-1　地球自然面和铅垂线

静止的水面称为水准面。水准面是不流动的水受地球重力影响而形成的重力等位面，它是一个处处与重力方向垂直的连续曲面。与水准面相切的平面称为水平面。测量仪器的水准器中，加入加热的酒精或乙醚密封冷却后，形成的水准气泡则为判定测量仪器是否水平，或者仪器竖轴是否处于铅垂线方向的参考基准。当测量仪器上的水准气泡居中时，就认为液面静止，与水准面吻合，仪器即处于水平状态，仪器竖轴就与铅垂线方向一致。

静止的水面可高可低，测量中每次安置的仪器高低也都不一样。因此，符合上述特点的水准面有无数多个。其中与平均海水面吻合并向大陆、岛屿地壳内部延伸，延伸时保持与铅垂线垂直，形成的一个闭合曲面，就是大地水准面。大地水准面是一个重力等位面，大地水准面也是地球的物理面。大地水准面是测量工作的基准面，由大地水准面所包围的地球形体，称为大地体。

由于地表高低起伏和地球内部质量分布不均，铅垂线的方向产生不规则变化，这就导致与铅垂线垂直的大地水准面也出现微小的起伏变化，如图 1-2 所示，成为一个不很光滑的复杂曲面。可见，在大地水准面上无法进行精确的数学计算。

选用一个和大地水准面非常接近且能用数学模型表示的几何形体，代替地球的自然形状，作为测量计算工作的基准面——参考椭球面。图 1-2 右侧的椭圆 NWSE 绕其短轴 NS 旋转而成的椭球，叫作旋转椭球体或参考椭球体，它是地球的数学形体。

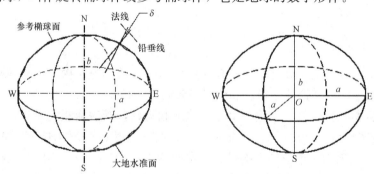

图 1-2　大地水准面和参考椭球面

通过参考椭球定位、定向，使在选定的大地原点处铅垂线和通过该点的法线重合，此时大地水准面和参考椭球面最吻合，即可建立适合本区域乃至整个地球的坐标系统。参考椭球面与大地水准面相切的点称为大地原点。

旋转椭球的数学模型用方程 $\dfrac{x^2}{a^2}+\dfrac{y^2}{a^2}+\dfrac{z^2}{b^2}=1$ 表示。

决定地球椭球体形状和大小的参数是椭圆的长半径 a、短半径 b 和扁率 α。其关系式为

$$\alpha=\frac{a-b}{a}$$

目前，地球椭球体最精确的参数值为：$a=6\ 378\ 137$ m，$\alpha=1：298.257\ 222\ 101$。我国于 2008 年 7 月 1 日启用的 CGCS 2000 地心坐标系，即 2000 国家大地坐标系，就采用了该椭球参数。

1954 年北京坐标系采用克拉索夫斯基椭球(Krasovsky ellipsoid)参数，$a=6\ 378\ 245$ m，$\alpha=1：298.3$。

1980 年西安坐标系采用 IUGG 1975 椭球参数，即 1975 年第 16 届"国际大地测量与地球物理联合会"推荐的椭球，$a=6\ 378\ 140$ m，$\alpha=1：298.257$。

WGS-84 坐标系采用 IUGG 1979 椭球参数，$a=6\ 378\ 137$ m，$\alpha=1：298.257\ 223\ 563$。

由于地球椭球体的扁率 α 很小，当测量的区域不大时，可将地球看作半径为 R 的圆球。

$$R=\frac{a+b+a}{3}\approx 6\ 371 \text{ km}$$

二、坐标系统及地面点的表示

高低起伏、相差悬殊的地球自然表面，仍有起伏、不规则的大地水准面，以及能用数学公式表达的光滑、规则参考椭球面，分别作为野外测量工作的依托面、野外测量工作的基准面和内业测量计算的基准面，形成建立和维持国家、区域、全球乃至整个宇宙的统一定位系统，成为确定地面点在该定位系统中空间位置的重要参考依据。

新中国成立以来，为满足经济建设、国防建设和社会事业的发展要求，我国相继建立了 1954 年北京坐标系、1980 年国家大地坐标系和 CGCS 2000 国家大地坐标系。

1954 年北京坐标系是苏联 1942 年坐标系的延伸，参考椭球体采用的是克拉索夫斯基椭球元素，其大地原点位于苏联的普尔科沃。因该大地原点处铅垂线和法线重合，仅仅考虑到苏联地区大地水准面和参考椭球的密合问题，1954 年北京坐标系参考椭球面在我国范围内与大地水准面并不能达到最佳吻合，加上椭球定向问题，在东部地区，两面的差距最大达 69 m 之多。随着我国天文大地网的完成，于 1982 年建立了我国 1980 年国家大地坐标系，参考椭球元素采用 1975 年 IUGG 第 16 届大会推荐的数值，大地原点位于陕西省西安市以北 60 km 的泾阳县永乐镇石际寺村。1980 年国家大地坐标系简称"1980 西安坐标系"。以上两个大地坐标系是以经典测量技术为基础建立的局部大地坐标系，已经不适应科学技术，特别是空间技术的发展，不适应我国经济建设和国防建设的需要。

以空间技术为基础的地心大地坐标系，是我国新一代大地坐标系的适宜选择。近年来，国家测绘部门、军队测绘部门先后建成的全国 GPS 一、二级网，国家 GPS A、B 级网，中国地壳运动观测网络和许多地壳形变网，为地心大地坐标系的实现奠定了较好的基础。经国务院批准，自 2008 年 7 月 1 日起启用 2000 国家大地坐标系，即 CGCS 2000 坐标系。

测量上的坐标系通常有地心坐标系和参心坐标系之说。参心坐标系的原点在参考椭球的中心，地心坐标系的原点在地球的质心。CGCS 2000、WGS-84 属于地心坐标系，1954 年北京坐标系、1980 年西安坐标系属于参心坐标系。工程测量通常使用参心坐标系。

无论参心坐标还是地心坐标，椭球短轴的定义都有明确的指向。

【小提示】 不同坐标系统的坐标可以相互转换，但不同地区具有不同的转换参数，使用控制点成果时，一定要注意坐标系的统一。

从整个地球考虑点的位置通常用地理坐标表示。以铅垂线和大地水准面为基准，表示地面点在大地水准面上位置的坐标系是天文坐标系，点的位置用天文经度 λ、天文纬度 φ 表示。

以法线和参考椭球面为基准，表示地面点在参考椭球面上位置的坐标系是大地坐标系，点的位置用大地经度 L、大地纬度 B 表示。天文坐标通过实测获取，大地坐标通过计算得到。

将椭球表面的微小区域采用高斯投影方法投影到平面上，表示地面点在高斯平面上位置的坐标系是高斯平面坐标系。不经投影直接假定的平面坐标系是假定平面直角坐标系。

(一)地理坐标系

地理坐标系是经纬度坐标系，也可称为真实世界的坐标系，用于确定地物在地球上的位置。将地球看作一个球体，而经纬网就是"套"在地球表面的地理坐标参照格网，即由经、纬线划分的坐标格网，如图 1-3 所示。在地理坐标系中，点的位置用经度、纬度表示。

图 1-3　地理坐标系

1. 经线与经度

所有通过地轴的平面都和地球表面相交而成为圆，这就是经线圈。每个经线圈都包括两条相差 $180°$ 的经线，一条经线则只是一个半椭圆弧。所有经线都会在南北两极交会，都呈南北方向。经度是一个两面角，是两个经线平面的夹角。为了度量经度选取一个起点面，经 1884 年国际会议协商，决定以通过英国伦敦近郊、泰晤士河南岸的格林尼治皇家天文台(旧址)的一台主要子午仪"十"字丝的那条经线为起始经线，称为本初子午线。本初子午面是经度的起算面。

包含地面点 P 的铅垂线且平行于地球自转轴的平面称为地面点 P 的天文子午面。天文子午面与地球表面的交线称为天文子午线；包含地面点 P 的法线且通过椭球旋转轴的平面称为 P 的大地子午面，大地子午面与椭球面的交线称为大地子午线。

【小提示】 天文子午面一般不通过地球自转轴，但必须和地球自转轴平行。

某一点的经度，就是该点所在的子午线平面与首子午面间的夹角。图 1-4 中设 G 点是格林尼治天文台的位置，通过 G 点的子午面即首子午面。

过 P 点的天文子午面与首天文子午面所夹的两面角就称为 P 点的天文经度，用 λ 表示。

过 P 点的大地子午面与首大地子午面所夹的两面角就称为 P 点的大地经度，用 L 表示。

经度的取值范围是 $0°\sim180°$，自本初子午面起分别往东、往西度量，往东量值称为东经度，往西量值称为西经度。本初子午线是 $0°$ 经度，东经度的最大值为 $180°$，西经度的最大值为 $180°$，东、西经 $180°$ 经线是同一根经线，因此不分东经或西经，而统称 $180°$ 经线。我国处在东半球，首都北京的经度为东经 $116°23'17''$。

经度与时间密不可分。1530 年，荷兰天文学家伽玛·弗里西斯提出了"以时间确定经度"的原理，约翰·哈里森在 1759 年造出了直径为 13 cm、质量为 1.45 kg 的当时世界上最精美的航海钟表 H4，正确地为船舶提供定位服务；随后哈里森越过重重困难，成功地解决了经度的测定问题，并当之无愧地赢得了英国政府于 1714 年设立的悬赏奖金。

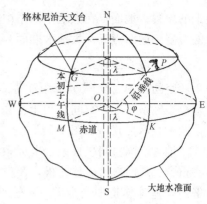

图 1-4　地理坐标

可根据地球自转一圈是 24 h 为 360°，1 h 即 15°，4 min 即 1°的常识，确定某地的地理经度，也可将北京时间换算为该地的地方时。

【例 1-1】 太阳通过某地测站天顶方向瞬间测定的北京时间为 12 时 14 分 36 秒，根据此时该点的地方时为 12 时，计算该地的地理经度。

解： 可以算出北京时间与该地地方时相差 14.6 分，则该地的地理经度为 120°＋经差＝120°－3′39′＝116°21′。

【例 1-2】 我国某省一个小组测得某日当地日出、日落时间分别为北京时间 6：40 和 16：40。求该地经度。

解： 从日出时间与日落时间可知，该地昼长为 10 h，也就是说，该地地方时正午应该是北京时间 11：40，比东经 120°地方时（北京时间）早 20 min，也就是东 5°，所以该地为东经 125°。

【例 1-3】 已知北京时间为 05：37，拉萨（91°）的时间为多少？

解： 120°－91°＝29°，经差 1°对应时差 4 min，29×4＝116(min)，116 min 是 1 h 56 min，而西边的时间比东边的时间迟，所以拉萨的地方时应该是 3：41。

【例 1-4】 中国最西端（73°）地方时是 5：12，北京时间为多少？

解： 120°－73°＝47°，47×4＝188(min)，188 min 是 3 h 8 min，当东经 73°地方时为 5：12 时，北京时间（也就是东经 120°的地方时）为 8：20。

2. 纬线与纬度

通过地球体中心 O 且垂直于地轴的平面称为赤道面。它是纬度计量的起始面。赤道面与地球表面的交线称为赤道。其他垂直于地轴的平面与地球表面的交线称为纬线。

过地面点 P 的铅垂线与赤道面之间所夹的线面角称为 P 点的天文纬度，用 φ 表示。

过地面点 P 的法线与椭球赤道面所夹的线面角称为 P 点的大地纬度，用 B 表示。

纬度的取值范围为 0°～90°，在赤道以北的叫作北纬，在赤道以南的叫作南纬。我国处在北半球，首都北京的纬度为北纬 39°54′27″。

纬度的测定与天体赤纬、高度角有关。通常通过测量太阳高度角测定点的纬度。

3. 天文坐标和大地坐标的换算

大地坐标 $(L，B)$ 因所依据的椭球面不具有物理意义，而不能直接测得，只可通过将铅垂线改正到法线方向的方法用天文坐标计算得到。它与天文坐标有如下关系式：

$$L=\lambda-\frac{\eta}{\cos\varphi}$$

$$B=\varphi-\xi$$

式中　η——过同一地面点的垂线与法线的夹角在东西方向上的垂线偏差分量；

　　　　ξ——在南北方向上的垂线偏差分量。

可见，地面点在天文坐标系中是以铅垂线和大地水准面为基准表示该点在大地水准面上的位置；地面点在大地坐标系中是以法线和参考椭球面为基准表示该点在参考椭球面上的位置。地面点离开大地水准面、参考椭球面的高度分别用正常高 $H_{正常}$ 和大地高 $H_{大}$ 表示。

(二)地心坐标系

空间技术、全球军事用途需采用地心坐标系。地心坐标系有地心空间直角坐标系和地心大地坐标系两种表示形式，如图 1-5 所示。

地心空间直角坐标系：坐标系原点 O 与地球质心重合，Z 轴指向地球北极，X 轴指向格林尼治子午面与地球赤道的交点 E，Y 轴垂直于 XOZ 平面构成右手坐标系。

地心大地坐标系：椭球体中心与地球质心重合，椭球短轴与地球自转轴相合，大地经度 L 为过地面点的椭球子午面与格林尼治子午面的夹角，大

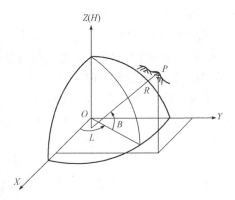

图 1-5　空间直角坐标系

地纬度 B 为过地面点的法线与椭球赤道面的夹角，大地高 H 为地面点沿法线至椭球面的距离。

任一地面点 P 在地心坐标系中的坐标，可表示为 (X, Y, Z) 或 (L, B, H)。两者之间有严格的换算关系。

(三)假定平面直角坐标系

《城市测量规范》(CJJ/T 8−2011)规定，如果不具备与国家控制网联测的条件，面积小于 25 km^2 的城镇，可不经投影，采用假定平面直角坐标系在平面上直接进行计算。

如图 1-6 所示，当测区范围较小时，可以用测区中心点 A 的水平面来代替大地水准面，在这个平面上建立的测区平面直角坐标系 xOy，称为假定平面直角坐标系，或叫作独立平面直角坐标系。

我们约定，以过原点的子午线切线为 x 轴，建立右手坐标系确定 y 轴。测区内任意点 A 沿铅垂线投影到切平面上得 A' 点，通过计算确定该点在假定平面直角坐标系中的坐标 (x_A, y_A)。

在假定平面直角坐标系中，确定 x 轴的方法通常有以下几种：

(1)测定原点处，原点到某点的磁方位角确定的磁北方向，作为 x 轴北方向。

(2)通过已有地形图上一条边两端的图解坐标，反算坐标方位角，确定近似坐标北方向，作为 x 轴北方向。

(3)通过与已有道路、建筑物轴线平行的方法确定 x 轴。

前两种方法确定的 x 轴与地理方位基本一致，第三种方法建立的坐标系可能与地理方位的北方向有较大的偏转，常用于建筑施工坐标系的建立。

原点坐标的确定以保证坐标均为正值为原则，如原点 y 坐标加常数 500 km、原点 x 坐标加某一常数，或者在已有国家基本比例尺地形图上图解近似通用坐标，确定原点坐标。

如图 1-7 所示，在独立平面直角坐标系中，规定南北方向为纵坐标轴，记作 x 轴，x 轴向北为正，向南为负；以东西方向为横坐标轴，记作 y 轴，y 轴向东为正，向西为负；坐标原点 O 一般选在测区的西南角，使测区内各点的 x、y 坐标均为正值；坐标象限按顺时针方向编号，其目的是便于将数学中的公式直接应用到测量计算中，而不需作任何变更。

建筑坐标系是一种常用的假定平面直角坐标系，如图 1-7 所示。在房屋建筑或其他工程建筑工地，为了对其平面位置进行施工放样的方便，使所采用的平面直角坐标系与建筑设计的轴线相平行或垂直，对于左右、前后对称的建筑物，甚至可以把坐标原点设置在其对称中心，以简化计算。将假定平面直角坐标系或建筑坐标系与当地高斯平面直角坐标系进行联测后，可以将点的坐标在这两种坐标系之间进行互相转换，在不考虑长度变形的情况下，用公式 $\begin{cases} x = x_0 + x'\cos\alpha - y'\sin\alpha \\ y = y_0 + x'\sin\alpha + y'\cos\alpha \end{cases}$ 进行转换。

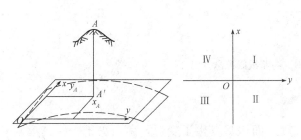

图 1-6　假定平面直角坐标系

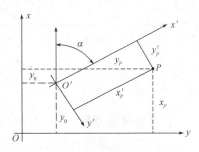

图 1-7　建筑坐标系

(四)高斯平面直角坐标系

地理坐标对于局部测量来说计算复杂、烦琐，使用很不方便，因此，把球面问题化简为平面问题，是测量工作满足工程建设及社会事业发展需要的客观要求。

当测区范围大，必须考虑球面弯曲对测量结果的影响时，不能把测量区域当作平面来看待，必须考虑球面变成平面所引起的各种变形。

1. 高斯投影

当测区范围较大时，要把球面问题转换为平面问题。建立平面坐标系，就不能忽略地球曲率的影响，为了解决球面与平面这对矛盾，则必须采用地图投影的方法将球面上的大地坐标转换为平面直角坐标。目前我国采用的是高斯投影。

高斯投影是德国科学家高斯在 1820—1830 年为解决德国汉诺威地区大地测量投影问题提出的一种投影方法；从 1912 年起，德国学者克吕格将高斯投影公式加以整理、扩充并推导出了实用计算公式，除德国外，中国、苏联等国家和地区均采用高斯投影。

高斯投影是一种横轴等角切椭圆柱投影，该投影是将椭球面转换为平面问题的一种方法。从几何意义上看，就是假设一个椭圆柱横套在地球椭球体外并与椭球面上的某一条子午线相切，这条相切的子午线称为中央子午线。

假想在椭球体中心放置一个光源，通过光线将椭球面上一定范围内的物像映射到椭圆柱的内表面上，然后将椭圆柱面沿一条母线剪开展成平面，即获得投影后的平面图形，如图 1-8 所示。

高斯投影的经纬线图形有以下特点：

(1)投影后的中央子午线为直线，无长度变化。其余的经线投影为凹向中央子午线的对称曲线，长度较球面上的相应经线略长。

(2)赤道的投影也为一直线，并与中央子午线正交。其余的纬线投影为凸向赤道、凹向两极的对称曲线。

(3)经纬线投影后仍然保持相互垂直的关系，说明投影后的角度无变形。

（4）中央子午线投影后为纵坐标轴 x，赤道投影后为横坐标轴 y。

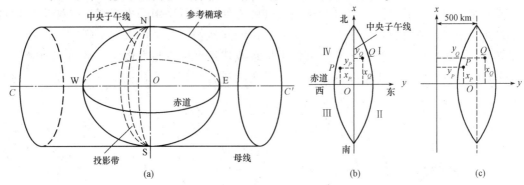

图 1-8　高斯投影概念

2. 高斯投影分带

高斯投影虽然没有角度的变形，但长度、面积都发生了变形，离中央子午线越远，变形就越大。为了对变形加以限制，测量中采用限制投影区域的办法，即将投影区域限制在中央子午线两侧一定的范围内，这就是所谓的分带投影，如图 1-9 所示。投影带一般分为 $6°$ 带和 $3°$ 带两种，如图 1-10 所示。

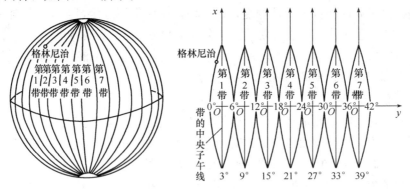

图 1-9　高斯投影分带

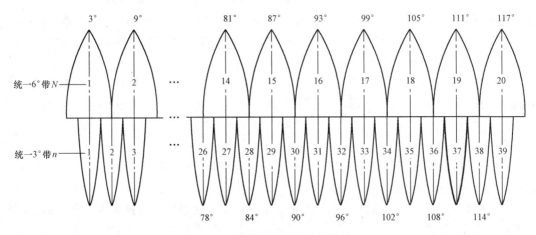

图 1-10　$6°$ 带和 $3°$ 带投影的关系

(1)6°带投影。6°带投影是从英国格林尼治起始子午线开始，自西向东，每隔经差 6°分为一带，将地球分成 60 个带，其编号分别为 1、2、…、60。每带的中央子午线经度可用公式 $L_6=6N-3$ 计算。

这里的 N 为 6°带的带号。6°带的最大变形在赤道与投影带最外一条经线的交点上，长度变形为 0.14%，面积变形为 0.27%。

也可用地面点的经度 L 计算 6°带的带号 N，公式为 $N=\dfrac{\text{int}(L+3)}{6}+0.5$，int 为取整函数。

(2)3°带投影。3°投影带是在 6°带的基础上划分的。每 3°为一带，共 120 带，其中央子午线在奇数带时与 6°带中央子午线重合，每带的中央子午线经度可用下式计算：

$$L_3=3°n$$

式中 n——3°带的带号。

3°带的边缘最大变形现缩小为长度 0.04%，面积 0.14%。

也可用地面点的经度 L 计算 3°带的带号 n，公式为 $n=\text{int}\left(\dfrac{L}{6}\right)+0.5$，int 为取整函数。

由此可知，3°带奇数带的中央子午线与 6°带的中央子午线重合，即有相同的中央子午线经度。

我国领土位于东经 72°~136°之间，包括 13~23 带 11 个 6°投影带；22 个 3°投影带，即 24~45 带。我国境内两种投影带的带号不重复。北京天安门在 6°带的第 20 带中央子午线西，中央子午线经度为 117°。

(3)高斯投影坐标。通过高斯投影，将中央子午线的投影作为纵坐标轴，用 x 表示，将赤道的投影作为横坐标轴，用 y 表示，两轴的交点作为坐标原点，由此构成的平面直角坐标系称为高斯平面直角坐标系，如图 1-11 所示。对应于每一个投影带，有一个独立的高斯平面直角坐标系，区分各带坐标系，则利用相应投影带的带号。

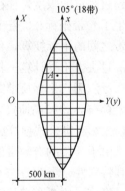

图 1-11 高斯平面
直角坐标

由于采用了分带投影，各带自成独立的坐标系，因而不同投影带、不同位置的点就会出现相同的坐标。为了区分不同带中坐标相同的点，又规定在横坐标 y 值前冠以带号。由于我国位于北半球，x 坐标均为正值，在每一投影带内，y 坐标值有正有负，这对计算和使用均不方便，为了使 y 坐标都为正值，将纵坐标轴向西平移 500 km（在赤道上 1 度对应的长度大约是 111 km，半个投影带的最大宽度不超过 334 km）。把 y 坐标加 500 km 并冠以带号的坐标称为通用坐标 Y，而把没有加 500 km 和带号的坐标称为自然坐标。显然，同点的通用坐标的 X 和自然坐标的 x 值相等，而 Y 值则不同。

如图 1-11 中的 A 点位于第 18 投影带，其自然坐标为 $x=3\,395\,451$ m，$y=-82\,261$ m，它在 18 带中的高斯通用坐标则为 $X=3\,395\,451$ m，$Y=18\,417\,739$ m。可见，高斯投影后的自然坐标不能唯一确定地球表面点的位置，不同点在各带中肯定会有相同的自然坐标。

【小提示】 高斯投影中，只有通用坐标才能唯一确定地面点的位置。

【例 1-5】 某点位于 6°带的第 20 带内中央子午线以西 742.40 m，则其横坐标自然值为

—742.40 m。求该点坐标的通用值。

解：根据通用坐标值的定义，该点的坐标通用值为

$$y = 20\ 000\ 000 + 500\ 000 + (-742.40) = 20\ 499\ 257.60 \text{(m)}$$

【例 1-6】 某点在中央子午线经度为117°的投影带内，且位于中央子午线以东 167 000 m 处，求该点的横坐标通用值。

解：(1)该点 6°带的带号为 20，写出该点在 6°带的横坐标通用值 20 667 000 m。

(2)假定该点在赤道上，若 3°带分带子午线边缘的横坐标自然值约为 1.5×111 000＝166 500＜167 000，由此判断该点在 3°带 40 带内，需要通过高斯投影仪换带公式计算。

根据《城市测量规范》，投影带边缘长度变形值大于 2.5 cm/km，即变形相对误差超过 1/40 000 时，必须建立任意带高斯平面直角坐标系，作为地方独立坐标系。

如某市中心经度为东经 113°01′，在统一 3°带的 38 号带（中央子午线经度为 114°）中央子午线以西 98 km，长度变形为 1/8 329，超过《城市测量规范》规定的每千米长度变形值不得大于 2.5 cm 的要求。因此，选择过该市中心的子午线为中央子午线进行高斯投影，建立该市的地方独立坐标系，使市区最边缘距离中央子午线为 23 km，长度变形值为 1/150 000。

(4)邻带坐标换算与地形图拼接。在高斯投影中，为了限制长度变形采用了分带投影的办法加以解决。由于各带独立投影，各带形成了各自独立的坐标系，这致使相邻两带边缘地区的大地坐标不能相互利用，相邻两带边缘地区的地形图也不能相互拼接。

测量中若需利用邻带的控制点，就必须进行两个坐标系之间同一点的坐标换算，将邻带坐标系的点换算到本带坐标系中。另外，在大比例尺地形测量中，为了使投影长度变形不超过规定的限度，往往要采用 3°带或 1.5°带投影，而国家控制网通常是 6°带坐标，这就产生了 6°带坐标、3°带坐标、1.5°带坐标和任意带坐标之间的换算问题。这种邻带和不同投影带之间的坐标换算，称为邻带坐标换算，简称坐标换带。

过去由于受计算工具的限制，坐标换带计算是通过查换带计算表进行的。随着计算机的广泛应用，坐标换带完全可利用高斯投影正、反算公式计算来完成。首先将点的平面直角坐标(x, y)按高斯投影反算公式换算成大地坐标(L, B)，然后再将大地坐标(L, B)按高斯投影正算公式换算成所需投影带坐标系的平面直角坐标。

由于 3°带的奇数带的中央子午线与 6°带的中央子午线重合，故 3°带与 6°带之间的换带有其特殊性。当 3°带与 6°带的中央子午线重合，且该点与中央子午线的经差不超过 1.5°时，只需将该点的 3°带带号换算成相应的 6°带带号即可，否则，必须利用高斯投影正、反算公式进行换带计算。

(五)地面点的高程

由前述可知，地心空间直角坐标能够唯一确定任一地面点的空间位置，地理坐标、平面坐标只能表示地面点在参考基准面上的位置，而地面点离开基准面的高低不能确定。高低的确定除用基于椭球面的大地高表示外，还可用基于大地水准面的绝对高程和基于某一水平面或假定水准面的相对高程来确定。大地高将在"大地控制测量"课程中研究。

1. 绝对高程

地面点沿铅垂线到大地水准面的距离，称为该点的绝对高程或海拔，简称高程，用 H 表示。如图 1-12 所示，地面点 A、B 的高程分别为 H_A、H_B。

"海拔"一词是 13 世纪我国元朝科学家郭守敬最早提出的。公元 1275 年，郭守敬奉命

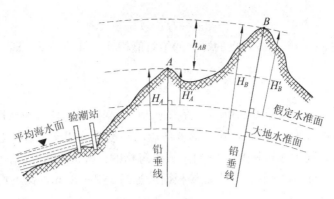

图 1-12　高程和高差

踏勘黄淮平原地形和通航水路，自河南省孟津县东南以东，沿黄河故道，在方圆几百里的范围内进行了地形测绘和水利规划工作。在这项工作中，郭守敬以海平面为基准，比较了大都(今北京)和汴梁(今河南开封)地形的高低。

我国曾以 1950—1956 年间青岛验潮站 7 年记录的黄海平均海水面作为大地水准面，由此建立的高程系统称为"1956 年黄海高程系"。因 1956 年黄海高程系验潮时间短，还不到潮汐变化的一个周期(一个周期一般为 18.61 年)，加上存在粗差，后来根据青岛验潮站 1953—1977 年间 25 年的验潮资料计算确定新的国家高程基准，依此基准面建立的高程系统称为"1985 国家高程基准"。

国家水准原点设立于青岛观象山，水准原点在"1956 年黄海高程系"的高程是 72.289 m，在"1985 国家高程基准"的高程是 72.260 4 m。

"1985 国家高程基准"从 1988 年 1 月 1 日开始启用。此后凡涉及高程基准时，一律由原来的"1956 年黄海高程系"改用"1985 国家高程基准"。进行各等级水准测量、三角高程测量以及各种工程测量时，应尽可能与新布测的国家一等水准网点联测，即使用基于"1985 国家高程基准"的国家一等水准测量成果作为计算高程的起算值，如不便于联测，可在"1956 年黄海高程系"高程值上加入固定改正数，得到"1985 国家高程基准"的高程。"1956 年黄海高程系"的 H_{56} 与"1985 年国家高程基准"的 H_{85} 高差为 0.029 m，两者之间的关系为

$$H_{85} = H_{56} - 0.029 \text{ m}$$

目前，测绘部门已陆续完成了我国名山峰顶的高程测量，珠穆朗玛峰峰顶岩石面在"1985 国家高程基准"的高程为 8 844.43 m。

2. 相对高程

当测区附近暂没有国家高程点可联测时，也可临时假定一个水准面作为该区的高程起算面。地面点沿铅垂线至假定水准面的距离，称为该点的相对高程或假定高程。图 1-12 中的 H'_A、H'_B 分别为地面上 A、B 两点的假定高程。

3. 高差

地面两点间的高程之差称为高差，用 h 表示。例如，A 点至 B 点的高差可写为

$$h_{AB} = H_B - H_A$$

由上式可知，高差有正有负，并用下标注明其方向。高差是两点间高程的增量，高差与高程的起算面无关。

B、A 两点的高差为

$$h_{BA} = H_A - H_B$$

A、B 两点的高差与 B、A 两点的高差的绝对值相等，符号相反，即

$$h_{AB} = -h_{BA}$$

4. 建筑标高

在建筑设计中，每一个独立的单项工程都把 ± 0.000 作为它自身的高程起算面。一般取建筑物的首层室内地坪为 ± 0.000，建筑物各部位的高度都是以 ± 0.000 为高程起算面的相对高程，称此相对高程为建筑标高。例如，某建筑物的 ± 0.000 绝对高程为 30.000 m，一层楼板面比 ± 0.000 高 2.900 m，即一层楼板面的标高是 2.900 m，而不再写一层楼板面的标高是 32.900 m。

(六)确定地面点位置的三个要素

地面点所参照的坐标系统不同，确定地面点的三个参数也就不同。

以高斯投影平面和大地水准面为基准，确定点的位置用基于高斯平面的平面坐标 (x, y) 和基于大地水准面的高程 H 表示。

以大地水准面为基准，确定点的位置用直接观测获得的天文坐标 (φ, λ) 和基于大地水准面的高程 H 表示。

以参考椭球面为基准，确定点的位置用大地坐标 (B, L) 和大地高 $H_大$ 表示。

GNSS(全球导航卫星系统)测量中还用地心坐标 (X, Y, Z) 表示地面点的空间位置。

任务三　认识用水平面代替水准面的限度

任务描述

确定平面上点的位置比确定球面上点的位置测算要容易，表示更方便。人们总想将小范围的球面看成平面，即把水准面看作水平面来简化测算及绘图工作。

当用水平面代替水准面对距离、角度的影响忽略不计时，就认为水准面可以当作水平面，这样在地球表面上直接观测即可得到水平距离、水平角，通过推算得到地面点的坐标表示该点的平面位置。

用水平面代替水准面在测量上所产生的误差一般认为有距离误差、高程误差和角度误差三种。本任务即讨论区域面积达到多少的时候，可忽略不计这些误差。

相关知识

一、对距离的影响

如图 1-13 所示，地面上 C、P 两点在大地水准面上的投影点是 c、p，用过 c 点的水平面代替大地水准面，则 p 点在水平面上的投影为 p'。设 cp 的弧长为 D，cp' 的长度为 D'，球面半径为 R，D 所对圆心角为 θ，则以水平长度 D' 代替弧长 D 所产生的误差 ΔD 为

$$\Delta D = D' - D = R\tan\theta - R\theta = R(\tan\theta - \theta)$$

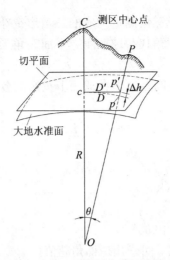

图 1-13 水平面代替水准面的影响

将 $\tan\theta$ 用级数展开为 $\tan\theta = \theta + \dfrac{1}{3}\theta^3 + \dfrac{5}{12}\theta^5 + \cdots$。因为 θ 角很小，所以只取前两项代入 ΔD 的公式得：

$$\Delta D = R\left(\theta + \frac{1}{3}\theta^3 - \theta\right) = \frac{1}{3}R\theta^3$$

又因 $\theta = \dfrac{D}{R}$，则

$$\Delta D = \frac{D^3}{3R^2}, \qquad \frac{\Delta D}{D} = \frac{D^2}{3R^2}$$

取地球半径 $R = 6\ 371$ km，并以不同的距离 D 值代入 ΔD、$\Delta D/D$ 公式，则可求出距离误差 ΔD 和相对误差 $\Delta D/D$，见表 1-1。

表 1-1　水平面代替水准面的距离误差和相对误差

距离 D/km	距离误差 ΔD/mm	相对误差 $\Delta D/D$
10	8	1/1 220 000
20	128	1/200 000
50	1 026	1/49 000
100	8 212	1/12 000

从表 1-1 中可以看出，当地面距离为 10 km 时，用水平面代替水准面所产生的距离误差仅为 0.8 cm，其相对误差为 1/1 220 000。而实际测量距离时，大地测量中使用的精密电磁波测距仪的测距精度为 1/1 000 000，地形测量中普通钢尺的量距精度约为 1/2 000。所以，只有在大范围内进行精密量距时，才考虑地球曲率的影响，而在一般地形测量中测量距离时，可不必考虑这种误差的影响。

二、对水平角的影响

野外测量的"基准线"和"基准面"是铅垂线和水准面。把水准面近似地看作圆球面，则

野外实测的水平角应为球面角，三角测量构成的三角形是球面三角形。这样用水平面代替水准面之后，角度就变成用平面角代替球面角，平面三角形、多边形代替球面三角形、球面多边形的问题。

从球面三角学可知，同一空间多边形在球面上投影的各内角和，比在平面上投影的各内角和大一个球面角超值 ε。

$$\varepsilon = \rho \frac{P}{R^2}$$

式中 ε——球面角超值(″)；

   P——球面多边形的面积(km^2)；

   R——地球半径(km)；

   ρ——弧度的秒值，$\rho = 206\ 265″$。

以不同的面积 P 代入 ε 公式，可求出球面角超值。

由表 1-2 可知，当面积 P 为 100 km^2 时，球面角超值引起的水平角闭合差仅有 0.51″，引起的测角误差远小于 2″ 级精密经纬仪测角精度；1 000 km^2 面积因球面角超值引起的水平角闭合差仅有 5.1″，引起的测角误差远小于地形测量中使用 6″ 级经纬仪测角的精度。

表 1-2　水平面代替水准面对水平角的影响

球面多边形的面积 P/km^2	球面角超值 $\varepsilon/(″)$	角度误差/(″)
10	0.05	0.02
50	0.25	0.08
100	0.51	0.17
300	1.52	0.51
1 000	5.07	1.69

三、对高程的影响

如图 1-13 所示，地面点 P 的绝对高程为 H_P，用水平面代替水准面后，P 点的高程为 H'_P，H_P 与 H'_P 的差值，即用水平面代替水准面产生的高程误差，用 Δh 表示，则

$$(R + \Delta h)^2 = R^2 + D'^2$$

$$\Delta h = \frac{D'^2}{2R + \Delta h}$$

上式中，可以用 D 代替 D'，Δh 相对于 $2R$ 很小，可略去不计，则

$$\Delta h = \frac{D^2}{2R}$$

以不同的距离 D 值代入 Δh 公式，可求出相应的高程误差 Δh，见表 1-3。

表 1-3　水平面代替水准面的高程误差

距离 D/km	0.1	0.2	0.3	0.4	0.5	1	2	5	10
$\Delta h/mm$	0.8	3	7	13	20	78	314	1 962	7 848

当距离为 1 km 时，高程误差为 7.8 cm；随着距离的增大，高程误差会迅速增大。这说明用水平面代替水准面对高程的影响是很大的。

任务实施

由"相关知识"中的内容可知：

(1)在半径为 10 km² 的范围内，进行距离测量时，可以用水平面代替水准面，而不必考虑地球曲率对距离的影响。

(2)在 100 km² 范围内进行测量时，实测的水准面上的长度和角度可以看作水平面上的长度和角度，在这一范围内进行距离测量和水平角测量时，可用水平面代替水准面，而不必考虑地球曲率对它们的影响。

(3)在进行高程测量时，即使距离很短，也应顾及地球曲率对高程的影响，也就是说，高程测量不得用水平面代替水准面。

总之，面积小于 100 km² 的平坦块状区域，通常用测区平均高程面为水平面代替该测区的水准面，狭长的带状工程测量应当根据工程要求，顾及其对角度、距离的影响。

任何测区，必须基于水准面进行高程测量，不得用水平面代替水准面。

任务四　了解建筑工程测量的基本要求

任务描述

测量工作的实质和根本任务是确定地面点的空间位置。测量工作必须遵循一定的原则和程序进行，以保证测量成果的质量，满足经济建设、国防建设和社会发展的需要。本任务要求学生了解测量的基本工作、应遵循的原则和程序。

相关知识

一、建筑工程测量的基本工作

从图 1-14 中可以看出，地面上高低不同的一系列点 A、B、C、D、E 构成空间多边形 ABCDE。从 A、B、C、D、E 分别向水平面作铅垂线，abcde 就是空间相应各点在水平面上的正射投影。在传统的模拟测绘阶段，绘制地形图时需要根据水平距离 D、水平角 β 和高差 h 按比例缩小、图解展绘到平面上，在现代数字化测绘阶段，需要根据水平距离 D、水平角 β 和高差 h，通过计算机数据处理得到点的平面直角坐标和高程，通过计算机制图绘制地形图。可见，在实地测量获取的基本观测元素包括

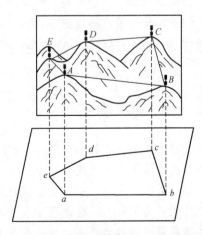

图 1-14　测量的基本工作

水平距离、水平角和高差。

距离测量、角度测量、高差测量是野外测量的三项基本工作，它们是确定点位的必要观测元素。坐标$(X，Y)$、高程H是表示地面点位置三个要素的另一种方法。

二、建筑工程测量遵循的原则

(一)"从整体到局部、先控制后碎部、由高级到低级"的原则

测量工作不可能一开始就进行点位测设或碎部点测量，而是根据建设活动统一规划、分步实施的要求，为限制误差积累，先在测区或施工场区布设、选定、埋设一些起控制作用的点，将它们的平面位置和高程精确地测算出来，这些点称作控制点，由控制点构成、布设的几何图形称作控制网。这些控制网点必须按照统一的规格、足够的精度、一定的密度进行布设和测量。

在控制测量的基础上，测定控制点周围碎部点的平面位置和高程，然后按一定的比例尺，采用专门的图式符号缩绘表达成地形图，或者测设控制点周围图上设计建筑物的特征点的位置，使用专门标志标定到实地指导施工。

地形图测绘、施工放线、建筑物变形监测，必须从工程布局、作业流程和精度要求等方面，切实遵守"从整体到局部、先控制后碎部、由高级到低级"的原则。

(二)"实时监测，步步校核"的原则

"实时监测，步步校核"也是测量工作应当遵循的原则。在测量工作中，上道工序出现差错或超出限差，会将错误直接传递到下道工序中去，最终导致测绘成果出现质量问题，轻则返工、赔偿损失，重则将影响国家安全、社会安定和人们的生产生活，造成不可估量的损失。在建筑工程施工中，不进行基坑监测、建筑物变形观测，对可能出现的基坑垮塌、房屋倾斜和拉裂的情况不能及时发现，从而导致事故的事件时有发生。因此，测量工作中形成的测站检查、测段检查、线路检查、地图拼接检查、巡查和设站检查等行之有效的检查方法应当落实到测绘工作岗位中，切实执行"过程检查、最终检查和成果验收"的制度。

任务实施

由以上"相关知识"可知，水平距离测量、水平角测量、高差测量是测量工作的基本内容。测量工作必须严格遵循"从整体到局部、先控制后碎部、由高级到低级""实时监测，步步校核"的原则，以防止错漏发生，减少误差的积累和传递，从而保证测量结果的正确性。

项目小结

测绘就是测量和制图的总称。《中华人民共和国测绘法》明确规定，测绘是指对自然地理要素或者地表人工设施的形状、大小、空间位置及其属性等进行测定、采集、表述以及对获取的数据、信息、成果进行处理和提供的活动。地理坐标系是经纬度坐标系，也可称为真实世界的坐标系，在地理坐标系中，点的位置用经度、纬度表示。空间技术、全球军事用途需采用地心坐标系，地心坐标系有地心空间直角坐标系和地心大地坐标系两种表示形式。当测区范围较小时，可以用测区中心点A的水平面来代替大地水准面，在这个平面

上建立的测区平面直角坐标系 xOy，称为假定平面直角坐标系，或叫作独立平面直角坐标系。高斯投影是一种横轴等角切椭圆柱投影，该投影是将椭球面转换为平面问题的一种方法。地面点沿铅垂线到大地水准面的距离，称为该点的绝对高程或海拔，简称高程。地面点沿铅垂线至假定水准面的距离，称为该点的相对高程或假定高程。根据标准方向的不同，方位角分为真方位角、坐标方位角和磁方位角三种。在半径为 10 km 的范围内，进行距离测量时，可以用水平面代替水准面，而不必考虑地球曲率对距离的影响。高程测量不得用水平面代替水准面。建筑工程测量应遵循"从整体到局部、先控制后碎部、由高级到低级""实时监测，步步校核"的原则。

➤ 思考与练习

1. 什么是水准面？什么是大地水准面？
2. 什么是高程？
3. 什么是高斯平面直角坐标系？
4. 水准面的特性如何？
5. 测量工作的基本原则是什么？
6. 测量工作的基准线和基准面是什么？

项目二　水准测量

学习目标

通过本项目的学习，掌握微倾水准仪和自动安平水准仪的使用方法，了解精密水准仪和电子水准仪；理解水准仪的检验与校正；掌握水准测量原理和水准仪及其附属设备的使用、水准测量的一般方法和要求、水准路线高差闭合差的调整和高程计算、水准测量中产生误差的原因和削减方法。

能力目标

能熟练操作微倾水准仪和自动安平水准仪，能进行高程引测、闭合或附合水准路线的高程测量。

在兴修水利、交通建设、城市建设等建设活动中，除获取地面点的平面位置外，还要获取其高程，才能准确进行定位工作。测定地面点高程的工作称为高程测量。

根据所使用的仪器和施测方法以及精度要求的不同，高程测量可分为水准测量、三角高程测量、气压高程测量和 GPS 测量等。水准测量是高程测量中最基本的、精密度较高的一种测量方法，被广泛应用于高程控制测量、工程勘测和施工测量工作中。

国家测绘局将全国的水准测量划分为一、二、三、四等水准测量四个等级，其中一等水准测量精度最高，四等水准测量精度最低。一、二等水准测量主要用于科学研究，同时作为三、四等水准测量的起算根据；三、四等水准测量主要用于国防建设、经济建设和地形测图的高程起算。为了进一步满足工程建设和地形测图的需要，以国家水准测量的三、四等水准点为起始点，还需布设图根水准测量。图根水准测量控制点密度大，精度低于四等水准，水准路线的布设及水准点的密度可根据具体工程和地形测图的要求有较大的灵活性。

任务一　理解水准测量原理

任务描述

水准测量是利用水平视线，根据已知点高程推求未知点高程的方法。本任务要求学生在学习水准测量原理的基础上，思考以下问题：

在水准测量工作中，如果已知点到待定点之间的距离很远或高差很大，仅用一个测站不能测得其高差时，应如何进行水准测量？

水准测量的基本原理是利用水准仪提供一条水平视线，对竖立在两地面点的水准尺分别进行瞄准和读数，以测定两点间的高差；再根据已知点的高程，推算待定点的高程。如图 2-1 所示，在地面上有 A、B 两点，设 A 点的高程为 H_A（高程已知），欲测定 B 点（为待定高程点）的高程 H_B，可在 A、B 点间 I 处（称为测站）安置一台可提供水平视线的水准仪，通过水准仪的视线在 A 点水准尺上读数 a，在 B 点水准尺上的读数 b，即可求出 A 点与 B 点的高差为

$$h_{AB} = a - b \tag{2-1}$$

设水准测量的前进方向为 $A \rightarrow B$，则称 A 点为后视点，其水准尺上的读数 a 为后视读数；称 B 点为前视点，其水准尺上的读数 b 为前视读数；两点间的高差 h_{AB} 等于后视读数减前视读数，若 $a > b$，则 h_{AB} 为正值，表示 B 高于 A；反之，则 B 低于 A。

如果 A、B 两点的距离不远，而且高差不大（小于一支水准尺的长度），则安置一次水准仪就能测定其高差。如图 2-1 所示，设已知 A 点的高程为 H_A，则 B 点的高程为

$$H_B = H_A + h_{AB} \tag{2-2}$$

B 点的高程也可以按水准仪的视线高程（简称仪器高程）H_i 来计算，即

$$H_i = H_A + a \tag{2-3}$$

$$H_B = H_i - b \tag{2-4}$$

在一般情况下，用式（2-1）和式（2-2）计算待定点的高程。当安置一次水准仪需要测定若干前视点的高程时，则用式（2-3）和式（2-4）计算较为方便。

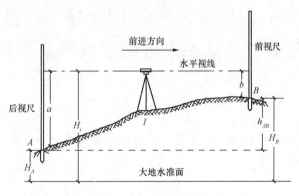

图 2-1　水准测量原理

在水准测量工作中，如果已知点到待定点之间的距离很远或高差很大，仅用一个测站不可能测得其高差时，则应在两点间设置若干个测站，称为转点，如图 2-2 所示。这种连续多次设站测定高差，最后取各站高差代数和求得 A、B 两点间高差的方法，称为连续水准测量，也叫作复合水准测量。

如图 2-2 所示，要测定 AB 之间的高差 h_{AB}，在 A、B 之间架设 n 个测站，测得每站的高差 $h_i = a_i - b_i$（$i = 1, 2, 3, \cdots, n$）。

A、B 两点之间的高差为

$$h_{AB} = \sum_{i=1}^{n} h_i = \sum_{i=1}^{n} (a_i - b_i) \qquad (2\text{-}5)$$

则 B 点的高程为

$$H_B = H_A + h_{AB} = H_A + \sum_{i=1}^{n} h_i = H_A + \sum_{i=1}^{n} (a_i - b_i) \qquad (2\text{-}6)$$

式(2-6)就是用连续水准测量求 AB 间高差的公式。如果有若干个待定点，可以按照连续水准测量方法逐点依次推求各待测点或未知点高程。

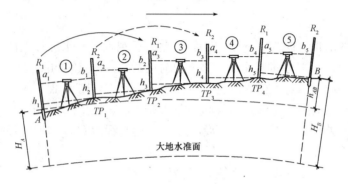

图 2-2　连续水准测量

【小提示】　在水准路线中，转点起高程传递的作用，在相邻两测站的观测过程中，必须保持转点的稳定，即高程不变。

任务二　认识水准测量仪器及工具

任务描述

　　水准测量使用的工具有水准尺和尺垫，使用的仪器是水准仪。本任务主要研究水准测量工具与仪器的使用方法。

相关知识

一、水准尺

　　水准尺是水准测量时使用的标尺，是水准测量的重要工具之一。水准尺采用经过干燥处理且伸缩性较小的优质木材制成，现在也有用玻璃钢或铝合金制成的水准尺。常用的水准尺有直尺和塔尺两种，如图 2-3 所示。

　　直尺的尺长一般为 3 m，如图 2-3(a)所示，尺面上每隔 1 cm 印刷有黑，白或红、白相间的分划，每分米处注有分米数，其数字有正与倒两种，分别与水准仪的正像望远镜或倒像望远镜配合。双面水准尺的一面为黑白分划，称为黑色面；另一面为红白分划，称为红色面。双面尺的黑色面分划的零是从尺底开始，红色面的尺底是从某一数值（一般为

4 687 mm或4 787 mm)开始，称为零点差。水准仪的水平视线在同一根水准尺上的红、黑面读数差应等于双面尺的零点差，可作为水准测量时读数的检核。双面尺多用于三、四等水准测量。

塔尺多用于等外水准测量，3节或5节套接在一起，每节都可以伸缩，形似塔状，如图 2-3(b)所示。尺的长度有 3 m 和 5 m 两种，尺的两面底部均为零点。尺面上黑白格或红白格相间，每格宽度为 0.5 cm 或 1 cm，米和分米处都有数字注记。

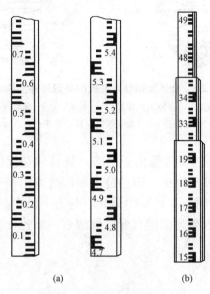

(a)   (b)

图 2-3　直尺和塔尺

(a)直尺；(b)塔尺

使用塔尺时，根据测量需要拉出一节、两节或多节，不要一开始全部拉出。拉出时应注意卡簧是否弹出卡紧，数字是否连续；缩回时应按住卡簧缩回，不能硬推。

二、尺垫

尺垫一般用铸铁制成，呈三角形，下方有三个短钝的尖脚，以利于稳固地放置在地面上或插入土中，如图 2-4 所示。尺垫的上方中央有一突起的球状圆顶，供立尺用。尺垫的作用是防止点位移动和水准尺下沉。

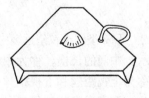

图 2-4　尺垫

三、水准仪

1. 水准仪的类型

水准仪是水准测量的主要仪器和设备。水准仪按其构造不同，分为微倾水准仪、自动安平水准仪、数字水准仪三种类型。按其测量精度，又可分为 DS05、DS1、DS3 和 DS10 四个等级，其中 DS05、DS1 也称为精密水准仪。代号中，D、S 分别为"大地测量""水准仪"汉语拼音的第一个字母，数字 05、1、3、10(单位为 mm)是指仪器的测量精度，表示每千米水准测量高差中数的偶然中误差。如果"DS"改为"DSZ"，则表示该仪器为自动安平水准仪。

2. 水准仪的构造

水准仪主要由望远镜、水准器、基座三部分构成。图2-5所示为DS3型微倾水准仪的外形和外部构件。

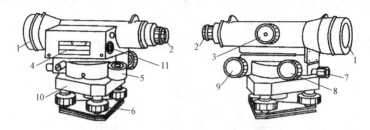

图 2-5　DS3 型微倾水准仪的外形和外部构件

1—物镜；2—目镜；3—物镜调焦螺旋；4—水准管；5—圆水准器；6—脚螺旋；
7—制动螺旋；8—微动螺旋；9—微倾螺旋；10—基座；11—水准管气泡观察窗

(1)望远镜。测量仪器上的望远镜用于瞄准远处目标和读数。望远镜由物镜、调焦透镜、十字丝分划板及目镜等部分组成。望远镜内部构造如图2-6所示。图2-6(b)所示是从目镜中看到的放大后的十字丝像；CC是物镜光心与十字丝中心交点的连线，称为视准轴。旋转物镜调焦螺旋可以使进入望远镜的目标影像清晰，旋转目镜调焦螺旋可以使十字丝分划板上的十字线清晰。

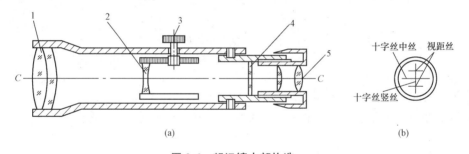

图 2-6　望远镜内部构造

1—物镜；2—调焦透镜；3—物镜调焦螺旋；4—十字丝分划板；5—目镜

DS3型水准仪望远镜中的十字丝分划为刻在玻璃板上的三根横丝和一根纵丝，如图2-6(b)所示。中间的长横丝称为中丝，用于读取水准尺上的分划读数；上、下两根较短的横丝分别称为上视距丝和下视距丝，简称上丝和下丝，用以测定水准仪至水准尺的距离。

用望远镜瞄准目标时，先拧松望远镜制动螺旋，再转动望远镜将准星对准目标，然后拧紧望远镜制动螺旋，再调整水平微动螺旋将目标锁定在视准轴上。

(2)水准器。水准器是水准仪获得水平视线的重要部件，是用一个内表面被磨成圆弧的玻璃管制成的。水准器分为圆水准器和水准管(也称管水准器)。圆水准器是水准仪的粗平装置，用于粗平仪器(使竖轴铅垂)；水准管是水准仪的精平装置，用于精平仪器(使视准轴水平)。

①圆水准器。圆水准器是将一圆柱形的玻璃盒子装嵌在金属框内，盒内部装满酒精或氯化锂后加热密封，如图2-7所示。盒顶面的内壁被磨成圆球形，顶面的中央画一小圆，其圆心即水准器的零点。过零点的球面法线称为圆水准器轴，用 $L'L'$ 表示。圆水准器装

在托板上，并使 $L'L'/\!/VV$，当气泡居中时，$L'L'$ 与 VV 同时处于铅垂位置。气泡由零点向任意方向偏离 2 mm，$L'L'$ 相对于铅垂线倾斜一个角值，称为圆水准器分划值，用 τ' 表示。对于 DS3 型水准仪，一般 $\tau'=8'\sim10'/2$ mm。

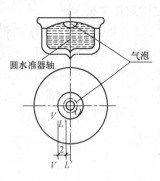

图 2-7 圆水准器的构造

②水准管。水准管是由玻璃圆管制成的，其内壁被磨成一定半径的圆弧，管内注满酒精或乙醚，玻璃管加热、封闭、冷却后，管内形成空隙，为液体的蒸气所充满，即水准气泡，气泡恒居于水准管内壁圆弧的最高部位，如图 2-8(a) 所示。在水准管外围表面刻有间隔 2 mm 的分划线，2 mm 所对的圆心角 τ 称为水准管的分划值，分划线的对称中点 O 称为水准管的零点。过零点作水准管圆弧面的纵切线，称为水准管轴，水准管轴应与视准轴平行。

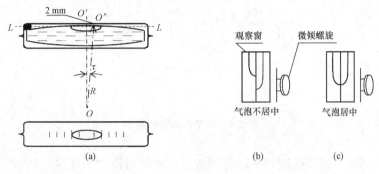

图 2-8 水准管

水准管分划值 τ 的表达式为

$$\tau = \frac{2}{R}\rho'' \tag{2-7}$$

式中　R——水准管圆弧半径(mm)；

　　　ρ''——1 弧度秒值，$\rho''=206\,265''$。

安装在 DS3 型微倾水准仪的水准管分划值 $\tau=20''/2$ mm，其灵敏度较高，用于精平仪器。水准管的操作部件有水准管气泡观察窗和微倾螺旋。操作时，一边看观察窗中两半个气泡的移动情况，一边旋动微倾螺旋，当两半个气泡底部对齐时，说明水准管的气泡居中，仪器的视准轴处于水平状态，如图 2-8(b)、(c) 所示。

(3)基座。基座的作用是支撑仪器的上部并与三脚架连接。它主要由轴座、脚螺旋、底板和三角压板构成，基座呈三角形。仪器上部通过竖轴插入轴座，由基座承托。使用仪器时，整个仪器通过连接螺旋与三脚架相连，通过旋转基座上的脚螺旋，使圆水准器气泡居中，使仪器大致水平。

3. 水准仪的使用

水准仪的使用主要包括安置仪器、粗略整平、调焦与照准、精确整平和读数等基本操作步骤，现分别介绍如下：

(1)安置仪器。在安置测量仪器之前，应正确放置仪器的三脚架。松开架腿上的制动螺旋，伸缩架腿，使三脚架头的安置高度约在观测者的胸颈部，旋紧制动螺旋。张开三脚架，置于测站上，将架腿踩实，使架头大致水平。从仪器箱中取出水准仪，用连接螺栓将水准仪固定在架头上。

（2）粗略整平。粗略整平就是使圆水准器气泡居中，仪器竖轴铅垂，视准轴粗略水平。具体操作方法如下：如图 2-9 所示，外围圆圈为三个脚螺旋，中间为圆水准器，带斜线的圆圈代表水准气泡所在位置。首先用双手按箭头所指方向转动脚螺旋 1、2，使气泡移到这两个脚螺旋方向的中间，如图 2-9（a）所示；然后再用左手按箭头方向旋转脚螺旋 3，如图 2-9（b）所示，使气泡居中。气泡移动的方向与左手大拇指转动脚螺旋的方向相同，故称左手大拇指规则。

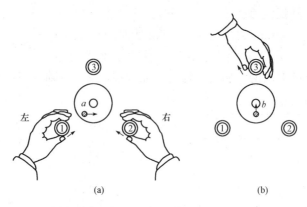

图 2-9　水准仪的粗略整平

（3）调焦与照准。将望远镜对准明亮的背景，转动目镜调焦螺旋，使十字丝成像清晰。转动望远镜，利用镜筒上的缺口和准星的连接，粗略瞄准水准尺，旋紧水平制动螺旋。转动物镜调焦螺旋，并从望远镜内观察，直到水准尺影像清晰，然后转动水平微动螺旋，使十字丝竖丝照准水准尺中央，如图 2-10 所示。

如果调焦不准确，会出现视差现象：当眼睛在目镜端上、下稍移动时，发现十字丝与物像之间有相对移动。这是因为物像与十字丝板平面没有重合，如图 2-11（a）所示。视差会导致观测误差，因此在观测中必须消除视差。消除视差的方法是：反复仔细地调节物镜、目镜调节螺旋，直到眼睛上、下移动时读数不变为止，如图 2-11（b）所示。

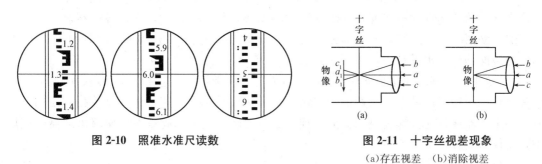

图 2-10　照准水准尺读数　　　　图 2-11　十字丝视差现象
　　　　　　　　　　　　　　　　　　　　（a）存在视差　（b）消除视差

（4）精确整平。望远镜瞄准目标后，转动微倾螺旋，使水准管气泡的影像完全附合为一光滑圆弧，也就是使气泡居中，从而使望远镜视准轴（即视线）完全处于精确水平状态。由于气泡的移动有惯性，所以转动微倾螺旋的速度不能快，在符合水准器的两端气泡影像将要对齐的时候应特别注意。只有当气泡已经稳定不动而又居中的时候才能达到精平的目的。

（5）读数。使水准仪精平后，应立即按十字丝的中横丝在水准尺上的位置读数。读数时，从上向下(倒像望远镜)，由小到大，先估读毫米，依次读出米、分米、厘米，读四位数，空位填零。如图 2-12 中的读数分别为 1.274 m、5.960 m、2.562 m。为了方便，可不读小数点。

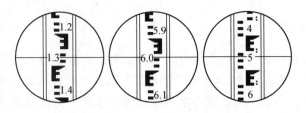

图 2-12　水准仪的读数

读完数后仍要检查水准管气泡是否符合，若不符合，应重新调平，重新读数。只有这样，才能取得准确的读数。

4. 自动安平水准仪

与普通水准仪相比，自动安平水准仪具有以下特点：没有水准管和微倾螺旋，望远镜和支架连成一体；观测时，只需根据圆水准器将仪器粗平，尽管望远镜的视准轴还有微小的倾斜，但可借助一种补偿装置使十字丝读出相当于视准轴水平时的水准尺读数。因此，自动安平水准仪的操作比较方便，有利于提高观测的速度和精度。

自动安平水准仪的测量原理如图 2-13 所示。当圆水准器气泡居中后，视准轴可能存在一个微小倾角 α。若在望远镜的光路上设置一补偿器，使通过物镜光心的水平光线经过补偿器后偏转一个 β 角，仍然通过十字丝交点，则在十字丝交点上读出的读数即视线水平时水准尺的读数。

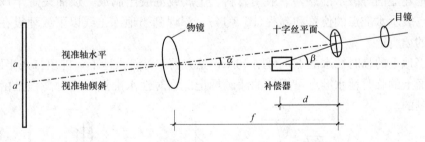

图 2-13　自动安平水准仪的测量原理

自动安平水准仪的补偿器相当于一个钟摆，只有在自由悬挂时才能起补偿作用。如果由于仪器故障或操作不当，如圆水准器气泡未按规定要求整平，或者因圆水准器未校正好等原因使补偿器搁住，则观测结果将是错误的。为此，自动安平水准仪的目镜旁设有一按钮，此按钮可以直接触动补偿器。读数前轻按此按钮，如果水准尺上的读数变动后又能恢复为原来读数，则表示补偿器工作正常。

任务实施

根据"相关知识"中的学习内容，在实际测量工作中，灵活运用水准测量工具与仪器进行水准测量。

任务三 进行水准测量的施测

　　为了统一全国的高程系统和满足各种测量的需要，测绘部门在全国各地埋设并测定了很多高程点，这些点称为水准点。水准测量通常是从水准点引测其他点的高程。水准点埋设完毕，即可按拟定的水准路线进行水准测量。为了保证每个测站高差的正确性，还要采取措施进行测站检核。在水准测量外业工作结束后，还需要进行内业计算，即要检查手簿，再计算各点间的高差。经检核无误后，才能进行计算和调整高差闭合差，最后计算各点的高程。否则应查找原因并予以纠正，必要时应返工重测。本任务要求学生在学习水准测量外业、内业工作的具体实施方法的基础上，完成一个完整的水准测量任务。

一、水准点和水准路线

1. 水准点

　　水准点是埋设稳固并通过水准测量测定其高程的点，以 BM 表示。水准测量一般是在两水准点之间进行，从已知高程的水准点出发，测定待定水准点的高程。

　　水准点分为永久性和临时性两种。永久性水准点按精度分为一、二、三、四等，它是在全国各地建立的等级水准点，一般用石料、金属或混凝土制成，顶面设置半球状金属标志，其顶点表示水准点的位置和高程(图 2-14)，深埋到当地冻土线以下或埋设在基础稳定的建筑物的墙脚上。

　　建设工地上的临时性水准点，可用 10 cm 见方的木桩打入地下，桩顶打入半圆头铁钉。在坚固地面上的临时性水准点可用红油漆画标记。临时性水准点的绝对高程是由国家等级水准点引测的。

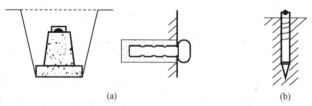

图 2-14 水准点

(a)永久性水准点；(b)临时性水准点

2. 水准路线

　　在水准点之间进行水准测量所经过的路线称为水准路线。根据已知高程的水准点的分布情况和实际需要，水准路线一般布设为闭合水准路线、附合水准路线和支水准路线。

　　(1)闭合水准路线。如图 2-15(a)所示，从已知水准点 A 出发，沿高程待定点 1，2，…进行水准测量，最后再回到原已知水准点 A，这种形式的路线称为闭合水准路线。

(2)附合水准路线。从一个已知水准点出发，沿路线上各待测高程的点进行水准测量，最后附合到另一个已知水准点上，这种水准路线称为附合水准路线，如图2-15(b)所示。

(3)支水准路线。如图2-15(c)所示，从已知水准点出发，沿待定水准点1、2进行水准测量，其路线既不闭合也不附合，而是形成一条支线，称为支水准路线。支水准路线应进行往返测量，以便通过往、返测高差检核观测的准确性。

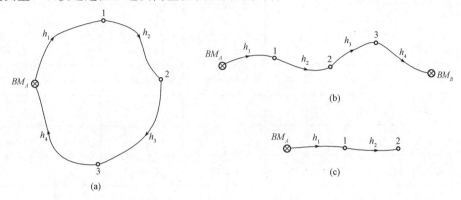

图 2-15　水准路线
(a)闭合水准路线；(b)附合水准路线；(c)支水准路线

二、水准测量方法

水准点间有一定的测段长度和悬殊高差，需要从已知高程的水准点出发，采用"连续水准测量"方法，测定待定水准点的高程。

在进行连续水准测量时，若在任何一个测站上仪器操作失误，如标尺倾斜、倒立，任何一次标尺读数有误，都将直接影响高差的正确性。因此，在每一个测站的观测中，为了及时发现错误，通常采用"两次仪器高法""双面尺法"进行水准测量。

1. 两次仪器高法

在连续水准测量中，每一测站上用两次不同的高度安置水准仪来测定前视、后视两点间的高差，据此检查观测和读数是否正确。

图2-16所示为用两次仪器高法进行水准测量的观测实例。设已知水准点BM_A的高程$H_A=40.578$ m，需要测定BM_B的高程H_B。观测数据的记录和计算见表2-1。

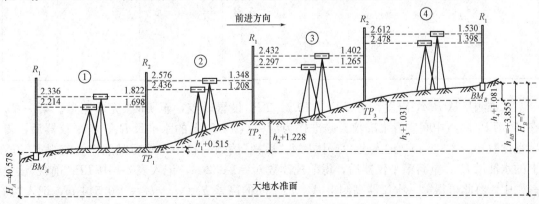

图 2-16　用两次仪器高法进行水准测量的观测实例

表 2-1　水准测量记录和计算(两次仪器高法)　　　　　　　　　　　　　　　　　m

测站	点号	水准尺读数		高差	平均高差	改正后高差	高程
		后视	前视				
1	BM_A	2 336					40.578
		2 214					
	TP_1		1 822	+0.514	(−0.002)		
			1 698	+0.516	+0.515		
2	TP_1	2 576					
		2 436					
	TP_2		1 348	+1.228	(0.000)		
			1 208	+1.228	+1.228		
3	TP_2	2 432					
		2 297					
	TP_3		1 402	+1.030	(−0.002)		
			1 265	+1.032	+1.031		
4	TP_3	2 612					
		2 478					
	BM_B		1.530	+1.082	(+0.002)		
			1 398	+1.080	+1.081		
	$\sum$后 = 19.381　　　$\sum$前 = 11.671　　$\sum$后 − $\sum$前 = +7.71　　$\dfrac{\sum 后 - \sum 前}{2}$ = +3.855			$\sum h$ = +7.71	$\dfrac{\sum h}{2}$ = +3.855		44.433

水准测量从 BM_A 出发,在 TP_1、TP_2、TP_3 设置转点,至 BM_B 完成测量。第一站,在 A、TP_1 两点中间安置水准仪,瞄准作为后视点 BM_A 上的水准尺 R_1,精平仪器后,得后视读数 $a_1 = 2\ 336$ m,记入表 2-1 中 BM_A"后视"读数一栏中;然后瞄准作为前视点 TP_1 上的水准尺 R_2,重新精平仪器后,得前视读数 $b_1 = 1\ 822$ m,记入表 2-1 中 TP_1"前视"读数一栏中。由此可得第一次仪器高测得 A、TP_1 间的高差 $h_1' = a_1 - b_1 = +0.514$ m,记入"高差"栏中。重新安置水准仪(将仪器升高或降低 10 cm 以上),先瞄准前视点 TP_1,精平仪器

后读数，得 $b_2 = 1\,698$ m，记入表 2-1 中 TP_1 "前视"栏；再瞄准后视点 BM_A，精平仪器后读数，得 $a_2 = 2\,214$ m，记入表 2-1 中 BM_A "后视"栏。由此得出第二次仪器高测得 A、TP_1 间的高差 $h_1'' = a_2 - b_2 = +0.516$ m，记入"高差"栏中。如果两次测得的高差相差在 5 mm 以内，则取两次高差的平均值 $h_1 = +0.515$ m，记入"平均高差"栏中。这样，完成第一个测站的观测、记录和计算工作。其瞄准水准尺和读数的次序为：后视—前视—前视—后视，可简写为：后—前—前—后。

在第二测站，在 TP_1 和 TP_2 中间安置水准仪，并将水准尺 R_1 移至 TP_2 上；而在 TP_1 上的水准尺 R_2 仍留在原处，但将尺面转向第二站的水准仪。重复上述观测程序，依次观测直至 B 点。

进行水准测量时，要求每一页记录纸都要进行检核计算，表 2-1 最后一行中的以下两式成立，说明计算正确：

$$\sum 后 - \sum 前 = \sum h = +7.71 \text{ m}$$

$$\frac{\sum 后 - \sum 前}{2} = \frac{\sum h}{2} = +3.855 \text{ m}$$

最后计算 BM_B 的高程为

$$H_B = 40.578 + 3.855 = 44.433 \text{(m)}$$

2. 双面尺法

用双面尺法进行水准测量时，需要用黑、红两面分划的水准尺，在每一测站上观测后视和前视水准尺的黑面、红面读数，通过黑、红面读数差不超过 3 mm，黑面高差和红面高差之差不超过 5 mm 的检核规定，完成一个测站上的水准测量工作。

工程测量中各等级附合、闭合水准路线的观测方法、技术要求都有明确的规定。三等水准测量用 DS3 型水准仪和双面水准尺进行往返观测，四等水准测量用 DS3 型水准仪和双面水准尺进行往测一次观测，五等水准测量用 DS3 型水准仪和单面水准尺进行往测一次观测。对各等级的支水准路线观测通过提高等级、加密观测的方法进行，如四等支水准路线测量，可按三等水准测量的要求进行观测，也可在四等水准测量往测的基础上，再加密观测一次返测。五等水准测量一个测站上水准仪安置粗平后的观测程序为：

瞄准后视点水准尺黑面分划→精平→读数；

瞄准后视点水准尺红面分划→精平→读数；

瞄准前视点水准尺黑面分划→精平→读数；

瞄准前视点水准尺红面分划→精平→读数。

上述观测程序，对于立尺点而言简称为"后—后—前—前"；对于尺面而言，观测程序为"黑—红—黑—红"。

表 2-2 是用双面尺法进行水准测量的观测记录及计算示例。表内带括号的号码为观测读数和计算的顺序，（1）、（2）、（4）、（6）为观测数据，其余数据为计算所得。该计算顺序是"测算一体化"的作业方式，初学者也可采用"先测后算"的方式。

表 2-2　水准测量记录和计算(双面尺法)　　　　　　　　　　　　m

测站编号	点号	方向及尺号	水准尺读数		K+黑一红	高差中数	备注
			黑面	红面			
			(1)	(2)	(3)		
			(4)	(6)	(7)		
		后一前	(5)	(8)	(9)		
						(10)	
1	BM_A	后 5	1384	6171	0		
	TP_1	前 6	0551	5239	−1		
		后一前	+0833	0932	+1		
						+0.832 5	
2	TP_1	后 6	1934	6621	0		
	TP_2	前 5	2008	6796	−1		
		后一前	−0074	−0175	+1		
						−0.074 5	
3	TP_2	后 5	1726	6513	0		
	TP_3	前 6	1866	6554	−1		
		后一前	−0140	−0041	+1		
						−0.140 5	
4	TP_3	后 6	1832	6519	0		
	TP_4	前 5	2007	6793	+1		
		后一前	−0175	−0274	−1		
						−0.174 5	
5	TP_4	后 5	0054	4842	−1		
	BM_B	前 6	0087	4775	−1		
		后一前	−0033	+0067	0		
						−0.033 0	

三、水准测量成果整理

水准测量的观测记录需要按水准路线进行成果整理,包括测量记录和计算复核、高差闭合差的计算、高差的改正和待定点的高程计算。

1. 高差闭合差的计算

一条水准路线实际测出的高差和已知的理论高差之差称为水准路线的高差闭合差，用 f_h 表示，即

$$f_h = 观测值 - 理论值 \tag{2-8}$$

(1)闭合水准路线。如图 2-16(a)所示，起点和终点为同一水准点(BM_A)，路线的高差理论值应等于零，因此高差闭合差为

$$f_h = \sum h_测 \tag{2-9}$$

(2)附合水准路线。如图 2-16(b)所示，附合水准路线的起点(BM_A)和终点(BM_B)水准点的高程($H_始$、$H_终$)为已知，则水准测量的高差理论值应等于两已知点的高差，故其闭合差为

$$f_h = \sum h_测 - (H_终 - H_始) \tag{2-10}$$

(3)支水准路线。如图 2-16(c)所示，支水准路线一般需要往返观测，往测高差和返测高差应绝对值相等而符号相反，故支水准路线往、返观测的高差闭合差为

$$f_h = \sum h_往 + \sum h_返 \tag{2-11}$$

2. 高差闭合差的允许值

为了保证测量成果的精度，水准测量路线的高差闭合差不允许超过一定的范围，否则应重测。水准路线高差闭合差的允许范围称为高差闭合差的允许值。普通水准测量时，平地和山地的允许值按下式计算：

$$平地：f_{h允} = \pm 40\sqrt{L}\ \text{mm} \tag{2-12}$$

$$山地：f_{h允} = \pm 12\sqrt{n}\ \text{mm} \tag{2-13}$$

式中　L——水准路线的总长度(km)；

　　　n——水准路线的总测站数。

3. 高差闭合差的调整

当 f_h 的绝对值小于 $f_{h允}$ 时，说明观测成果合格，可以进行高差闭合差的分配、高差改正。

对于附合或闭合水准路线，一般按与路线长 L 或测站数 n 成正比的原则，将高差闭合差反号进行分配。也即在闭合差为 f_h、路线总长为 L(或测站总数为 n)的一条水准路线上，设某两点间的高差观测值为 h_i、路线长为 L_i(或测站数为 n_i)，则其高差改正数 V_i 的计算式为

$$V_i = -\frac{L_i}{L}f_h\left(或 V_i = -\frac{n_i}{n}f_h\right) \tag{2-14}$$

改正后的高差为

$$h_{i改} = h_{i测} + V_i$$

对于支水准路线，采用往测高差减去返测高差后取平均值，作为改正后往测方向的高差，也即

$$h_i = (h_往 - h_返)/2 \tag{2-15}$$

对于附合水准路线或闭合水准路线，高差改正之后还应检查改正后高差的总和是否与理论值相等。相等则证明计算无误，然后顺序推算各点的高程。求得最后一个已知点的高

程时，再次检查其与已知值是否相等，以保证各点的高程正确无误。

对于支水准路线来说，因无法检核，故在计算中要仔细认真，确认计算无误后方能使用计算成果。

任务实施

(1)附和水准路线的成果计算。

如图 2-17 所示，按测站数调整高差闭合差，并计算各点高程。其计算成果见表 2-3。

图 2-17　附合水准路线计算示例

表 2-3　按测站数调整高差闭合差并计算高程

1	2	3	4	5	6	7	8
测段编号	测点	测站数/个	实测高差/m	改正数/m	改正后的高差/m	高程/m	备注
1	BM_A	12	+2.785	−0.010	+2.775	36.345	已知
	BM_1					39.120	
2		18	−4.369	−0.016	−4.385		
	BM_2					34.735	
3		13	+1.980	−0.011	+1.969		
	BM_3					36.704	
4		11	+2.345	−0.010	+2.335		
	BM_B					39.039	已知
Σ		54	+2.741	−0.047	+2.694		
辅助计算	$H_{终}-H_{始}=H_{BMB}-H_{BMA}=2.694 \text{ m}$ $f_h=\sum h_{测}-(H_{终}-H_{始})=2.741-2.694=+0.047 \text{ m}=+47 \text{ mm}$ $f_{h容}=\pm 12\sqrt{n}=\pm 12\times\sqrt{54}=\pm 88 \text{ mm}$ $v_{每站}=-\dfrac{f_h}{\sum n}=-\dfrac{47}{54}=-0.9 \text{ mm/站}$						

(2)闭合水准路线的成果计算。

如图 2-18 所示，按测段长调整高差闭合差并计算各点高差。闭合水准路线成果计算的步骤与附合水准路线相同，具体方法不再赘述。其计算成果见表 2-4。

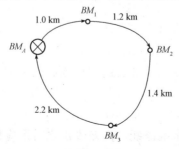

图 2-18　闭合水准路线计算示例

表 2-4　按测段长度调整高差闭合差并计算高程

1	2	3	4	5	6	7	8
测段编号	测点	测段长度/km	实测高差/m	改正数/m	改正后的高差/m	高程/m	备注
1	BM_A	1.0	+1.667	+0.014	+1.681	100.00	已知
2	BM_1	1.2	+2.011	+0.017	+2.028	101.681	
3	BM_2	1.4	−1.783	+0.020	−1.763	103.709	
4	BM_3	2.2	−1.978	+0.032	−1.946	101.946	
	BM_A					100.00	已知
$\sum$		5.8	−0.083	+0.083	0		
辅助计算	$f_h=\sum h_{测}=-0.083\ \text{m}=-83\ \text{mm}$ $f_{h容}=\pm 40\sqrt{L}=\pm 40\times\sqrt{5.8}=\pm 96\ \text{mm}$，符合精度要求 $v_{每千米}=-\dfrac{f_h}{\sum L}=-\dfrac{-83}{5.8}=+14.3\ \text{mm/km}$						

任务四　检验和校正水准仪

任务描述

　　测量仪器设备出厂后必须进行首次检验，出厂后经过长时间使用仪器轴系关系可能发生变化，因此测量仪器应按照法规、规定和技术规范的要求，进行后续的年检和使用中的检验，以消减仪器误差对观测结果的影响。

　　为保证水准测量成果正确可靠，除在作业过程中对仪器引起的误差采取措施消减外，还要在作业前对水准仪、水准尺进行检校，在作业过程中还要定期检校。

　　本任务要求学生掌握水准仪检验和校正的方法。

相关知识

一、水准仪各轴线之间的几何关系

　　如图 2-19 所示，水准仪的主要轴线有视准轴 CC、水准管轴 LL、仪器竖轴（旋转轴）VV、圆水准器轴 $L'L'$。进行水准测量时，水准仪的视准轴必须水平，据此在水准尺上读数，才能正确测定两点间的高差，而视准轴的水平是根据水准管气泡居中来判断的。因此，水准仪在装配上应满足水准管轴平行于视准轴这个主要条件。仪器的粗平（竖轴铅垂）是根据圆水准器的气泡居中来判断的，因此圆水准轴应平行于竖轴。另外，为了能按十字丝的横丝在水准尺上正确读数，横丝应水平，即横丝应垂直于竖轴。

综上所述，水准仪的轴线应满足下列条件：

(1) 圆水准器轴应平行于竖轴，即 $L'L' /\!/ VV$。

(2) 十字丝横丝应垂直于竖轴，即十字丝横丝水平。

(3) 水准管轴应平行于视准轴，即 $LL /\!/ CC$。

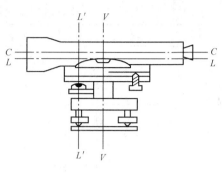

图 2-19　水准仪的轴线

二、圆水准器的检验和校正

1. 检验目的

检验圆水准器轴和仪器竖轴的平行度。

2. 检验方法

将水准仪安置好，转动脚螺旋使圆水准器气泡居中，如图 2-20(a) 所示。然后把仪器旋转 180°(望远镜的目镜和物镜位置对调)，若气泡仍然处于居中状态，则说明"两轴"的平行度良好；若气泡跑偏，如图 2-20(b) 所示，则说明"两轴"不平行，需要校正。

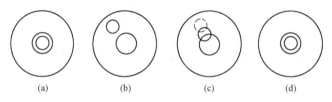

(a)　　　　　(b)　　　　　(c)　　　　　(d)

图 2-20　圆水准器的检验和校正

3. 校正

转动脚螺旋，使气泡向圆水准中心移动偏距的一半，如图 2-20(c) 所示，然后用校正针拨转圆水准器底下的 3 个校正螺钉(图 2-21)，使气泡居中，如图 2-20(d) 所示。按上述检验、校正方法反复检校，直至望远镜处于任意位置时气泡均居中，最后拧紧固定螺钉。

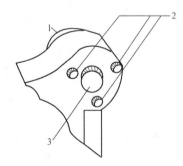

图 2-21　圆水准器校正部位

1—圆水准器；2—校正螺钉；3—固定螺钉

三、十字丝的检验和校正

1. 检验目的

检验十字丝横丝与竖轴的垂直关系。

2. 检验方法

整平仪器后，用望远镜横丝的十字丝中心的一端瞄准一点状目标 P，如图 2-22(a)、(c)所示，拧紧制动螺旋，转动微动螺旋。从望远镜中观察 P 点，若 P 点始终在横丝上移动，则表明横丝水平，如图 2-22(b)所示；若 P 点不在横丝上移动，如图 2-22(d)所示，则需要校正。

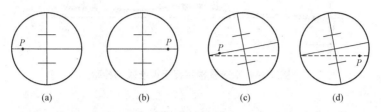

(a)　　　　　(b)　　　　　(c)　　　　　(d)

图 2-22　十字丝的检校

3. 校正

旋下目镜处的十字丝环外罩，用螺钉旋具旋松十字丝环的 4 个固定螺钉(图 2-23)，按横丝倾斜的反方向转动十字丝环，再进行检验。如果转动水平微动螺旋，P 点始终在横丝上移动，表示横丝已水平，竖丝自然铅垂。最后，转紧十字丝环固定螺钉。

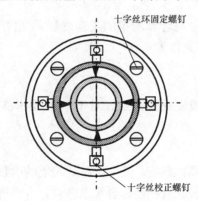

十字丝环固定螺钉

十字丝校正螺钉

图 2-23　十字丝校正装置

四、水准管轴平行于视准轴的检验和校正

1. 检验目的

检验水准管轴和视准轴的平行度。

2. 检验方法

设水准管轴不平行于视准轴，二者交角为 i，如图 2-24 所示。当水准管气泡居中时，视准轴不水平而倾斜 i 角。由此在水准尺上引起的误差与距离成正比。水准管轴不平行于视准轴的误差称为水准仪的 i 角误差。

检验时，在平坦地区选择相距 80 m 的 A、B 两点(可打下木桩或安放尺垫)，并在 A、B 中间处选择一点 I，使得 $D_A = D_B$，如图 2-24 所示。将水准仪安置于 I 点处，分别在 A、B 两点上竖立水准尺，读数为 a_1 和 b_1，因 i 角产生的读数误差大小 $x_A = D_A \tan i$，$x_B = D_B \tan i$。因为 $D_A = D_B$，所以 $x_A = x_B$，则 A、B 两点间的正确高差为

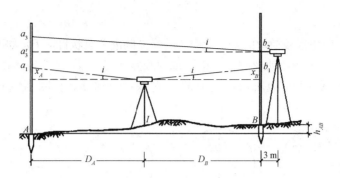

图 2-24　水准管轴平行于视准轴的检验

$$h_{AB}=(a_1-x_A)-(b_1-x_B)=a_1-b_1 \tag{2-16}$$

为了确保观测的正确性，也可用两次仪器高法测定高差 h_{AB}，若两次测得高差之差不超过 5 mm，则取平均值作为最后结果。

将水准仪搬到距前视 B 点 2~3 m 处，精平仪器后在 A、B 尺上的读数为 a_3、b_2。由于仪器距 B 点很近，i 角误差的影响可忽略不计，即 b_2 为正确读数，则可计算 A 点尺上的正确读数。

$$a_3'=h_{AB}+b_2 \tag{2-17}$$

若 A 点尺上的实际读数 a_3 与计算所得的正确读数 a_3' 相等，则表明水准管轴与视准轴平行。否则，两者不平行，其夹角为

$$i=\frac{a_3-a_3'}{D_{AB}}\rho'' \tag{2-18}$$

式中，$\rho''=206\,265''$，为角与弧度换算系数。对于 DS3 型水准仪，如果 i 角的绝对值大于 $20''$，则需要进行校正。

3. 校正

仪器在原位置不动，转动微倾螺旋，使中丝在 A 尺上的读数从 a_3 移到 a_3'，此时视准轴水平，而水准管气泡不居中。用校正针松动附合水准器左、右两校正螺钉，如图 2-25 所示，拨动上、下两校正螺钉使气泡严密居中，而后拧紧左、右校正螺钉。校正以后，变动仪器高再进行一次检验，直到仪器在 I 点观测并计算出的 i 角符合要求为止。

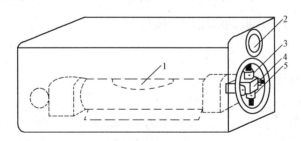

图 2-25　水准管的校正

1—水准管气泡；2—观察窗；3、4、5—校正螺钉

【小提示】　水准仪需要满足的重要条件是水准仪的管水准器轴平行于望远镜视准轴，因而必须反复检校，直至达到要求为止。由于两轴不可能严格平行，所以水准测量时应尽量将水准仪放在两根水准尺的中间，以消除 i 角误差。

根据"相关知识"中的学习内容，在实际测量工作中，应注意做好水准仪、水准尺的检校工作，以消减仪器误差对水准测量结果的影响。

任务五　减小水准测量误差

任务描述

水准测量误差主要有仪器误差、观测误差及外界条件影响误差等三个方面。分析和研究误差的来源及其影响规律，并找出消除或减弱这些误差影响的措施，可进一步提高水准测量的精度。本任务要求学生了解水准测量误差的来源，从而采取措施消减这些误差对水准测量的影响。

一、仪器误差

1. 仪器轴误差

水准仪在使用前应经过检验校正，但仍不能严格满足轴线之间的条件，视准轴与水准管轴不会严格平行而存在 i 角误差。仪器离开水准尺的距离越远，i 角误差的影响也越大。在一个测站上，如果前、后视的距离大致相等，则水准仪的 i 角误差可以抵消。

2. 水准尺误差

水准尺分划不准确、尺长变化、尺弯曲等原因所引起的水准尺分划误差会影响水准测量的精度，因此须检验水准尺每米间隔平均真长与名义长之差。对水准尺的零点差，可在一水准测段的观测中安排偶数个测站予以消除。

二、观测误差

1. 水准管气泡居中误差

水准测量的主要条件是视线必须水平，它是利用水准管气泡位置居中来实现的。由于气泡居中存在误差，其会使视线偏离水平位置，从而导致读数误差。气泡居中误差对读数所引起的误差与视线长度有关，距离越远误差越大。因此，水准测量时，每次读数时都要注意使气泡严格居中，而且距离不能太远。同时注意避免强烈太阳光直射仪器，必要时给仪器打伞。

2. 读数误差

读数误差主要是瞄准时未能消除视差和估读毫米数不准所产生的误差。对于视差产生的误差，只要将目镜和物镜再次对光，使其成像目标清晰，视差就可消除。而估读毫米数不准产生的误差与望远镜的放大率和视距长度有关，因此，在各级水准测量中，要求望远镜具有一定的放大率，并规定视线长度不超过一定限值，四等水准测量视距长度在80 m以内，方能保证估读的正确性。

3. 水准尺倾斜误差

在水准测量中，竖立水准尺时常出现前、后或左、右倾斜的现象，使横丝在水准尺上截取的数值总是比水准尺竖直时的读数要大，而且视线越高、倾斜越大，水准尺倾斜引起的读数误差就越大。所以读数时，水准尺必须竖直。

三、外界条件影响误差

1. 仪器和尺垫下沉的影响

水准仪的下沉是由于安置仪器处的地面土壤松软，或三脚架未与地面踩实，使仪器在测站上随安置时间的增加而下沉。水准仪下沉使水准尺上的读数偏小。水准尺的下沉会使读数增大。下沉发生在临时性的转点上，一般由于地面松软而不用尺垫，或虽用尺垫而未在地面踩实。采用"后—前—前—后"的观测顺序可以削弱仪器下沉的影响，采用往返观测取观测高差的中数的方法可以削弱尺垫下沉的影响。

2. 地球曲率和大气折光的影响

由于地球曲率和大气折光的影响，测站上水准仪的水平视线，相对与之对应的水准面，会在水准尺上产生读数误差，视线越长误差越大。若前、后视距相等，则地球曲率与大气折光对高差的影响将被消除或减弱。

3. 日光和风力的影响

当日光照射到水准仪时，由于仪器各部件受热不均匀，会产生不规则的膨胀，影响到仪器轴线的正确关系，从而产生仪器误差。因此，要求较高的水准测量，对水准仪应撑伞防晒。在风力大至影响水准仪的安置稳定时，水准管气泡不能精平或者水准尺成像晃动时，应停止观测。

【任务实施】

根据"相关知识"中的学习内容，在实际测量工作中，采取有效措施消减仪器误差、观测误差和外界条件影响误差对水准测量的影响。

任务六　认识精密水准仪和电子水准仪

【任务描述】

本任务要求学生初步了解精密水准仪和电子水准仪。

【相关知识】

一、精密水准仪

1. 精密水准仪的构造

我国水准仪系列中的 DS05、DS1 属于精密水准仪，精密水准仪主要用于国家一、二等水准测量和高精度的工程测量中，如大型精密设备的安装、建筑物的沉降等测量工作。

精密水准仪的构造与 DS3 型水准仪基本相同，也是由望远镜、水准器和基座三个主要部件组成。国产 DS1 型精密水准仪，其光学测微器的最小读数为 0.05 mm，如图 2-26 所示。

精密水准仪与一般水准仪相比，其特点是能够精密地整平视线和精确地读取读数。因此，其在结构上应满足如下条件：

(1)高质量的望远镜光学系统。为了获得水准标尺的清晰影像，望远镜的放大倍率应大于 40 倍，物镜的孔径应大于 50 mm。

(2)高灵敏度的管水准器。精密水准仪的管水准器的格值为 $10''/2$ mm。

(3)高精度的测微器装置。精密水准仪必须有光学测微器装置，以测定小于水准标尺最小分划线间隔值的尾数，光学测微器可直接读到 0.1 mm，估读到 0.01 mm。

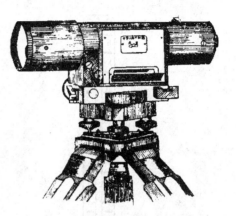

图 2-26　国产 DS1 型精密水准仪

(4)坚固稳定的仪器结构。为使视准轴与水准轴之间的关系相对稳定，精密水准仪的主要构件均采用特殊的合金钢制作。

(5)高性能的补偿器装置。

2. 精密水准仪的配套水准尺

精密水准尺一般在木质尺身的槽内安有一根铟瓦合金钢带，带的下端固定，上端用弹簧以一定的拉力拉紧，以保证铟瓦合金钢带的长度不受木质尺身伸缩变形的影响。钢带上标有刻画，数字注在木尺上。图 2-27 所示为与国产 DS1 型精密水准仪配套使用的精密水准尺，标尺全长为 5 m。在铟瓦合金钢带上漆有左、右两排分划，每排的最小分划值均为 10 mm，彼此错开 5 mm，左、右交替形成 5 mm 分划值。水准尺的米数和分米数注记在铟瓦合金钢带两旁的木质尺身上，右边从 0～5 注记米数，左边注记分米数，大三角形标志对准分米分划线，小三角形标志对准 5 cm 分划线。注记的数值为实际长度的 2 倍，故用此水准标尺进行测量作业时，需将观测高差除以 2 才是实际高差。

3. 精密水准仪的光学测微器

精密水准仪的光学测微器由平行玻璃板、测微尺、传动机构和测微读数系统组成。平行玻璃板装在物镜前，通过传动机构与测微尺相连，而测微尺的读数指标线刻在一块固定的棱镜上。传动机构由测微轮控制，转动测微轮，带有齿条的传动杆推动平行玻璃板绕其轴前、后倾斜，测微尺也随之移动。当平行玻璃板竖直时，水平视线不产生移动；当平行玻璃板倾斜时，视线则上、下平行移动，其有效移动范围为 5 mm(尺上标记为 10 mm，实际为 5 mm)。在测微尺上为量取 5 mm 而刻有 100 格，因此，测微器的最小分划值为 0.05 mm。

4. 精密水准仪的使用方法

DS1 型精密水准仪的操作方法与 DS3 型普通水准仪基本相同，只在读数方法上略有差异。读数时，用微倾螺旋使目镜视场左边的附合水准气泡的两个半像吻合，此刻，仪器精确整平，而望远镜十字丝横丝往往没有对准水准尺上的某一分划线，需转动测微螺旋调整视线上、下移动，使十字丝的楔形丝精确夹住水准尺上一个整分划线，读取该分划的读数，图 2-28 所示读数为 1.97 m；然后从目镜右下方的测微尺读数窗内读取不足整分划的测微尺读数，图 2-28 所示读数为 3.68 mm。水准尺的全读数等于楔形丝所夹分划线的读数与测微尺读数之和，即 1.973 68 m，实际读数为全读数的一半，即 0.986 84 m。

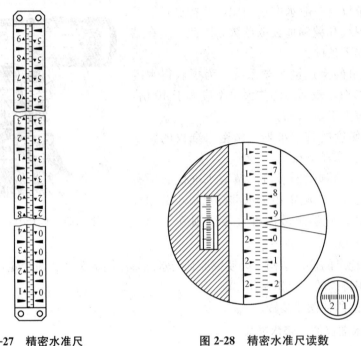

图 2-27　精密水准尺　　　　　图 2-28　精密水准尺读数

二、电子水准仪

电子水准仪又称为数字水准仪，是以自动安平水准仪为基础，在望远镜光路中增加了分光镜和探测器(CCD)，并采用条码标尺和图像处理电子系统而构成的光电测量一体化的高科技产品。其通常采用条码水准尺配合使用，若采用普通标尺，则像一般自动安平水准仪一样使用。

1. 电子水准仪的特点

与光学水准仪比较，电子水准仪具有如下特点：

(1)用自动电子读数代替人工读数，不存在读错、记错等问题，没有人为读数误差。

(2)精度高，多条码(等效为多分划)测量，削弱标尺分划误差，自动多次测量，削弱外界环境变化的影响。

(3)速度快、效率高，实现自动记录、检核、处理和存储。

电子水准仪在自动量测高程的同时，还可自动进行视距测量，因此，其可用于水准测量、地形测量、建筑施工测量。

2. 电子水准仪的测量原理

电子水准仪采用条纹编码水准尺和电子影像处理原理，用 CCD 行阵传感器代替人的肉眼，将望远镜像面上的标尺显像转换成数字信息，可自动进行读数记录。电子水准仪可视为 CCD 相机、自动安平式水准仪、微处理器的集成，它和条纹编码水准尺组成地面水准测量系统。图 2-29 所示为徕卡 DNA03 中文电子精密水准仪测量原理。

3. 条纹编码水准尺

与电子水准仪配套使用的水准尺为条纹编码水准尺，通常由玻璃纤维或铟钢制成，如图 2-30 所示。在仪器中装置有行阵传感器，它可识别水准标尺上的条码分划。仪器摄入条码图像后，经处理器转变为相应的数字，再通过信号转换和数据化，在显示屏上显示出高程和视距。

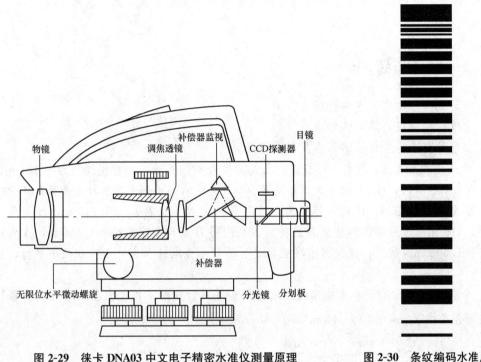

图 2-29　徕卡 DNA03 中文电子精密水准仪测量原理　　　图 2-30　条纹编码水准尺

任务实施

根据"相关知识"中的学习内容，在实际测量工作中，操作精密水准仪和电子水准仪进行水准测量。

➤ 项目小结

测定地面点高程的工作称为高程测量。水准测量是高程测量中最基本的、精密度较高的一种测量方法，被广泛应用于国家高程控制测量、工程勘测和施工测量工作中。水准测量使用的工具有水准标尺和尺垫，使用的仪器是水准仪。水准仪按其构造不同，分为微倾水准仪、自动安平水准仪、数字水准仪三种类型；按其测量精度，又可分为 DS05、DS1、DS3 和 DS10 四个等级。水准测量一般是在两水准点之间进行，从已知高程的水准点出发，测定待定水准点的高程。为了保证测量成果的精度，水准测量路线的高差闭合差不允许超过一定的范围，否则应重测。水准仪的轴线应满足下列条件：①圆水准器轴应平行于竖轴，即 $L'L'//VV$；②十字丝横丝应垂直于竖轴，即十字丝横丝水平；③水准管轴应平行于视准轴，即 $LL /\!/ CC$。

　　水准测量的误差主要有仪器误差、观测误差及外界条件影响误差等三个方面。我国水准仪系列中的 DS05、DS1 属于精密水准仪，精密水准仪主要用于国家一、二等水准测量和高精度的工程测量中，如大型精密设备的安装、建筑物的沉降等测量工作。电子水准仪又称为数字水准仪，是以自动安平水准仪为基础，在望远镜光路中增加了分光镜和探测器（CCD），并采用条码标尺和图像处理电子系统而构成的光电测量一体化的高科技产品。

▷ 思考与练习

　　1. 自动安平水准仪具有哪些特点？

　　2. 水准仪的轴线应满足哪些条件？

　　3. 简述外界条件对误差的影响及削减方法。

　　4. 设 A 点为后视点，B 点为前视点，A 点高程为 87.465 m。当后视读数为 1.124 m，前视读数为 1.428 m 时，A、B 两点的高差是多少？B 点比 A 点高还是低？B 点高程是多少？

　　5. 安置水准仪在 A、B 两点等距离处，测得 A 点尺上读数 $a_1=1.213$ m，B 点尺上读数 $b_1=1.116$ m；然后将仪器移至 B 点附近，又测得 B 点尺上读数 $b_2=1.456$ m，A 点尺上读数 $a_2=1.693$ m。试问：该仪器水准管轴是否平行于视准轴？为什么？如果不平行，应如何校正？

　　6. 对图 2-31 所示的附合水准路线的高差闭合差进行分配，并求出各水准点的高程。容许高差闭合差按 $f_{h允}=\pm 40\sqrt{L}$ (mm) 计。

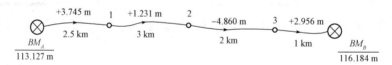

图 2-31　题 6 图

项目三   角度测量

通过本项目的学习，了解用测回法、方向观测法测量水平角的方法，全站仪的使用；理解角度测量原理；掌握全站仪的结构及安置，用测回法测量水平角的方法，竖盘、竖直角及其观测法。

能熟练操作全站仪进行水平角和竖直角的观测。

任务一   认识水平角及其测量原理

在求算点的平面位置时，需要进行水平角测量。本任务对学生提出了以下问题：①什么是水平角测量？②水平角测量的原理是什么？

一、水平角的定义

如图 3-1 所示，A、B、C 为地面上任意三点，B 为角顶点（测站点），A、C 为目标点，将 BA、BC 两方向线垂直投影在水平面 H 上，所形成的 $\angle abc$ 即地面 BA 与 BC 两方向线的水平角（β 角）。

二、水平角测量原理

如图 3-1 所示，为了测出水平角，设想在过 B 点的铅垂线上放置一个带有刻度的水平圆盘，并使圆盘中心通过 B 点的铅垂线。过 BA、BC 各做一竖直面，它们在水平度盘上截得的读数为 α 和 γ，则所求水平角的值为

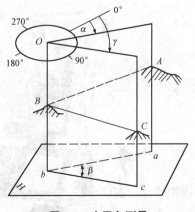

图 3-1   水平角测量

$$\beta = 右目标读数\ \gamma - 左目标读数\ \alpha\ (不够减时，加\ 360°\ 再减)$$

这就是水平角的测量原理。

由原理可知，测角仪器必须具备以下条件：

(1)应有一个度盘，度盘中心位于角顶点的铅垂线上并能方便地置平。

(2)应有一个照准目标的望远镜，它不仅能在水平方向左、右旋转，而且能在竖直方向上、下旋转，构成一个竖直面，以便照准不同方向、不同高度的目标。

任务实施

由上述"相关知识"可知，水平角是地面上一点到两目标的方向线垂直投影到水平面上的夹角，也可以说是过这两方向线的竖直面形成的二面角。测量水平角即在测站上使用测角仪器观测右目标的水平方向值与观测左目标的水平方向值之差。

任务二　使用全站仪

任务描述

全站仪是集测角、测距、自动记录于一体的仪器。它由光电测距仪、电子经纬仪、数据自动记录装置三大部分组成。数据自动记录系统也称为电子手簿，是为测量专门设计的野外小型数据存储设备。目前，数据自动记录系统有输入/输出接口，能迅速进行野外观测数据采集，并能与计算机、打印机、绘图仪等外围设备连接，进行数据的自动化传输、处理、成果打印及绘图，从而实现了测量过程的自动化。本任务要求学生了解全站仪的基本部件名称和功能。

相关知识

一、认识全站仪

全站仪各部件的名称与操作板面如图 3-2 和图 3-3 所示。

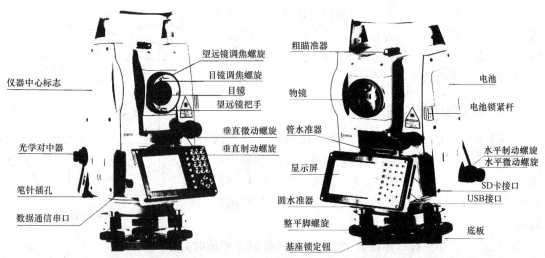

图 3-2　NTS-370 全站仪各部件的名称

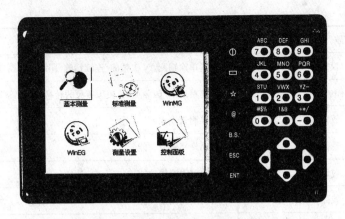

图 3-3　NTS-370 全站仪的操作板面

操作板面上各按键的名称及功能见表 3-1，显示符号及功能见表 3-2。

表 3-1　按键名称及功能

按键	名称	功能
◐	电源键	控制电源的开/关
0~9	数字键	输入数字，用于预置数值
A~/	字母键	输入字母
⊡	输入面板键	显示输入面板
★	星　键	用于仪器若干常用功能的操作
α	字母切换键	切换到字母输入模式
B.S	后退键	输入数字或字母时，光标向左删除一位
ESC	退出键	退回到前一个显示屏或前一个模式
ENT	回车键	数据输入结束并认可时按此键
✛	光标键	上、下、左、右移动光标

表 3-2　显示符号及功能

模　式	显　示	软　键	功　能
∀ 测角	置零	1	水平角置零
	置角	2	预置一个水平角
	锁角	3	水平角锁定
	复测	4	水平角重复测量
	V/%	5	垂直角/百分度的转换
	左/右角	6	水平角左角/右角的转换

模 式	显 示	软 键	功 能
测距	模式	1	设置单次精测/N 次精测/连续精测/跟踪测量模式
	m/ft	2	距离单位米/国际英尺/美国英尺的转换
	放样	3	放样测量模式
	悬高	4	启动悬高测量功能
	对边	5	启动对边测量功能
	线高	6	启动线高测量功能
坐标	模式	1	设置单次精测/N 次精测/连续精测/跟踪测量模式
	设站	2	预置仪器测站点坐标
	后视	3	预置后视点坐标
	设置	4	预置仪器高度和目标高度
	导线	5	启动导线测量功能
	偏心	6	启动偏心测量(角度偏心/距离偏心/圆柱偏心/屏幕偏心)功能

二、全站仪的辅助设备

采用全站仪进行测量工作,必须依靠必要的辅助设备。常用的辅助设备有三脚架、反射棱镜或反射片、管式罗盘、温度计、气压表、数据通信电缆、阳光滤色镜以及电池及充电器等。

(1)三脚架:在测站上用于架设仪器,其操作与经纬仪相同。

(2)反射棱镜或反射片:测量时立于测站点上,作为观测的照准目标。棱镜可以安置在三脚架上,也可以安置在棱镜脚架上。反射棱镜有单棱镜、三棱镜、九棱镜等不同种类,棱镜数量不同,测程也不同,选用多棱镜可使测程达到较大的数值。反射棱镜一般都有一个固定的棱镜常数,将它和不同的全站仪进行配套使用时,必须在全站仪中对棱镜的棱镜常数进行设置。

(3)管式罗盘:供全站仪望远镜照准磁北方向,使用时,将其插入仪器提柄上的管式罗盘插口,松开指针的制动螺旋,旋转全站仪照准部,使罗盘指针平分指标线,此时望远镜即指向磁北方向。

(4)温度计和气压表:用于仪器参数设置,测量时用温度计和气压表测定工作现场的温度和气压,并进行设置。

(5)数据通信电缆:用于连接全站仪和计算机进行数据交互通信。

(6)打印机连接电缆:用于连接仪器和打印机,可直接打印输出仪器内数据。

(7)阳光滤色镜:对着太阳进行观测时,将阳光滤色镜安装在望远镜的物镜上,可以避免阳光造成对观测者视力的伤害和仪器的损坏。

(8)电池及充电器。

三、全站仪的架设

全站仪的架设包括对中、整平两个操作步骤。现分述如下。

1. 对中

对中的目的是使水平度盘的中心与角顶点（测站点）位于同一铅垂线上，全站仪的对中是借助对中器来完成的。对中器一般有光学对中器和激光对中器两种。

2. 整平

整平的目的是使仪器的竖直轴处于竖直位置和使水平度盘处于水平位置。整平工作是利用基座上的三个脚螺旋，使照准部水准管在相互垂直的两个方向上气泡都居中。具体做法是：转动照准部使水准管大致平行于任意两个脚螺旋的连线，如图3-4(a)所示，两手同时向内（或向外）转动脚螺旋使气泡居中。注意气泡移动方向与左手大拇指转动方向一致，转动照准部90°，旋转另一个脚螺旋，使气泡居中，如图3-4(b)所示。反复进行，直至照准部转动到任何位置气泡总是居中，这时仪器的竖轴铅垂，水平度盘水平。

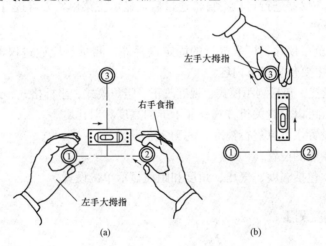

(a)   (b)

图3-4 全站仪的整平

3. 架设

光学对中器设在照准部或基座上，由于对中器的视线只在仪器整平后才处于垂直方向。因此，全站仪架设时对中与整平是同时完成的。

架设全站仪的操作步骤如下：

(1)将三脚架调节至适当长度，将其自然打开并置于测站点正上方，目测调整使架头大致水平，踩实脚架；

(2)打开箱子，取出仪器，将其置于架头上，并用固定螺栓固定牢靠；

(3)粗略对中：观察对中器，同时两手各轻轻抬起一个架腿并前、后、左、右轻微摆动，使对中器大致对中测站点，然后踩稳这两个架腿；

(4)精确对中：转动脚螺旋，使对中器严格对中测站点；

(5)粗平：观察圆水准器，调节架腿使圆气泡居中；

(6)精平：在两个相互正交的方向上，使管水准器各居中一次；

(7)检查：检查对中情况，若无偏离，则仪器架设完成；

(8)调整：若对中有偏离，轻轻松动固定螺栓，在架头上轻微移动仪器使其精确对中，再回到步骤(6)进行循环操作,直至仪器精平且严格对中为止,对中的误差一般不大于1 mm。

四、全站仪测量前的准备工作

1. 安装电池

在进行测量之前,使用仪器自带的专用充电器对电池进行充电。充电完备后将充电器装入仪器箱以备充电使用。整平仪器前按仪器说明书安装电池,观测完毕须将电池从仪器上取下。

2. 架设仪器

全站仪架设包括对中和整平两项工作,如前所述。

3. 开机

确保电池安装接触良好后,方可触按仪器键盘上的开关键直接开机。

4. 仪器自检

全站仪开机后,仪器进行自检,自检通过后,显示主菜单,方可进行测量工作。

5. 仪器参数设置

测量工作前,全站仪除了厂家进行的固定设置外,测量员应通过仪器的键盘操作进行一系列相关设置,主要包括以下内容:

(1)观测条件设置,包括测距模式、视准改正、竖角模式、坐标格式、最小显示等设置;

(2)仪器设置,可以设置关机方式、显示屏的亮度和对比度等;

(3)仪器常数设置,可以进行视准差的测定和设置;

(4)通信条件参数的设置;

(5)单位设置,包括温度、气压、角度和距离显示单位设置。

五、全站仪角度测量

1. 水平角测量

(1)选择水平角显示方式。水平角测量前,应采用"右/左"键设置水平角显示方式,有右角(顺时针角)和左角(逆时针角)两种形式可供选择。

(2)水平度盘读数设置。

1)水平方向置零。测定两条直线方向间的水平夹角,先用望远镜照准起始边方向目标,通过置零键将水平度盘的读数设置为$00°00'00''$,这简称为水平方向置零,如图3-5所示。

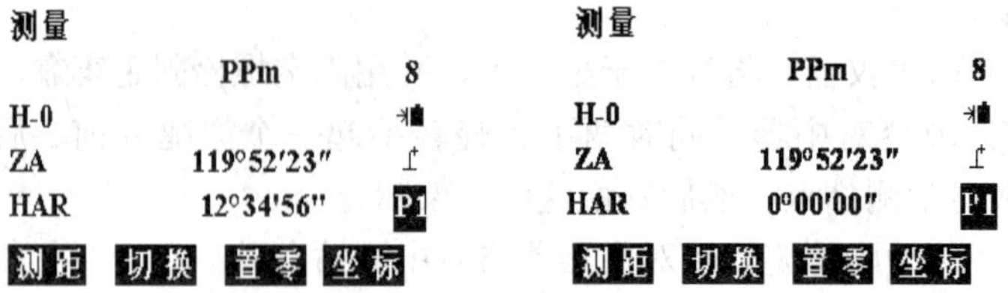

测量				测量			
	PPm	8			PPm	8	
H-0				H-0			
ZA	119°52′23″			ZA	119°52′23″		
HAR	12°34′56″	P1		HAR	0°00′00″	P1	
测距	切换	置零	坐标	测距	切换	置零	坐标

图3-5 水平方向置零

2)水平角设置。当在一个测站上进行多测回水平角观测时,每一测回开始都需要进行水平度盘读数配置，采用设角键即可进行设置。如图 3-6 所示，将水平度盘读数设置为 $12°34'56''$。

如果在坐标测量或放样时，后视方向的坐标方位角是已知量，此时也可瞄准后视点设置水平度盘的读数为已知方位角值，称为水平度盘定向。设置完成后，照准其他方向时，水平度盘显示的读数即该方向的方位角值。

图 3-6　水平度盘读数设置

(3)水平角测量。水平度盘读数设置完成后，再旋转望远镜精确照准前视目标点，此时将显示屏幕上的前视目标点读数记录入测量手簿，进行计算即可得到要测的水平角值。

2. 竖直角测量

(1)竖角模式设置。通过仪器观测条件设置竖直度盘度数的显示格式，有垂直角、垂直 $90°$ 和天顶距三种显示格式。

(2)竖直角观测。如果是垂直角显示模式，观测方法和经纬仪测量方法一样。如果是垂直 $90°$，竖盘为对称度盘，水平方向竖盘读数为 $00°00'00''$，只要瞄准目标点，即可读出竖直角，为进行检核，可盘左、盘右观测取平均值。若为天顶距格式，屏幕显示天顶距，天顶距加减 $90°$ 即可得到竖直角。

任务实施

通过现场观摩和实操训练，使学生掌握全站仪测角的基本操作。

任务三　观测水平角

任务描述

水平角观测方法根据观测目标的多少以及工作要求的精度确定，常用的有测回法和方向观测法两种。本任务要求学生掌握采用测回法、方向观测法进行水平角观测的方法。

相关知识

一、测回法

测回法是观测水平角的一种最基本的方法，常用以观测两个方向的单角。如图 3-7 所示，为了测出角度 β，观测步骤如下：

（1）在测站 A 点安置仪器，对中、整平。

（2）用盘左位置（竖直度盘在望远镜左侧，又称为正镜）瞄准目标 B，读取水平度盘的读数 b_1，设为 $0°10'24''$。

（3）松开水平制动螺旋，顺时针转动照准部，瞄准目标 C，读取水平读盘的读数 c_1，设为 $60°10'30''$；第二、三步称为上半测回，角值为右目标读数减左目标读数，即

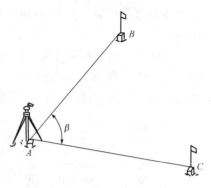

$$\beta_1 = c_1 - b_1 = 60°10'30'' - 0°10'24'' = 60°00'06''$$

（4）纵转望远镜成盘右位置（竖直度盘在望远镜右侧，又称倒镜），瞄准 C 目标，读取读数 c_2，设为 $240°10'24''$。

图 3-7　用测回法测水平角

（5）逆时针方向旋转照准部再次瞄准 B 目标，读取读数 b_2，设为 $180°10'30''$。第四、五步称为下半测回，同法计算水平角，即

$$\beta_2 = c_2 - b_2 = 240°10'24'' - 180°10'30'' = 59°59'54''$$

上、下半测回合称为一测回。一测回的角值为两半测回角值的平均数，即

$$\beta = \frac{1}{2}(\beta_1 + \beta_2) = 60°00'00''$$

测回法测角记录和计算见表 3-3。

表 3-3　测回法测角记录

测站	度盘位置	目标	水平度盘读数 /(° ′ ″)	半测回水平角 /(° ′ ″)	一测回水平角 /(° ′ ″)
A	盘左	B	0　10　24	60　00　06	60　00　00
		C	60　10　30		
	盘右	B	180　10　30	59　59　54	
		C	240　10　24		

测回法用盘左、盘右观测，可以消除仪器某些系统误差对测角的影响，校核结果和提高观测成果的精度。

当测角精度要求较高时，可观测多个测回，取其平均值作为最后结果。为减少度盘刻画不均匀误差对水平角的影响，各测回应利用仪器的复测装置或度盘变换手轮按 $180°/n(n$ 为测回数）变换水平度盘的位置。如果观测三测回，则每个测回的起始方向读数度盘变换值为 $60°$，即第一测回起始方向读数度盘位置为 $0°00'00''$ 左右，第二测回起始方向读数度盘位置为 $60°00'00''$ 左右，第三测回起始方向读数度盘位置为 $120°00'00''$ 左右。为读记方便，每次起始方向读数度盘位置一般大于零秒。

二、方向观测法

当测站上的方向观测数在三个或三个以上时，一般采用方向观测法，也称为全圆测回法。现以图 3-8 为例介绍如下：

(1)安置仪器于 O 点，选定起始方向 A，用盘左位置，将水平度盘置于读数略大于 $0°$ 的数值，瞄准 A，读数，并记入表 3-4 的第 4 栏。

(2)顺时针方向依次瞄准 B、C、D 点，读数并记录。

(3)继续顺时针转动照准部，再次瞄准 A，读数并记录。此操作称为归零，A 方向两次读数差称为半测回归零差。对于精度等级为 $2''$，归零差不应超过 $12''$，否则应重新观测，上述观测称为上半测回。

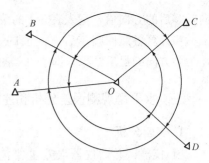

图 3-8　用方向观测法测水平角

(4)纵转望远镜成盘右位置，逆时针方向依次观测 A、D、C、B、A 点，此为下半测回。

上、下半测回合称为一个测回。如需观测多个测回，各测回仍按 $180°/n$ 变换水平度盘的位置。

以 A 点方向为零方向的记录计算见表 3-4。

表 3-4　方向观测法测角记录

| 测站 | 测回数 | 目标 | 水平度盘读数 | | $2c=$左一（右$\pm 180°$） | 平均读数=［左+（右$\pm 180°$）］/2 | 归零后方向值 | 各测回归零后方向平均值 |
			盘左 /(° ′ ″)	盘右 /(° ′ ″)				
0	1	A	0 01 12	180 01 00	+12	(0 01 03) 0 01 06	0 00 00	0 00 00
		B	41 18 18	221 18 00	+18	41 18 09	41 17 06	41 17 02
		C	124 27 36	304 27 30	+6	124 27 33	124 26 30	124 26 34
		D	160 25 18	340 25 00	+18	160 25 09	160 24 06	160 24 06
		A	0 01 06	180 00 54	+12	0 01 00		
	2	A	90 03 18	270 03 12	+6	(90 03 09) 90 03 15	0 00 00	
		B	131 20 12	311 20 00	+12	131 20 06	41 16 57	
		C	214 29 54	34 29 42	+12	214 29 48	124 26 39	
		D	250 27 24	70 27 06	+18	250 27 15	160 24 06	
		A	90 03 06	270 03 00	+6	90 03 03		

(5)方向观测法计算。

1)计算两倍照准误差 $2c$：

$$2c=盘左读数-（盘右读数\pm 180°）$$

将各方向的 $2c$ 值填入表 3-4 的第 6 栏，各方向 $2c$ 值互差不得大于 $12''$。

2)计算各方向的平均读数。

$$平均读数=［盘左读数+（盘右读数\pm 180°）］/2$$

由于存在归零读数，所以起始方向 A 有两个平均值，将这两个平均值再取平均值作为起始方向的方向值，记入表 3-4 的第 7 栏括号内。

3)计算归零后方向值。将各方向的平均读数减去括号内的起始方向平均值，即得各方向归零后的方向值，记入表 3-4 的第 8 栏。

4）计算各测回归零后方向值的平均值。将各测回同一方向归零后的方向值取平均数，作为各方向的最后结果，即表 3-4 的第 9 栏。同一方向值各测回互差不应超过 12″。

三、水平角观测误差分析和注意事项

1. 误差分析

（1）仪器误差。仪器误差主要包括两个方面：一是仪器制造、加工不完善所引起的误差；二是仪器检验、校正不完善所引起的误差。

仪器制造、加工不完善所产生的误差，主要有度盘刻画误差和度盘偏心误差。度盘刻画误差可采用不同的度盘部位观测进行弥补；度盘偏心误差可以采用盘左、盘右观测取其平均值的方法（测回法）加以消除。

仪器在作业前都必须进行检验和校正，通过检校后仍有部分残余误差。这些残余误差仍需用一定的方法来消除或减弱。如视准轴不垂直于横轴的误差、横轴不垂直于竖轴的误差，在盘左、盘右观测同一目标时，其影响大小相等，符号相反，可用盘左、盘右观测取平均值的方法（测回法）来消除。而水准管轴不垂直于竖轴的误差影响，在水准管气泡居中时，竖轴倾斜，其倾斜方向不会随竖盘位置的不同而改变，所以对同一目标进行盘左、盘右观测不能消除水准管轴不垂直于竖轴的误差影响，应严格检校仪器，观测时仔细整平，保持照准部水准管气泡偏离不超过一格。

（2）观测误差。

1）整平误差。整平误差的影响在于导致仪器竖轴倾斜，致使仪器横轴倾斜和水平度盘平面倾斜，这种误差不论在盘左还是盘右，都保持不变，正、倒镜无法消除它的影响，观测时，照准部水准管气泡偏离中央一格以上时，应在下一测回开始之前重新整平仪器，进行重测，该误差对测角的影响与观测目标的竖直角大小有关，随竖直角的增大而增大。

2）对中误差。在测角时，若仪器对中有误差，将使仪器中心与测站点不在同一铅垂线上，造成测角误差。

为了尽量减少对中误差的影响，角的边长不宜过短，对中偏差不能太大，一般不应大于 3 mm。当边短时，对中应特别仔细。

3）目标偏心误差。由标杆偏斜引起的测角误差称为目标偏心误差。

目标偏心误差对水平方向的影响与边长成反比。为了减小目标偏心误差的影响，观测时标杆应竖直，并尽可能瞄准标杆的底部。

4）瞄准误差。测角时由人眼通过望远镜瞄准目标产生的误差称为瞄准误差，其影响因素很多，如望远镜放大倍数、人眼分辨率、十字丝粗细等。

（3）外界条件影响。当望远镜视线透过大气层时，受地面辐射的影响，会引起目标成像的跳动；土壤松软和大风会引起仪器安置的不稳定；温度的变化会影响仪器的整平等。因此，要选择有利的观测时间，设法避开不利环境的影响，以提高观测成果的精度。

2. 注意事项

（1）仪器高度要和观测者的身高相适应；三脚架要踩实，仪器与三脚架连接要牢固，操作仪器时不要用手扶三脚架；转动照准部和望远镜之前，应先松开制动螺旋，使用各种螺旋时用力要轻。

(2)精确对中，特别是对短边测角时，对中要求应更严格。

(3)当观测目标间高低相差较大时，更应注意仪器整平。

(4)每次照准应尽量照准目标根部。

(5)记录要清楚，应当场计算，若发现错误，应立即重测。

(6)一测回水平角观测过程中，不得再调整照准部管水准气泡，如气泡偏离中央超过2格，应重新整平与对中仪器，重新观测。

任务实施

根据相关知识的学习内容，在实际测量工作中，应用测回法、方向观测法进行水平角观测，要注意消减观测误差。

任务四　观测竖直角

任务描述

竖直角测量用于测定高差或将倾斜距离改变成水平距离。本任务要求学生掌握应用全站仪进行竖直角观测的方法。

相关知识

一、竖直角的概念

同一竖直面内，一点至观测目标的方向线与水平线之间的夹角，用 α 表示，如图 3-9 所示，方向线在水平线以上，竖直角为正，称为仰角；方向线在水平线以下，竖直角为负，称为俯角；竖直角的范围是 $\alpha \leqslant |90°|$。

为了测出竖直角的大小，在全站仪水平轴一端安置一竖直度盘，利用照准目标的方向线和水平线分别在竖直度盘上读取读数，两读数之差即竖直角。

二、竖直度盘的构造特点

根据竖直角测量方法，要求安装在水平轴一端的竖直度盘与水平轴垂直，且二者的中心重合。度盘刻画按 0°~360° 进行注记，其形式有顺时针方向与逆时针方向两种；指标为可动式。图 3-10 所示为竖直度盘部分的构造示意，其构造特点如下：

(1)竖直度盘、望远镜、水平轴三者连成一体，望远镜上、下旋转时竖直度盘随着转动。竖直度盘上 90° 或 90° 的整倍数的刻画方向与视线方向一致或垂直。

(2)指标、指标水准管、指标水准管微动螺

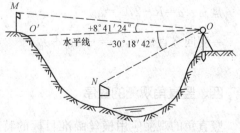

图 3-9　竖直角

旋连成一体，指标的方向与指标水准管轴垂直。当转动指标水准管微动螺旋使指标水准管气泡居中时，指标水准管轴水平，指标居于正确位置，可以进行读数。

（3）当视准轴水平、指标水准管气泡居中时，指标所指的竖直度盘的读数应为 90°或 90°的整倍数。

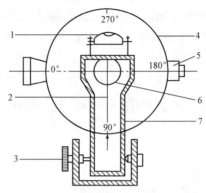

图 3-10　全站仪竖盘结构

1—指标水准管；2—读数指标；3—指标水准管微动螺旋；

4—竖直度盘；5—望远镜；6—水平轴；7—支架

三、竖直角计算公式的确定

计算竖直角之前，首先要判断计算公式。竖直角是水平读数与目标读数之差，但哪个是减数，哪个是被减数，应按竖盘注记的形式来确定。为此，在观测之前，将望远镜大致放平，此时与竖盘读数最接近的 90°的整倍数即水平读数。然后将望远镜上仰：若读数增大，则竖直角等于目标读数减去水平读数；若读数减小，则竖直角等于水平读数减去目标读数；对于图 3-11 所示的竖盘，计算公式如下：

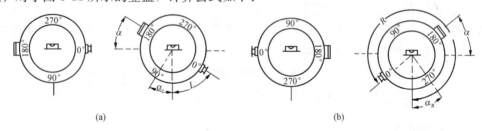

(a)　　　　　　　　　　　　　　　(b)

图 3-11　竖直角的观测

（a）盘左；（b）盘右

盘左：$\alpha = 90° - L = \alpha_L$

盘右：$\alpha = R - 270° = \alpha_R$

一测回竖直角为：$\alpha = \dfrac{1}{2}(\alpha_L + \alpha_R)$

四、竖直角观测的程序

竖直角的观测应用横丝瞄准目标的特定位置，例如标杆的顶部或标尺上的某一位置。竖直角观测的操作程序如下：

(1)在测站点上安置好全站仪，盘左瞄准目标，读取竖直度盘的读数 L（78°18′12″），记入表 3-5 中。

(2)同一位置盘右瞄准目标，读取竖直度盘的读数 R（281°41′54″），记入表 3-5 中。

表 3-5 竖直角的记录

测站	目标	竖盘位置	竖盘读数 /(° ′ ″)	半测回竖直角 /(° ′ ″)	一测回竖直角 /(° ′ ″)	指标差 /(″)
O	P	左	78 18 12	11 41 48	11 41 51	03
		右	281 41 54	11 41 54		
	M	左	114 03 30	−24 03 30	−24 03 18	12
		右	245 56 54	−24 03 06		

五、竖盘指标差

指标处于正确位置上，此时盘左始读数为 90°，盘右始读数为 270°。实际工作中，指标不经常恰好指在 90°或 270°，而与正确位置相差一个小角度 x，x 称为竖盘指标差，如图 3-12 所示。

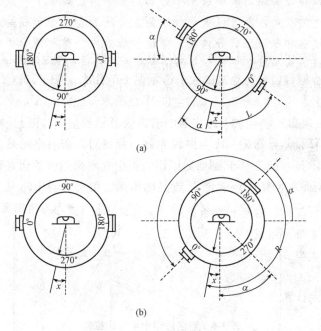

(a)

(b)

图 3-12 竖盘指标差

(a)盘左；(b)盘右

盘左视线水平时，读数应为（90°+x），正确的竖直角为

$$\alpha=(90°+x)-L$$

盘右视线水平时，读数应为（270°+x），正确的竖直角为

$$\alpha=R-(270°+x)$$

两式相加除以 2，得

$$\alpha = \frac{1}{2}(L+R)$$

两式相减得

$$x = \frac{1}{2}(L+R-360°)$$

指标差可以用来检查观测质量。同一测站上观测不同目标时，对于全站仪，其指标差变动范围为 $\pm 10''$。

任务实施

根据"相关知识"的学习内容，在实际测量工作中，应用全站仪进行竖直角观测，应注意控制竖盘指标差在限值内。

➤ 项目小结

角度测量分为水平角测量与竖直角测量。水平角测量用于求算点的平面位置，竖直角测量用于测定高差或将倾斜距离改变成水平距离。水平角是地面上一点到两目标的方向线垂直投影到水平面上的夹角，也可以说是过这两方向线的竖直面形成的二面角。全站仪主要由照准部、水平度盘和基座三部分构成。架设包括对中、整平两大操作步骤。水平角观测方法根据观测目标的多少以及工作要求的精度确定，常用的有测回法和方向观测法两种。同一竖直面内，一点至观测目标的方向线与水平线之间的夹角称为竖直角。

➤ 思考与练习

1. 什么是水平角？
2. 水平角测量计算时，右目标读数比左目标读数小时怎么办？
3. 全站仪由哪几部分组成？
4. 全站仪对中、整平的目的什么？简述全站仪对中、整平的做法。
5. 简述用测回法测水平角的步骤。
6. 填表 3-6 完成计算。

表 3-6　测回法测水平角计算表

测站	竖盘位置	目标	水平度盘读数 /(° ′ ″)	半测回角值 /(° ′ ″)	一测回角值 /(° ′ ″)
A	左	B	61　44　57		
		C	349　30　30		
	右	B	241　44　54		
		C	169　30　36		

7. 整理表 3-7 中竖直角的观测记录(图 3-13)。

表 3-7　竖直角观测记录

测站	目标	竖盘位置	竖盘读数 /(° ′ ″)	半测回角值 /(° ′ ″)	平均竖直角 /(° ′ ″)	指标差 /(″)
A	P	左	98　25　42			
		右	261　35　36			

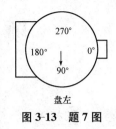

盘左

图 3-13　题 7 图

项目四　距离测量与直线定向

通过本项目的学习，熟悉丈量工具、标准方向的种类；掌握用全站仪进行距离测量的方法，理解方位角的定义和表示方法，掌握坐标方位角的推算和坐标正反算。

能够进行距离丈量和全站仪距离测量，能够进行坐标方位角的推算和坐标正反算。

任务一　用钢尺丈量距离

任务描述

在丈量距离时，当地面上两点之间的距离较远或地面起伏较大时，不能用一尺段量完，要分成几段进行丈量。为使所量距离为直线距离，就需要在两点所确定的直线方向上标定若干个中间点，并使这些中间点位于同一直线上，这项工作称为直线定线。距离测量是测量的基本工作，所谓距离是指两点间的水平长度。如果测得的是倾斜距离，还必须改算为水平距离。本任务要求学生掌握直线定线和距离测量的方法。

相关知识

一、丈量工具

1. 钢尺

钢尺又称为钢卷尺，是钢制成的带状尺，量距精度较高。尺的宽度为 $10 \sim 15$ mm，厚度约为 0.4 mm，长度有 20 m、30 m、50 m 等几种，可卷放在圆形的尺壳内，也可卷放在金属尺架上，如图 4-1(a)所示。钢尺的基本分划为厘米，每厘米及每米处刻有数字注记，全长或尺端刻有毫米分划。按尺的零点刻画位置，钢尺可分为端点尺和刻线尺两种，如图 4-1(b)所示。钢尺的尺环外缘作为尺子零点的称为端点尺；尺子零点位于钢尺尺身上的称为刻线尺。

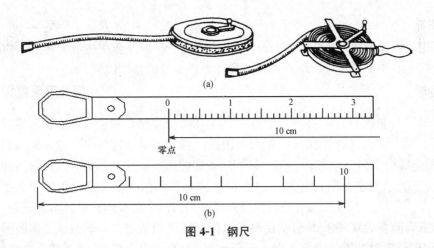

图 4-1　钢尺

【小提示】　(1)钢尺易生锈，工作结束后，应用软布擦去尺上的泥和水，涂上机油，以防生锈。

(2)钢尺易折断，如果钢尺出现卷曲，切不可用力硬拉。

(3)在行人和车辆多的地区量距时，中间要有专人保护，严防尺子被车辆压过而折断。

(4)切勿将尺子沿地面拖拉，以免磨损尺面刻画。

(5)收卷钢尺时，应按顺时针方向转动钢尺摇柄，切不可逆转，以免折断钢尺。

2. 皮尺

皮尺又称为布卷尺，是用麻线(或加入金属丝)织成的带状尺，长度有 20 m、30 m、50 m 等几种，可卷放在圆形的尺壳内。尺上基本分划为厘米，尺面每 10 cm 和整米处刻有数字注记，尺端钢环的外端为尺子的零点，如图 4-2 所示。

皮尺携带和使用都很方便，但是容易伸缩，故量距精度低，一般用于低精度的地形碎部测量和土方工程的施工放样等。

3. 标杆

标杆又称为花杆，由直径为 3~4 cm 的圆木杆制成，杆上按 20 cm 间隔涂有红、白油漆，杆底部装有锥形铁脚，主要用来标点和定线，常用的标杆长度有 2 m 和 3 m 两种，如图 4-3(a)所示。另外，也有金属制成的标杆，有的为数节，用时可通过螺旋连接，携带较方便。

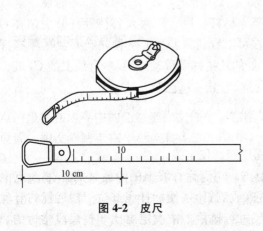

图 4-2　皮尺

图 4-3　标杆和测钎

4. 测钎

测钎用粗铁丝做成，长 30～40 cm，按每组 6 根或 11 根套在一个大环上，如图 4-3(b) 所示。测钎主要用来标定尺段端点的位置和计算所丈量的整尺段数。

5. 垂球

垂球由金属制成，似圆锥形，上端系有细线，主要用于对点、标点和投点。

6. 其他工具

其他工具有弹簧秤、温度计等，主要用于精密量距。

二、直线定线

直线定线的方法有标杆目测定线和经纬仪定线。

1. 标杆目测定线

(1)两点间通视时标杆目测定线。如图 4-4 所示，设 A、B 两点互相通视，要在 A、B 两点间的直线上标出 1、2 中间点。先在 A、B 点上竖立标杆，甲站在 A 点标杆后约 1 m 处，目测标杆的同时，由 A 瞄向 B，构成一视线，并指挥乙在 1 点附近左右移动标杆，直到甲从 A 点沿标杆的同一侧看到 A、1、B 三支标杆在同一条线上为止。同法可以定出直线上的 2 点。两点间定线，一般应由远到近进行定线。定线时，所立标杆应竖直。此外，为了不挡住甲的视线，乙持标杆应站立在垂直于直线方向的一侧。

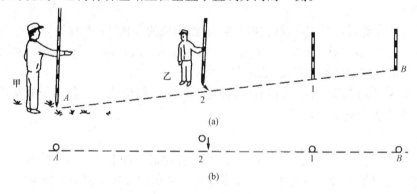

(a)

(b)

图 4-4　两点间通视时标杆目测定线

(2)两点间不通视时标杆目测定线。如图 4-5 所示，A、B 两点互不通视，这时可以采用逐渐趋近法定直线。先在 A、B 两点竖立标杆，甲、乙两人各持标杆分别站在 C_1 和 D_1 处，甲要站在可以看到 B 点处，乙要站在可以看到 A 点处。先由站在 C 处的甲指挥乙移动至 BC_1 直线上的 D_1 处，然后由站在 D_1 处的乙指挥甲移动至 AD_1 直线上的 C_2 处，接着再由站在 C_2 处的甲指挥乙移动至 D_2，这样逐渐趋近，直到 C、D、B 三点在同一直线上，同时 A、C、D 三点也在同一直线上，即 A、C、D、B 在同一直线上。

2. 经纬仪定线

精确丈量时，为保证丈量的精度，需用经纬仪定线。

如图 4-6 所示，欲丈量直线 AB 的距离，在清除直线上的障碍物后，在 A 点上安置经纬仪对中、整平后，先照准 B 点处的标杆(或测钎)，使标杆底部位于望远镜的竖丝上后固定照准部。在经纬仪所指的方向上用钢尺进行概量，依次定出比一整尺段略短的 $A1$，12，

23，…，6B 尺段。在各尺段端点打下大木桩，桩顶高出地面 3～5 cm，在桩顶钉一镀锌薄钢板，用经纬仪进行定线投影，在各镀锌薄钢板上用小刀刻出 AB 方向线，再刻画一条与 AB 方向垂直的横线，形成"十"字，"十"字中心即 AB 线的分段点。

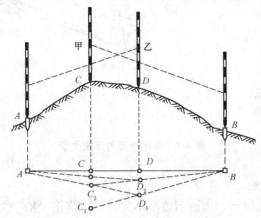

图 4-5　两点间不通视时标杆目测定线

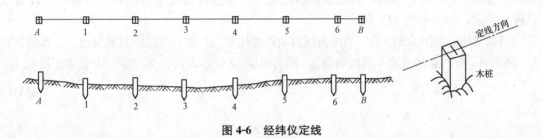

图 4-6　经纬仪定线

三、距离丈量

钢尺量距一般需要三个人，分别担任前尺手、后尺手和记录员的工作。

（1）平坦地面的丈量方法。如图 4-7 所示，要丈量 A、B 两点间的距离，丈量前，先进行直线定线，丈量时，后尺手（甲）拿钢尺的末端在起点 A，前尺手（乙）拿钢尺的零点一端沿直线方向前进，使钢尺通过定线时的中间点，保证钢尺在 AB 直线上，不使钢尺扭曲，将尺子抖直、拉紧、拉平。甲、乙拉紧钢尺后，甲把尺的末端分划对准起点 A 并喊"预备"，同时乙准备好测钎，当尺拉稳、拉平后，甲喊一声"好"，乙在听到"好"的同时，把测钎对准钢尺零点刻画划直地插入地面，这样就完成了第一整尺段的丈量。甲、乙两人抬尺前进，用同样的方法，继续向前量第二整尺段、第三整尺段……量完每一尺段时，后尺手（甲）将插在地面上的测钎拔出收好，用来计算量过的整尺段数。最后丈量不足一整尺段的距离时，乙将尺的零点刻画对准 B 点，甲在钢尺上读取不足一整尺段值，则 A、B 两点间的水平距离为

$$D_{AB} = n \times l + q \tag{4-1}$$

式中　n——整尺段数；

　　　　l——整尺段长；

　　　　q——不足一整尺段值。

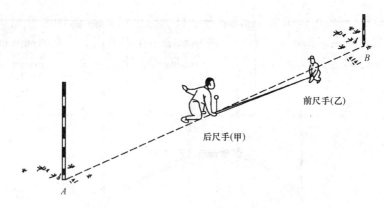

图 4-7　平坦地面的距离丈量

（2）斜地面的丈量方法。

1）平量法。如图4-8所示，当地面坡度不大时，可将钢尺抬平丈量。如丈量AB间的距离，将尺的零点对准A点，将尺抬高，并由记录员目估使尺拉水平，然后用垂球将尺的末端投于地面上，再插以测钎，若地面倾斜度较大，将整尺段拉平有困难，可将一尺段分成几段来平量，如图中的MN段。

2）斜量法。如图4-9所示，当地面倾斜的坡度比较均匀时，可以沿斜坡量出A、B的斜距L，测出A、B两点的高差h或倾斜角α，然后根据式（4-2）或式（4-3）计算AB的水平距离D：

$$D = \sqrt{L^2 - h^2} \tag{4-2}$$

或

$$D = L \cdot \cos\alpha \tag{4-3}$$

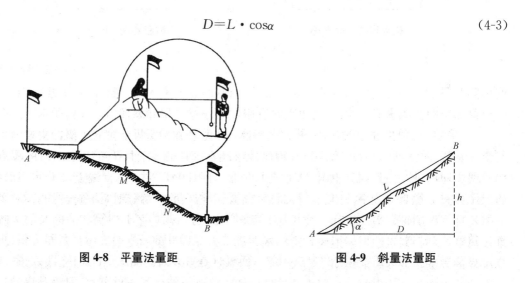

图 4-8　平量法量距　　　　　　　**图 4-9　斜量法量距**

（3）成果处理与精度评定。为了避免错误和提高丈量精度，距离丈量一般要求往返丈量，在符合精度要求时，取往返丈量的平均值作为丈量结果。

距离丈量的精度是用相对误差K来评定的。所谓相对误差，是往返丈量的较差$\Delta D = (D_{往} - D_{返})$的绝对值与往、返丈量的平均距离$D_{平均}[=(D_{往} + D_{返})/2]$之比，最后化成分子为1，分母取两位有效数字的分数形式，即

$$K = \frac{|\Delta D|}{D_{平均}} = \frac{1}{D_{平均}/|\Delta D|} \tag{4-4}$$

知识链接

钢尺量距的误差分析及注意事项

(1)尺长误差。如果钢尺的名义长度和实际长度不符，则产生尺长误差。尺长误差是累积的，误差累积的大小与丈量距离成正比。往返丈量不能消除尺长误差，只有加入尺长改正数才能消除。因此，新购置的钢尺必须经过鉴定，以求得尺长改正数。

(2)温度误差。钢尺的长度随温度而变化，当丈量时的温度和标准温度不一致时，将产生温度误差。钢的膨胀系数按 $1.25 \times 10^{-5}\,℃^{-1}$ 计算，温度每变化 1 ℃，其影响为丈量长度的 1/80 000。一般量距时，当温度变化小于 10 ℃时，可以不加改正数，但精密量距时，必须加温度改正数。

(3)尺子垂曲误差。由于地面高低不平，钢尺沿地面丈量时，如果尺面出现垂曲而成曲线，将使量得的长度比实际的大。因此，丈量时，必须注意使尺子水平，整尺段悬空时，中间应有人托一下尺子，否则会产生不容忽视的垂曲误差。

(4)尺子倾斜误差。由于丈量时尺子没有拉水平，而是倾斜的，量得的距离将比实际的大，即产生倾斜误差。因此，在量距时要特别注意使尺子水平或加入倾斜改正数。

(5)定线误差。由于丈量时尺子没有准确地放在所量距离的直线方向上，因此所丈量距离不是直线，而是一组折线的误差，称为定线误差。一般丈量时，要求标杆目测定线偏差不大于 0.1 m，经纬仪定线偏差不大于 5～7 cm。

(6)拉力误差。钢尺在丈量时所受拉力应与检定时的拉力相同，否则将产生拉力误差，拉力的大小将影响尺长的变化。对于钢尺，若拉力变化 70 N，尺长将改变 1/10 000，故在一般丈量中，只要保持拉力均匀即可。而对于精密量距，则需使用弹簧秤。

(7)对点、投点误差。丈量过程中，用测钎在地面上标定尺段端点位置时，若前、后尺手配合不佳，则插测钎不准，或在丈量斜地面距离时，垂球投点不准，这都会引起丈量误差。因此，在丈量中应配合协调，尽量做到对点准确，测钎直立，投点准确。

任务二 用全站仪进行距离测量

任务描述

视距测量是一种间接测定距离及高程的方法。它是利用经纬仪望远镜内十字丝平面上的视距丝(十字丝的上、下丝)装置，配合视距标尺(与普通水准尺通用)，根据几何光学原理，同时测定两点间的水平距离和高差的方法。其测距精度较低，相对误差约为 1/300，低于钢尺量距，测定高差的精度低于水准测量。但这种方法操作简便、迅速、受地形条件限制小，且精度能满足一般碎部测量的要求，因此，视距测量广泛应用于传统的地形测量中。本任务要求学生掌握视距测量的方法。

相关知识

距离测量必须选用与全站仪配套的合作目标，即反光棱镜。由于电子测距为仪器中心到棱镜中心的倾斜距离，因此，仪器站和棱镜站均需要精确对中、整平。在距离测量前应进行气象改正、棱镜类型选择、棱镜常数改正、测距模式的设置和测距回光信号的检查，然后才能进行距离测量。仪器的各项改正是按设置仪器参数，经微处理器对原始观测数据计算并改正后，显示观测数据和计算数据的。只有合理设置仪器参数，才能得到高精度的观测成果。

1. 大气改正的计算

大气改正值是由大气温度、大气压力、海拔高度、空气湿度推算出来的。改正值与空气中的气压或温度有关。其计算公式为

$$PPM = 273.8 - \frac{0.290\ 0 \times 气压值(hPa)}{1 + 0.003\ 66 \times 温度值(℃)} \qquad (计算单位：m)$$

若使用的气压单位是 mmHg，按 1 hPa＝0.75 mmHg 进行换算。

南方 NTS-370 系列全站仪标准气象条件(即仪器气象改正值为 0 时的气象条件)为：气压：1 013 hPa，温度：20 ℃。因此，在不考虑大气改正时，可将 PPM 值设为零。操作步骤为：①在全站仪功能主菜单界面中单击"测量设置"，在"系统设置"菜单栏单击"气象参数"。②屏幕显示当前使用的气象参数。用笔针将光标移到需设置的参数栏，输入新的数据。例如将温度设置为 26℃。③按照同样的方法，输入气压值。设置完毕，单击"保存"。④单击"OK"，设置被保存，系统根据输入的温度值和气压值计算出 PPM 值。

当然也可直接输入大气改正值，其步骤为：①在全站仪功能主菜单界面中单击"测量设置"，在"系统设置"菜单栏单击"气象参数"。②清除已有的 PPM 值，输入新值。③单击"保存"。

注：在星(★)键模式下也可以设置大气改正值。

2. 大气折光和地球曲率改正

仪器在进行平距测量和高差测量时，可对大气折光和地球曲率的影响进行自动改正。

注：南方 NTS-370 全站仪的大气折光系数出厂时已设置为 K＝0.14。K 值有 0.14 和 0.2 可选，也可选择关闭。

3. 设置目标类型

南方 NTS-370 全站仪可设置为红色激光测距和不可见光红外测距，可选用的反射体有棱镜、无棱镜及反射片。用户可根据作业需要自行设置。使用时所用的棱镜需与棱镜常数匹配。当用棱镜作为反射体时，需在测量前设置好棱镜常数。一旦设置了棱镜常数，关机后该常数将被保存。

4. 距离测量

用望远镜精确照准棱镜中心，按测距键，开始距离测量，短暂时间后，测距完成，屏幕上显示出水平距离，按切换键即可显示斜距 SD、平距 HD 和高差 VD，如图 4-10 所示。

此外距离类型、棱镜类型和常数、气象改正数和测距模式等有关测量信息也显示在屏幕上。

测量		棱镜常数	-30
		PPm	8
H-A	0.135 m		⌀▮
ZA	69°53′34″		⌁
HAR	123°25′39″		P1
测距	切换	英尺/米	EDM

测量		棱镜常数	-30
		PPm	8
S-A	0.231 m		⌀▮
H-A	0.135 m		⌁
V-A	0.636 m		P1
测距	切换	英尺/米	EDM

图 4-10　距离测量

任务实施

根据相关知识的学习内容，在实际测量工作中进行全站仪距离测量。

任务三　确定直线的方向

任务描述

确定一条直线方向的工作，称为直线定向。要确定直线的方向，首先要选定一个标准方向作为直线定向的依据，然后测出这条直线与标准方向之间的水平夹角，这样该直线的方向便可确定。

在工程测量中，通常是以子午线方向作为标准方向。

本任务要求学生掌握直线定向的方法

相关知识

一、标准方向的种类

1. 真子午线方向

过地面上一点指向地球南、北极的方向，称为该点的真子午线方向，一般用天文测量的方法或陀螺经纬仪来测定，如图 4-11 所示。

地面上任一点都有其真子午线方向，各点的真子午线都向地球南、北两极收敛并相交于两极。地面上任意两点真子午线间的夹角，称为子午线收敛角，用 γ 表示，如图 4-11 所示。收敛角的大小与两点所在的纬度及经度有关。

2. 磁子午线方向

地面上一点处磁针静止时所指的方向，称为该点的磁子午线方向，一般用罗盘仪测定。由于地球的磁南、北极与地

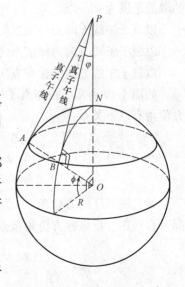

图 4-11　真子午线

球的南、北极并不重合，因此，地面上同一点的真子午线与磁子午线虽然相近但并不重合，其夹角称为磁偏角，用 δ 表示。当磁子午线在真子午线东侧时，称为东偏，δ 为正；当磁子午线在真子午线西侧时，称为西偏，δ 为负。磁偏角 δ 的大小不是固定不变的，是因时、因地而变化的。

3. 轴子午线方向

轴子午线又称为坐标子午线。直角坐标系中的坐标纵轴所指的方向，称为轴子午线方向，也称为坐标子午线方向。测区内地面各点的轴子午线方向都是互相平行的。在中央子午线上，各点的真子午线和轴子午线是重合的，而在其他地区，真子午线与轴子午线不重合，两者所夹的角即中央子午线与某地方子午线所夹的收敛角 γ。如图 4-12 所示，当轴子午线在真子午线以东时，γ 为正；当轴子午线在真子午线以西时，γ 为负。

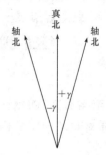

图 4-12　子午线收敛角

　　由于地面上各点的真子午线和磁子午线都是相交而不是互相平行的，这就给计算工作带来不便，因此在普通测量中一般均采用轴子午线方向作为标准方向。但是，由于确定磁子午线方向的方法比较方便，因而在范围不大的独立测区或在精度要求不高的工程测量中，也可以用磁子午线方向作为标准方向。

二、方位角

选定了标准方向，就可确定直线的方向了，直线的方向一般用方位角表示。如图 4-13 所示，由标准方向北端顺时针旋转至直线方向的水平夹角，称为该直线的方位角，方位角的取值范围为 $0°\sim360°$。

以真子午线方向为标准方向所确定的方位角，称为真方位角，用 A 表示。

以磁子午线方向为标准方向所确定的方位角，称为磁方位角，用 A_m 表示。

以轴子午线方向为标准方向所确定的方位角，称为坐标方位角，用 α 表示。

如图 4-14 所示，根据真子午线方向、磁子午线方向、轴子午线方向三者的关系，三种方位角有以下关系：

$$A=A_m+\delta（\delta \text{ 东偏为正，西偏为负}）\tag{4-5}$$

$$A=\alpha+\gamma（\gamma \text{ 以东为正，以西为负}）\tag{4-6}$$

$$\alpha=A_m+\delta-\gamma\tag{4-7}$$

设直线 AB 的方位角 α_{AB} 为正坐标方位角，则直线 BA 的方位角 α_{BA} 为反坐标方位角，同一直线正、反坐标方位角相差 $180°$，即

$$\alpha_{AB}=\alpha_{BA}\pm180°$$

或

$$\alpha_{\text{正}}=\alpha_{\text{反}}\pm180°$$

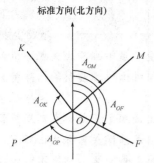

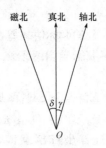

图 4-13　方位角　　　　　　　　图 4-14　真子午线、磁子午线和轴子午线

三、坐标方位角

1. 坐标方位角推算

在实际工作中并不需要测定每条直线的坐标方位角，而是通过与已知坐标方位角的直线联测后，推算出各直线的坐标方位角。如图 4-15 所示，已知直线 12 的坐标方位角 α_{12}，观测了水平角 β_2 和 β_3，要求推算直线 23 和直线 34 的坐标方位角。

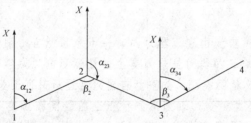

图 4-15　坐标方位角推算

因 β_2 在推算路线前进方向的右侧，该转折角称为右角；β_3 在左侧，称为左角。

(1)观测线路右角。

已知 α_{12}，水平角 β_2，β_3，$\cdots$，β_n，由图 4-15 得

$$\alpha_{23} = \alpha_{12} - \beta_2 + 180°$$

注意：若 $\alpha_{23} < 0°$，则加 $360°$；若 $\alpha_{23} \geqslant 360°$，则减 $360°$。

若观测了 N 个右角，则有

$$\alpha_{\text{终}} = \alpha_{\text{起}} - \sum \beta_{\text{右}} + N \cdot 180° \qquad (4-8)$$

(2)观测路线左角。由图 4-15 得

$$\alpha_{34} = \alpha_{23} + \beta_3 - 180°$$

注意：若 $\alpha_{34} < 0°$，则加 $360°$；若 $\alpha_{34} \geqslant 360°$，则减 $360°$。

若观测了 N 个左角，则有

$$\alpha_{\text{终}} = \alpha_{\text{起}} + \sum \beta_{\text{左}} - N \cdot 180° \qquad (4-9)$$

2. 坐标正反算

(1)坐标正算。根据直线起点的坐标、直线的边长及其坐标方位角计算直线终点的坐标，称为坐标正算。如图 4-16 所示，已知直线 AB 的起点 A 的坐标为 (X_A, Y_A)，AB 边的

边长及坐标方位角分别为 D_{AB} 和 α_{AB}，需计算直线的终点 B 的坐标。

直线两端点 A、B 的坐标值之差，称为纵、横坐标增量，用 ΔX_{AB}、ΔY_{AB} 表示。由图 4-16 可以看出，坐标增量的计算公式为

$$\left.\begin{array}{l} \Delta X_{AB}=X_B-X_A=D_{AB}\cos\alpha_{AB} \\ \Delta Y_{AB}=Y_B-Y_A=D_{AB}\sin\alpha_{AB} \end{array}\right\} \qquad (4\text{-}10)$$

根据式(4-10)计算坐标增量时，sin 和 cos 函数值随 α 角所在象限而有正、负之分，因此算得的坐标增量同样具有正、负号。坐标增量正、负号的规律见表 4-1，则 B 点坐标的计算公式为

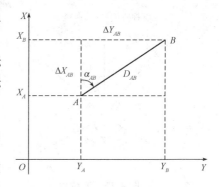

图 4-16 坐标增量计算

$$\left.\begin{array}{l} X_B=X_A+\Delta X_{AB}=X_A+D_{AB}\cos\alpha_{AB} \\ Y_B=Y_A+\Delta Y_{AB}=Y_A+D_{AB}\sin\alpha_{AB} \end{array}\right\} \qquad (4\text{-}11)$$

表 4-1 坐标增量正、负号的规律

象限	ΔX	ΔY	α 与 R 的关系
I	+	+	$\alpha=R$
II	−	+	$\alpha=180°-R$
III	−	−	$\alpha=180°+R$
IV	+	−	$\alpha=360°-R$

(2)坐标反算。根据直线的起点和终点的坐标，计算直线的边长和坐标方位角，称为坐标反算。如图 4-16 所示，直线 AB 两端点的坐标分别为 $(X_A，Y_A)$ 和 $(X_B，Y_B)$，则直线边长 D_{AB} 和坐标方位角 α_{AB} 的计算公式为

$$D_{AB}=\sqrt{\Delta X_{AB}^2+\Delta Y_{AB}^2} \qquad (4\text{-}12)$$

$$\alpha_{AB}=\arctan\frac{\Delta Y_{AB}}{\Delta X_{AB}} \qquad (4\text{-}13)$$

应注意的是，坐标方位角的角值范围为 $0°\sim360°$，而 arctan 函数的角值范围为 $-90°\sim+90°$，两者是不一致的。按式(4-13)计算坐标方位角时，计算出的是象限角，因此，应根据坐标增量 ΔX、ΔY 的正、负号，按表 4-1 决定其所在象限，再把坐标象限角换算成相应的坐标方位角。

【例 4-1】 已知 A 点坐标为 $(3\,472.159，5\,078.118)$，A、B 两点的水平距离 $D_{AB}=100.249(\text{m})$，方位角 $\alpha_{AB}=75°32'49''$，求 B 点坐标。

解：(1)坐标增量：

$\Delta X_{AB}=D_{AB}\cdot\cos\alpha_{AB}=100.249\times\cos70°32'49''=25.021(\text{m})$

$\Delta Y_{AB}=D_{AB}\cdot\sin\alpha_{AB}=100.249\times\sin70°32'49''=97.076(\text{m})$

(2)B 点坐标：

$X_B=X_A+\Delta X_{AB}=3\,472.159+25.021=3\,497.180(\text{m})$

$Y_B=Y_A+\Delta Y_{AB}=5\,078.118+97.076=5\,175.194(\text{m})$

用罗盘仪测定磁方位角

1. 罗盘仪的构造

罗盘仪是以磁子午线方向为标准方向，测定直线磁方位角的仪器，通常用于独立测区的近似定向及林区线路的勘测定向。图 4-17 所示为 DQL-1 型森林罗盘仪，其主要由望远镜、罗盘盒和基座三部分组成。

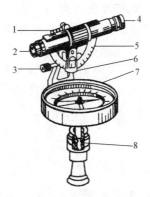

图 4-17 DQL-1 型森林罗盘仪
1—望远镜制动螺旋；2—目镜；3—望远镜微动螺旋；4—物镜；
5—竖直度盘；6—竖直度盘指标；7—罗盘盒；8—球臼结构

2. 罗盘仪的使用

(1)安置罗盘仪于直线的一端点上。

(2)用垂球进行对中。

(3)半松开球臼连接螺旋，摆动罗盘盒使水准器气泡居中后，再旋紧球臼连接螺旋，使度盘处于水平位置。

(4)望远镜照准直线的另一端点，其步骤与水准仪的望远镜瞄准相同。

(5)松开磁针固定螺旋，使磁针自由转动，待磁针静止时，读出磁针所指的度盘读数，该读数即直线的磁方位角。

读数时，当度盘上的 0° 位于望远镜物镜端时，按磁针北端读取读数；当 0° 位于望远镜目镜端时，按磁针南端读取读数。

【小提示】 (1)在使用罗盘仪时，不得使铁质物体接近罗盘盒，以免影响磁针的正确位置。

(2)不得在高压线区、铁矿区及铁路旁等使用罗盘仪。

(3)罗盘仪使用完毕，必须旋紧固定螺旋，并将磁针升起，固定在顶盖上，避免顶针磨损，保护磁针的灵敏性。

任务实施

根据"相关知识"的学习内容，在实际测量工作中确定一条直线的坐标方位角。

➤ 项目小结

钢尺丈量距离时所使用的工具有钢尺、皮尺、标杆、测钎、垂球等。在距离丈量时，当地面上两点之间的距离较远或地面起伏较大时，不能用一尺段量完，要分成几段丈量。为使所量距离为直线距离，就需要在两点所确定的直线方向上标定若干个中间点，并使这些中间点位于同一直线上，这项工作称为直线定线。直线定线的方法有标杆目测定线和经纬仪定线。在工程测量工作中，通常是以子午线作为标准方向。子午线分为真子午线、磁子午线和轴子午线三种。

➤ 思考与练习

1. 距离测量的步骤是什么？
2. 简述罗盘仪的使用方法。
3. 直线的定向方法有哪几种？
4. 一根长为 30 m 的钢尺，在标准拉力下、温度为 20 ℃时，长度为 29.988 m。现用它丈量尺段 AB 的距离，用标准拉力，丈量结果和丈量时的温度、高差见表 4-2，求尺段的实际长度。

表 4-2　距离丈量记录

测　段	测量长度/m	丈量温度/℃	两端点高差/m
AB	137.353	15.8	1.112
BA	137.341	15.7	1.112

项目五　全站仪高级功能

通过本项目的学习，了解全站仪的特点；熟悉全站仪内存管理与数据通信功能；掌握使用全站仪进行坐标测量、放样测量、数据采集的方法。

能熟练操作全站仪进行坐标测量、放样测量。

任务一　用全站仪进行坐标测量

一、坐标测量原理

坐标测量是测定地面点的三维坐标，利用全站仪的坐标测量功能可直接测算测点的三维坐标 $N(X)$、$E(Y)$ 和 $Z(H)$。如图 5-1 所示，A 为测站点，B 为后视点，两点坐标分别为 $(N_A，E_A，Z_A)$ 和 $(N_B，E_B，Z_B)$，求测点 P 的坐标。

由于 A、B 坐标已知，由坐标反算公式先计算出 AB 的坐标方位角 α_{AB}。实际上，在将测站点 A 和后视点 B 的坐标输入仪器后，瞄准后视点 B，仪器自动计算 AB 的坐标方位角 α_{AB} 并将水平度盘读数设置为该坐标方位角。当用仪器瞄准 P 点时，显示的水平度盘读数就是测站点 A 至测点 P 的坐标方位角。测出测站点 A 至测点 P 的水平距离后，测点 P 的坐标即可按下列公式算出：

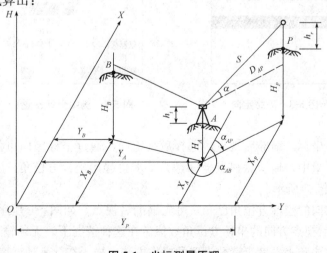

图 5-1　坐标测量原理

$$\begin{cases} N_P = N_A + D_{AP}\cos\alpha_{AP} \\ E_P = E_A + D_{AP}\sin\alpha_{AP} \\ Z_P = Z_A + D_{AP}\tan\alpha + h_i - h_r \end{cases} \qquad (5\text{-}1)$$

式中 N_A、E_A、Z_A——测点坐标；

N_B、E_B、Z_B——测站点坐标；

D_{AP}——测站点 A 至测点 P 的平距；

α——棱镜中心的竖直角；

α_{AP}——测站点至测点方向的坐标方位角；

h_i——仪器高；

h_r——目标高(棱镜高)。

上述计算过程由全站仪机内软件计算完成，通过操作键盘即可直接得到测点坐标。

二、坐标测量

(1)选择"坐标测量"模式。实际上坐标测量也是测量角度和距离，通过机内自带软件计算而得。通过键盘选择坐标测量模式进入"坐标测量"菜单，如图 5-2 所示。

```
坐标测量
   测站定向
   测量
   EDM
```

图 5-2 "坐标测量"菜单

(2)测距参数设置。因坐标测量需要距离测量值，故在测量坐标之前，需要进行测距参数设置。如图 5-2 所示，选择"EDM"进行参数设置，其设置方法与距离测量相同。

(3)测站定向。选择"测站定向"，可以设置测站坐标和后视定向，如图 5-3 所示。

1)输入测站点坐标。选择"测站坐标"，依次输入测站点坐标 N、E 和 Z。用 2 m 钢卷尺量取仪器高。通过操作键盘输入仪器高和目标高，如图 5-4 所示。

图 5-3 测站定向

图 5-4 测站坐标设置

2)输入后视点坐标。瞄准后视点，选择后视定向，通过坐标定向可依次输入后视点坐标。由于在坐标测量中，输入后视点坐标是为了求得起始坐标方位角，因此后视点的 Z 坐标可不输入，如图 5-5 所示。

如果后视点方向的坐标方位角已知，可先瞄准后视点，如图 5-6 所示，然后选择"角度定向"，直接输入后视点方向的坐标方位角数值。在这种情况下，无须输入后视点坐标。坐标方位角的输入方法和水平度盘读数设置的操作方法一样，在此不加详述。

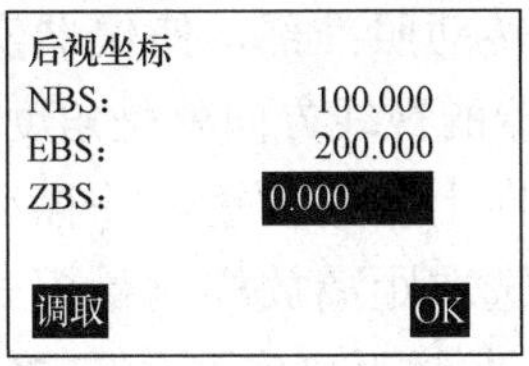

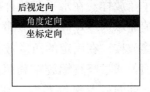

后视坐标	
NBS:	100.000
EBS:	200.000
ZBS:	0.000
调取	OK

图 5-5　后视坐标定向

后视定向
角度定向
坐标定向

图 5-6　后视定向

(4)测量测点坐标。在测点上安置棱镜，用仪器瞄准棱镜中心，按坐标测量键即显示测点的三维坐标。设置完后视后，应直接测量后视点或其他已知点坐标进行检核，以防出现问题。

任务二　用全站仪进行放样测量

放样测量是将图纸上设计好的构筑物在实地上测设出来。在放样过程中，通过对照相关角度，或者对照测站点和放样点之间的距离、高差或坐标，仪器将显示预先输入的放样数据与实测值之差以指导放样进行。显示的差值由下式计算：

水平角差值＝水平角实测值—水平角放样值；

斜距差值＝斜距实测值—斜距放样值；

平距差值＝平距实测值—平距放样值；

高差差值＝高差实测值—高差放样值。

全站仪均有放样功能，下面只简要介绍按角度和距离放样以及按坐标放样的功能。

(1)按角度和距离放样测量。角度和距离放样是根据相对于某已知方向转过的角度以及至测站点的距离测设出所需要的点位，如图 5-7 所示。

其放样步骤为：

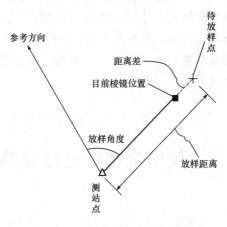

图 5-7　按角度和距离放样测量

1)在测站点上安置全站仪，精确照准选定的已知点方向；通过置零键将水平度盘读数设置为 $00°00'00''$。

2)选择放样模式，输入需要放样的距离和水平角值。

3)进行水平角放样。在水平角放样模式下，转动照准部，使仪器实测水平值与放样水平角值的差值显示为零，固定照准部。此时仪器的视线方向就是角度放样值的方向。

4)进行距离放样。在确定的角度放样值的方向上安置棱镜，并移动棱镜使其位于全站仪望远镜视准面，通过竖直螺旋精确照准棱镜。选取距离放样测量模式，按照屏幕显示的距离放样引导，朝向或背离仪器方向移动棱镜，直至距离实测值与放样值的差值为零时，定出待放样的点位。

一般全站仪距离放样测量模式有：角度和斜距放样测量、角度和平距放样测量、角度和高差放样测量等。

(2)按坐标放样测量。如图 5-1 所示，A、B 已知点，P 点坐标(N_P，E_P，Z_P)给定。要求在 A、B 已知点的基础上测设出 P 点。按坐样放样测量的步骤如下：

1)选择坐标放样模式。通过键盘选择坐标放样模式，进入坐标放样菜单，如图 5-8 所示。

2)测距参数设置和测站定向。测距参数设置和测站定向与全站仪坐标测量设置方法完全相同。

3)输入放样点坐标。选择放样数据，通过模式选择坐标放样，依次输入放样点坐标(N_P，E_P，Z_P)，如图 5-9 所示。

图 5-8　坐标放样测量

图 5-9　输入放样数据

4)放样测量。参照水平角和距离进行放样的步骤，将放样点的平面位置定出。

5)高程放样。将棱镜置于放样点 P 上，在坐标放样模式下，测量 P 点的高程，根据其与已知高程的差值，上、下移动棱镜，直至差值为零，放样点 P 的位置即确定。

全站仪除了具有上述测量功能外，还有方交会测量、对边测量、偏心测量、悬高测量和面积测量等测量功能，在此不再一一介绍。

任务三　使用全站仪进行数据采集

任务描述

随着数字化成图技术的提高，全站仪在数据采集中的优越性越来越明显。全站仪的数据采集可以将野外测量的坐标数据直接存储在仪器内存里，不需要再手工记录，并可以直接将仪器里的数据通过数据线传输到计算机上，从而可以节约大量的内业与外业时间，同时减少出错的概率。本任务要求学生掌握使用全站仪进行数据采集的方法。

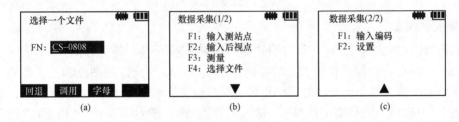

相关知识

一、设置采集参数

进行数据采集之前，应进行全站仪的有关参数设置。常见参数有温度，气压，气象改正数，仪器的加常数、乘常数、棱镜常数、测距模式等。对地形测量来说，则主要注意棱镜常数、测距模式、气象改正数等方面的设置。同时，还应检查全站仪的内存空间的大小，删除无用的文件。如全部文件无用，可将内存初始化。对于已有的控制点（GPS点、图根点）成果，应提前将其导入全站仪中，以供采集数据时调用。

根据测图需要，选择一已知点作为测站点，选择另一已知点作为后视点，在测站点安置全站仪（对中、整平），并量取仪器高 i，进行记录。输入采集数据文件名（可以地名或施测日期命名）。下面以南方 NTS-330R 为例讲述数据采集的操作步骤。

二、数据采集文件的选择

在菜单界面下按"F1"（数据采集）键，进入图5-10（a）所示的"选择一个文件"界面。这里选择的文件是用于保存碎部点测量数据与坐标数据的，如果要将本次测量的数据存入已有的测量文件，则按"F2"（调用）键从已有测量文件列表中选择；输入文件名，如果输入的文件名与内存中已有的测量文件不重名，则新建该测量文件，按"ENT"键进入图5-10（b）、（c）所示的"数据采集"菜单。

图 5-10　数据采集

(a)"选择一个文件"界面；(b)"数据采集(1/2)"菜单；

(c)"数据采集(2/2)菜单"

三、设置测站点与后视点

1. 输入测站点

在执行"输入测站点"命令前，应先选择测站点坐标所在的坐标文件，仪器允许测站点和后视点的坐标在内存中的任意坐标文件中，在图5-10（b）所示的界面下按"F4"（选择文件）键进行设置。假设测站点在坐标文件 CS-0810 中。下面的操作是将测站点设置为 CS-0810 中的 ZD。

在图5-10（b）所示的界面中按"F4"（选择文件）键，在其后的操作中选择 CS-0810 文件并返回图5-10（b）所示界面。按"F1"（输入测站点）键，进入图5-11（a）所示的"输入测站点"界面。按"F3"（测站）键，进入图5-11（b）所示的界面。按"F2"（调用）键进入图5-11（c）所示的文件 CS-0810 点名列表界面，按▲或▼键将光标移到 ZD 上，按"ENT"键，屏幕显示 ZD 点的坐标，如图 5-11(d)所示。按"F4"([是])键，进入图 5-11(e)所示的界面。按▼键将光标移动到"编码"栏，要求输入测站点的编码，可以按"F2"(调用)键从编码库中选择一个编码，或按"F1"(输入)键进入图 5-11(f)所示的界面。可以直接输入编码，或按"F4"(编码)键进入图 5-11(g)所示的界面，输入编码的序号。完成操作后将光标移动到"仪高"栏，输入仪器高后按"F4"(记录)键，进入图 5-11(h)所示的界面，按"F4"([是])键保存，即完成测站点设置操作。

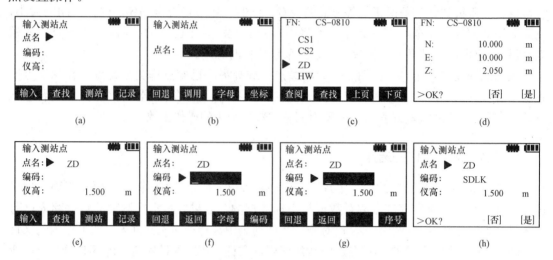

图 5-11 设置测站点

2. 输入后视点

与执行"输入测站点"命令一样，执行"输入后视点"命令前，应先在图 5-12(b)所示的界面下按"F4"(选择文件)键设置后视点坐标所在的文件，仪器允许测站点和后视点的坐标分别位于不同的坐标文件中。下面的操作是将后视点设置为 CS-0811 中的 JD21。

在图 5-10(b)所示的界面中按"F2"(输入后视点)键，进入图 5-12(a)所示的"输入后视点"界面，按"F3"(后视)键进入图 5-12(b)所示的界面，按"F2"(调用)键进入图 5-12(c)所示的文件 CS-0811 点名列表界面，按▲或▼键将光标移到 JD21 上，按"ENT"键，屏幕显示 ZD 点的坐标，如图 5-12(d)所示。按"F4"([是])键，进入图 5-12(e)所示的"照准后视点"界面，转动照准部瞄准后视点 JD21。按"F4"([是])键，此时后视方位角计算好并且仪器水平角自动设置为方位角，进入图 5-12(f)所示的界面。可以输入后视点的编码和镜高，其操作与输入测站点时相同。按"F4"(测量)键，进入图 5-12(g)所示的界面，可以执行"角度""斜距"和"坐标"三个命令，执行任意一个命令都会把测量结果保存到测量文件中，完成定向操作后屏幕返回图 5-12(b)所示的界面。

如果不知道后视点的坐标，仅已知后视点的方位角，则在图 5-12(b)所示的界面中按"F4"(坐标)键，在其后的界面中按"F4"(角度)键后进入"输入后视角"界面，输入已知方位角后按"ENT"键确认，转动照准部照准后视点，按"F4"([是])键设置后视方位角。

四、数据采集

测量并保存碎部点的观测数据与坐标计算数据。在图 5-12(b)所示的界面中按"F3"(测量)

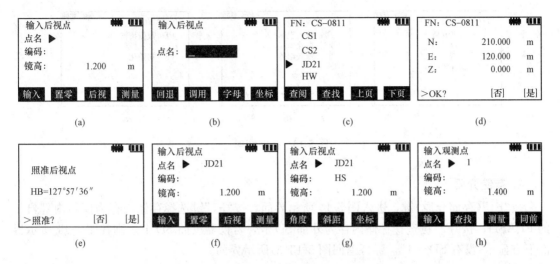

图 5-12 设置后视点

键，进入图 5-12(h)所示的界面。按"F1"(输入)键，要求输入碎部点的点号、编码和镜高，转动照准部瞄准碎部点目标，按"F3"(测量)键，再按"F3"(测量)键，仪器开始测量并显示碎部点的坐标测量结果。若测量模式为单次测量，则自动保存测量结果并返回图 5-12(h)所示界面，点号自动增加 1；若测量模式为连续测量或跟踪测量，则需按"F4"(记录)键保存测量结果，返回图 5-12(h)所示界面，此时再次测量时可以按"F4"(同前)键进行测量。

任务实施

根据"相关知识"中的学习内容，在实践中应用全站仪进行数据采集。

任务四　全站仪内存管理与数据通信

任务描述

随着计算机在测量工作中的广泛应用，全站仪的内存也在增大，这样就省去了烦琐的记录工作，大大提高了工作效率，通过全站仪内存的测点数据可实现仪器与计算机之间的双向数据通信。本任务以南方 NTS-330R 为例进行全站仪内存管理与数据通信的介绍。

相关知识

一、内存管理

在菜单模式界面中按"F3"(内存管理)键，进入图 5-13 所示的"内存管理"菜单，它有3 页菜单，按▲、▼键可以循环切换。

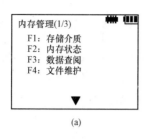  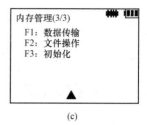

| (a) | (b) | (c) |

图 5-13　存储管理

1. 存储介质

按"F1"(存储介质)键,进入图 5-14 所示界面,按"F1"键选择存储内存为仪器内部自带的 FLASH;按"F2"键选择存储内存为外部 SD 卡,若仪器没插 SD 卡,则在图 5-14 所示界面下方显示"没有 SD 卡!",屏幕退回图 5-13(a)所示界面。

2. 内存状态

按"F2"(内存状态)键,进入图 5-15 所示界面,显示当前内存的总容量、已经使用的空间和未用的空间(内部存储容量为 2 020 KB)。

图 5-14　内存选择

图 5-15　内存状态

3. 数据查阅

按"F3"(数据查阅)键,进入图 5-16(a)所示界面,可以在测量数据、坐标数据和编码数据中查找指定的数据。在测量数据与坐标数据中查找点的数据时,需选择文件。下面介绍查找坐标数据的操作方法,假设仪器内存中有名称为"CS-0810"的坐标文件。

在图 5-16(a)所示的界面中,按"F2"(坐标数据)键,进入图 5-16(b)所示的"选择一个文件"界面,可以直接输入文件名"CS-0810",也可以按"F2"(调用)键,进入图 5-16(c)所示的内存坐标文件列表界面,按▲、▼键选择需要的坐标文件。文件名左边的符号▶表示当前选择的坐标文件。按"F4"(ENT)键,进入图 5-16(d)所示的"查找数据"界面。按"F1"(第一个数据)键,屏幕显示文件 CS-0810 的第一点的坐标,如图 5-16(e)所示。按"F3"(按点名查找)键,进入图 5-16(f)所示的输入查找点号界面,输入点号"8"后按"ENT"键,屏幕显示点号为 8 的点的坐标,如图 5-16(g)所示。

在图 5-16(a)所示的界面中,按"F4"(展点)键,或在图 5-16(e)所示界面中按"F4"(展点)键,屏幕显示如图 5-16(h)所示。图中黑点表示点号为 1 的当前点,"十"字表示其他点。

图 5-16(h)所示界面下各个按键的功能如下:

"ANG"键,连线功能;◔键,显示当前点的坐标;"F1"键,当前点前移一个;"F2"键,当前点后移一个;"F3"键,缩小;"F4"键,放大;◀键,右移;▶键,左移;▲键,上移;▼键,下移。

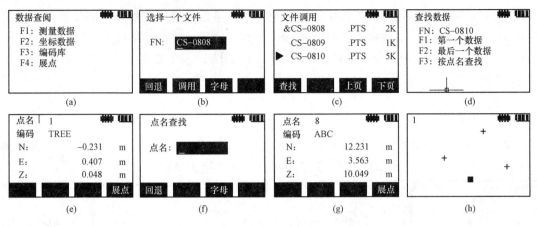

图 5-16　数据查阅

4. 文件维护

对内存中的文件进行改名和删除操作。

按"F4"(文件维护)键,进入图 5-17 所示的界面,显示文件列表,按▲、▼键移动光标符号,▶所指文件为当前文件,按 F1(改名)键修改当前文件名,按 F2(删除)键删除当前文件。

5. 输入坐标

在指定坐标文件中添加输入的坐标,当输入的点号与文件中已有点重号时将覆盖已有坐标数据。

在"内存管理 2/3"菜单下按"F1"(输入坐标)键,进入图 5-18(a)所示"选择一个文件"界面,要求选择输入坐标存储的文件,完成后按"ENT"键进入图 5-18(b)所示"输入坐标数据"界面。输完点名和编码后按"ENT"键进入图 5-18(c)所示界面,完成输入后按"ENT"键即将坐标存入坐标文件。

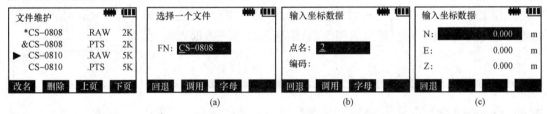

图 5-17　文件维护　　　　　　　　图 5-18　输入坐标

6. 输入编码

编码是为了数字测图软件从全站仪中读入野外采集的碎部点坐标并自动描绘地物使用的。

仪器在内存中开辟了一个区作为编码库,用于保存最多 500 个编码数据,编号为 001～500,该命令可以将编码输入编码库中指定的编号位置。每个编码最多允许有 10 位,可以由字母、数字或其混合组成,编码的赋值可以由用户定义。例如,为 001 号编码赋值"KZD"表示控制点,为 002 号编码赋值"FW"表示房屋等。集中输入编码的目的是,在数据采集时,可以从编码库中调用某个编码作为碎部点的编码。可以在"NTS _ TRANSFER. exe"通信软件中编辑一个编码文件:①通过 RS232 口:在该软件中执行"通讯"→"计算机"→

"NTS310/350 全站仪(定线数据或编码)"下拉菜单命令,将编码文件上传到仪器内存的编码库中;②通过 USB 口:在软件中执行"USB 操作"→"转换成内存格式文件"→"∗.txt"→"PCODE.LIB"下拉菜单命令,把转换后生成的"PCODE.LIB"文件直接复制到内存中,覆盖原来的文件。

二、数据传输

通过 RS232 通信口进行数据的发送和接收。在"存储管理 3/3"菜单下按"F1"(数据传输)键,进入图 5-19(a)所示的"数据传输"菜单。下面介绍该菜单下的具体操作。

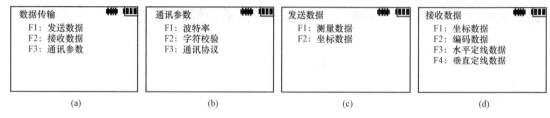

图 5-19　数据传输

(1)通信参数的设置。按"F3"(通信参数)键,进入图 5-19(b)所示的通信参数菜单,可以设置波特率、字符校验和通信协议等。通信参数应与 PC 上通信软件的参数设置一致。

(2)发送数据。"发送数据"菜单如图 5-19(c)所示,可以选择发送测量数据和坐标数据。

(3)接收数据。"接收数据"菜单如图 5-19(d)所示,可以选择接收坐标数据、编码数据、水平定线数据和垂直定线数据。

下面以接收坐标数据为例来说明数据传输。假设有一个名为"10-08-10"的坐标文件需上传到全站仪,坐标格式必须是"点名,编码,E,N,Z",打开"10-08-10".txt,如图 5-20 所示。

在图 5-19(d)所示的菜单下按"F1"(坐标数据)键,进入"选择文件"界面,此时必须新建一个坐标文件来保存 PC 传输过来的坐标数据。输入文件名后进入图 5-21(a)所示的"接收坐标数据"界面,按"F4"(是)键进入图 5-21(b)所示的等待数据界面。

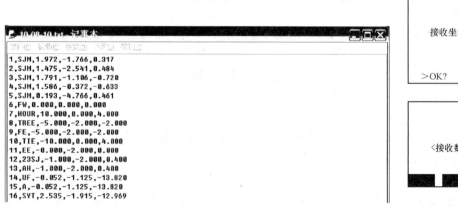

图 5-20　记事本

图 5-21　接收坐标数据

运行"NTS_TRANSFER.exe",打开坐标文件"10-08-10.txt",如图 5-22 所示。通信

参数配置和全站仪一致。运行"通讯/计算机"→"NTS-310/350 全站仪（坐标）"下拉菜单命令，在弹出的图 5-23 所示的确认提示框中单击"确定"按钮，开始逐行上传坐标数据。

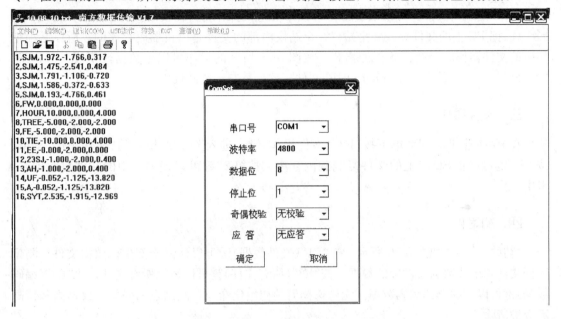

图 5-22　坐标文件

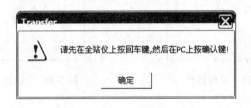

图 5-23　确认提示框

NTS-330R 系列全站仪还可以通过 USB 口传输文件，用 USB 数据线把全站仪和 PC 连接后，在 PC 上可以看到"TS-FLASH"和"TS-SD"两个盘符，TS-FLASH 是全站仪内部存储器，TS-SD 是 SD 卡。运行"NTS_TRANSFER.exe"，如图 5-24 所示。

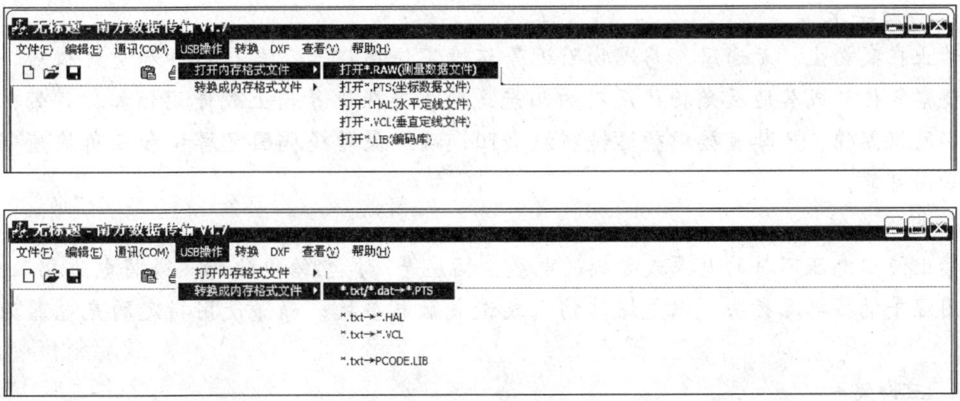

图 5-24　数据传输

(4)数据文件导出到PC。全站仪内存中的文件有5种："＊.RAW"是测量数据文件；"＊.PTS"是坐标数据文件；"＊.HAL"是水平定线文件；"＊.VCL"是垂直定线文件；"＊.LIB"是编码文件。可以通过图5-24所示相应的操作打开需要的文件，然后保存到PC。

(5)把PC上的文件导入到全站仪。全站仪内部的文件是以机器码存储的，所以必须把相应的文件转换成全站仪认识的格式。按图5-25所示的操作可以把数据转换成"＊.PTS""＊.HAL""＊.VCL"和"PCODE.LIB"文件，然后复制到全站仪内存中。

三、文件操作

在"存储管理3/3"菜单下按"F2"（文件操作）键，进入图5-25所示的"文件操作"菜单。按"F1"键可以把SD卡上的文件复制到内存中，按"F2"键可以把内存中的文件复制到SD卡中。

四、初始化

"初始化"菜单如图5-26所示，按"F1"（文件数据）键可以清除全部坐标数据文件、测量数据文件和定线数据文件中的数据；按"F2"（所有文件）键可以清除所有文件；按"F3"（编码数据）键可以清除全部编码数据。无论选择何种初始化命令，测站点的坐标、仪器高和镜高不会被清除。

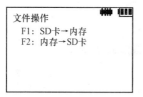

图5-25　文件操作

图5-26　"初始化"菜单

知识链接

全站仪使用注意事项

为确保安全操作，避免造成人员伤害或财产损失，在全站仪操作过程中应注意以下几个方面。

1. 一般要求

禁止在高粉尘、无通风、易燃物附近等环境下使用仪器，自行拆卸和重装仪器，用望远镜观察经棱镜或其他反光物体反射的阳光；禁止坐在仪器箱上或使用锁扣、背带、手提柄损坏的仪器箱；严禁直接用望远镜观测太阳；确保仪器提柄固定螺栓和三角基座制动控制杆紧固可靠。

2. 电源系统

禁止使用电压不符的电源或受损的电线、插座等；严禁给电池加热或将电池扔入火中，严禁用湿手插拔电源插头，以免爆炸伤人或造成触电事故；确保使用指定的充电器为电池充电。

3. 三脚架

禁止将三脚架的脚尖对准他人；确保脚架的固定螺旋、三角基座制动控制杆和中心螺旋紧固可靠。

4. 防尘防水

务必正确地关上电池护盖，套好数据输出和外接电源插口的护套；禁止电池护盖和插口进水或受潮，保持电池护盖和插口内部干燥、无尘；确保装箱前仪器和箱内干燥。

5. 仪器保养

严禁将仪器直接放置于地面上；防止仪器受到强烈的冲击或震动；观测者不能远离仪器；务必在取出电池前关闭电源，在仪器装箱前取出电池。

仪器长期不用时，至少每三个月通电检查一次，以防电路板受潮。为确保仪器的观测精度，应定期对仪器进行检验和校正。

任务实施

根据"相关知识"中的学习内容，在实际测量工作中，应用全站仪进行内存管理与数据通信。

➤ 项目小结

全站仪是集测角、测距、自动记录于一体的仪器。它由光电测距仪、电子经纬仪、数据自动记录装置三大部分组成。角度测量的主要误差是仪器的三轴误差(视准轴、水平轴、垂直轴)，对观测数据的改正可按设置由仪器自动完成。距离测量必须选用与全站仪配套的合作目标，即反光棱镜。在距离测量前应进行气象改正、棱镜类型选择、棱镜常数改正、测距模式的设置和测距回光信号的检查，然后才能进行距离测量。进行数据采集之前，应进行全站仪的有关参数设置。常见参数有温度，气压，气象改正数，仪器的加常数、乘常数、棱镜常数、测距模式等。

➤ 思考与练习

1. 用全站仪进行坐标测量的原理是什么？
2. 简述操作全站仪进行角度测量的操作步骤。
3. 简述操作全站仪进行距离测量的操作步骤。
4. 简述操作全站仪进行坐标测量的操作步骤。

项目六　小区域控制测量

通过本项目的学习，了解控制测量的基本知识，掌握导线测量的内、外业工作和高程控制测量的方法。

能进行导线测量的外业工作，能进行导线测量的内业计算，能进行高程控制测量中三、四等水准测量的施测和内业计算。

任务一　认识控制测量

任务描述

控制测量是研究精确测定地面点空间位置的学科，其任务是作为较低等级测量工作的依据，在精度上起控制作用。

测量成果的质量高低，其核心指标是精度。保证地面点的测定精度可选用的措施有提高观测元素（角度、距离、高差等）的观测精度；限制"逐点递推"的点数，从而对误差的逐点积累加以控制；采用"多余观测"，构成检核条件，由此可提高观测结果的精度，并能发现是否存在粗差。

为了限制误差传递和误差积累，提高测量精度，无论是测绘还是测设，都必须遵循"先整体后局部，先控制后碎部，由高级到低级"的原则来组织实施。测量工作的基本程序分为控制测量、碎部测量两步。控制测量分为平面控制测量和高程控制测量。测定控制点平面位置$(x，y)$的工作，称为平面控制测量。测定控制点高程(H)的工作，称为高程控制测量。

本任务要求学生初步认识平面控制测量和高程控制测量。

相关知识

一、平面控制测量

（一）建立平面控制网的方法

平面控制测量的任务就是用精密仪器和采用精密方法测量控制点间的角度、距离要素，根据已知点的平面坐标、方位角，计算出各控制点的坐标。建立平面控制网的方法有导线测量、三角测量、三边测量、全球定位系统(GPS)测量等。

1. 导线测量

导线测量是将各控制点组成连续的折线或多边形，如图 6-1 所示。这种图形构成的控制网称为导线网，也称为导线，转折点(控制点)称为导线点。测量相邻导线边之间的水平角与导线边长，根据起算点的平面坐标和起算边方位角，计算各导线点坐标，这项工作称为导线测量。

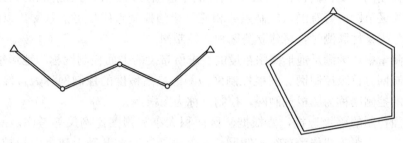

图 6-1　导线测量

2. 三角测量

三角测量是将控制点组成互相连接的一系列三角形，如图 6-2 所示。这种图形构成的控制网称为三角锁，是三角网的一种类型。所有三角形的顶点称为三角点。测量三角形的一条边和全部三角形内角，根据起算点的坐标与起算边的方位角，按正弦定律推算出全部边长与方位角，从而计算出各点的坐标，这项工作称为三角测量。

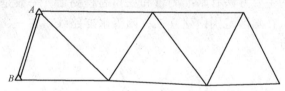

图 6-2　三角测量

3. 三边测量

三边测量是指使用全站型电子速测仪或光电测距仪，采取测边方式来测定各三角形顶点水平位置的方法。三边测量是建立平面控制网的方法之一，其优点是较好地控制了边长方面的误差、工作效率高等。三边测量只是测量边长，对于测边单三角网，无校核条件。

4. GPS 测量

全球定位系统(GPS)是具有在海、陆、空进行全方位实时三维导航与定位能力的新一代卫星导航与定位系统。GPS 以全天候、高精度、自动化、高效率等显著特点，成功地应用于工程控制测量。GPS 测量的控制点是在一组控制点上安置 GPS 卫星地面接收机接收GPS 卫星信号，解算求得控制点到相应卫星的距离，通过一系列数据处理取得控制点的坐标。

(二)国家平面控制网

为各种测绘工作在全国范围内建立的基本控制网称为国家平面控制网。国家平面控制网的布设原则是分级布网、逐级控制。其按精度由高级到低级分一、二、三、四共四个等级。一等三角锁是在全国范围内沿经线和纬线方向布设的，是低级三角网的坚强基础，也为研究地球形状和大小提供资料。二等三角网是布设在一等三角锁环内，形成国家平面控制网的全面基础。三、四等三角网是以二等三角网为基础进一步加密，用插点或插网形式布设。

(三)小区域控制网

小区域控制网主要指面积在 10 km² 以内的小范围，以大比例尺测图和工程建设而建立的控制网。测区范围内若有国家控制点或相应等级的控制点应尽可能联测，以便获取起算数据和方位。无条件联测时，可建立测区独立控制网。

在地形测量中，为满足地形测图精度的要求所布设的平面控制网称为地形平面控制网。地形平面控制网分首级控制网、图根控制网。测区最高精度的控制网称为首级控制网。直接用于测图的控制网称为图根控制网，控制点称为图根点。

首级平面控制的等级选择，要根据测区面积大小和测图比例尺等考虑。一般情况下，可采用一、二、三级导线作为首级控制网，在首级控制网的基础上建立图根控制网。当测区面积较小时，可以直接建立图根控制网。

二、高程控制测量

高程控制测量的任务就是在测区范围内布设一批高程控制点(水准点)，用精确方法测定控制点高程。

国家高程控制网是用精密水准测量的方法建立的，分为一、二、三、四共四个等级。小区域高程控制测量的主要方法有水准测量和三角高程测量。一般是以国家水准点或相应等级的水准点为基础，在测区范围内建立三、四等水准路线，在三、四等水准路线的基础上建立图根高程控制点。

任务实施

根据上述"相关知识"可知，平面控制测量的主要方法有导线测量、三角测量、三边测量、GPS测量等。高程控制测量是通过测量控制网中相邻控制点间的高差推算控制点高程的测量工作。在日后的实践活动中，应灵活运用所学理论知识，选择合适的测量方法进行工程测量。

任务二　导线测量

任务描述

导线测量因其布设灵活、计算简单等特点，成为小区域平面控制的主要方法，尤其近年来全站仪的普及，使这种控制方法得到越来越广泛的应用。导线既可以用于国家控制网的进一步加密，也常用于小地区的独立控制网。

本任务要求学生掌握导线测量的外业和内业工作，并完成以下问题：

如图 6-3 所示，已知闭合导线 1—2—3—4—5，起始坐标 X_1、Y_1，起始方位角 α_{12}，观测角度 β_1、β_2、β_3、β_4、β_5，观测边长 D_1、D_2、D_3、D_4、D_5。所有的数据表示在图 6-3 上。求 2、3、4、5 点的坐标。

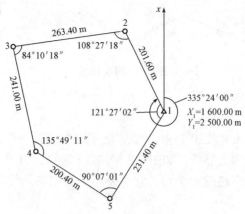

图 6-3　闭合导线略图

相关知识

一、导线的布设形式

导线测量目前是建立平面控制网的主要形式，导线布设的基本形式有闭合导线、附合导线、支导线三种。

1. 闭合导线

如图 6-4 所示，导线是从一高级控制点（起始点）开始，经过各个导线点，最后又回到原来的起始点，形成闭合多边形，这种导线称为闭合导线。闭合导线有着严密的几何条件，构成对观测成果的校核作用，多用于范围较为宽阔地区的控制。

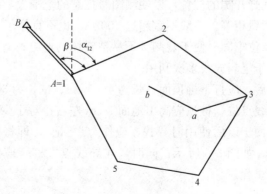

图 6-4　闭合导线和支导线

2. 附合导线

如图 6-5 所示，导线是从一高级控制点（起始点）开始，经过各个导线点，附合到另一高级控制点（终点），形成连续折线，这种导线称为附合导线。附合导线由本身的已知条件构成对观测成果的校核作用，常用于带状地区的地区控制，如铁路、公路、河道的测图控制。

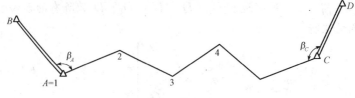

图 6-5　附合导线

3. 支导线

从一个已知控制点出发，支出 1～2 个点，既不附合至另一控制点，也不回到原来的起始点，这种形式的导线称为支导线，如图 6-4 中的 3—a—b。由于支导线缺乏检核条件，故测量规范规定支导线一般不超过两个点。它主要用于当主控导线点不能满足局部测图需要时而采用的辅助控制。

二、导线测量的外业工作

导线测量的外业工作包括选点、埋设标志桩(埋标)、量边、测角以及导线的定向与联测。

1. 选点及埋标

在选点之前，应尽可能地收集测区范围及其周围的已有地形图、高级平面控制点和水准点等资料。若测区内已有地形图，应先在图上研究，初步拟定导线点位，然后再到现场实地踏勘，根据具体情况最后确定下来，并埋设标桩。现场选点时，应根据不同的需要，掌握以下几点原则：

(1)相邻导线点间应通视良好，以便于测角。

(2)采用不同的工具(如钢尺或全站仪)量边时，导线边通过的地方应考虑到它们各自不同的要求。如用钢尺，则尽量使导线边通过较平坦的地方，若用全站仪，则应使导线避开强磁场及折光等因素的影响。

(3)导线点应选在视野开阔的位置，以便测图时控制的范围大，减少设测站次数。

(4)导线各边长应大致相等，一般不宜超过 500 m，也不宜短于 50 m。

(5)导线点应选在点位牢固、便于观测且不易被破坏的地方；有条件的地方，应使导线点靠近线路位置，以便于定测放线多次利用。

导线点位置确定之后，应打下桩顶面边长为 4～5 cm、桩长为 30～35 cm 的方木桩，顶面应打一小钉以标志导线点位，桩顶应高出地面 2 cm 左右；对于少数永久性的导线点，也可埋设混凝土标石。为便于以后使用时寻找，应作"点之记"，即将导线桩与其附近的地物关系量也绘记在草图上，如图 6-6 所示；同时，在导线点方桩旁应钉设标志桩(板桩)，上面标明导线点的编号及里程。

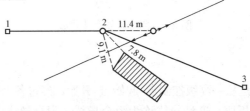

图 6-6　点之记

2. 量边

导线边长可以用全站仪、钢卷尺等工具来丈量。

用全站仪测边时，应往返观测取平均值。对于图根导线仅进行气象改正和倾斜改正；对于精度要求较高的一、二级导线，应进行仪器加常数和乘常数的改正。

用钢尺丈量导线边长时，需往返丈量，当两者较差不大于边长的 1/3 000 时，取平均值作为边长采用值。所用钢尺应经过检定或与已检定过的钢卷尺比长。

3. 测角

导线的转折角可测量左角或右角，按照导线前进的方向，在导线左侧的角称为左角，在导线右侧的角称为右角。一般规定闭合导线测内角，附合导线在铁路系统习惯测右角，其他系统多测左角。但若采用电子经纬仪或全站型速测仪，测左角要比测右角具有较多的优点，它可直接显示出角值、方位角等。

导线角一般用测回法测一个测回，其上、下半测回角值较差要求不大于 40″，DJ2 级仪器不大于 20″。各级导线的主要技术要求见表 6-1。

表 6-1　各级导线的主要技术要求

等级	测图比例尺	附合导线长度/km	平均边长/m	测角中误差/(″)	测回数 6″级仪器	测回数 2″级仪器	角度闭合差/(″)	导线全长相对闭合差
一级		2.5	250	±5	4	2	±10″$\sqrt{n}$	1/10 000
二级		1.8	180	±8	3	1	±16″$\sqrt{n}$	1/7 000
三级		1.2	120	±12	2	1	±24″$\sqrt{n}$	1/5 000
图根	1:500	500	75	±20	—	1	±40″$\sqrt{n}$	1/2 000
	1:1 000	1 000	110					
	1:2 000	2 000	180					

4. 导线的定向与联测

为了计算导线点的坐标，必须知道导线各边的坐标方位角，因此应确定导线始边的方位角。若导线起始点附近有国家控制点，则应与控制点联测连接角，再推算导线各边方位角。如果附近无高级控制点，则利用罗盘仪施测导线起始边的磁方位角，并假定起始点的坐标作为起算数据，如图 6-5 所示的 β_A、β_C，再推算导线各边方位角。

三、导线测量的内业工作

导线计算的目的是计算出导线点的坐标，计算导线测量的精度是否满足要求。首先要查实起算点的坐标、起始边的方位角，校核外业观测资料，确保外业资料的计算正确、合格无误。

导线测量的内业工作是计算出各导线点的坐标 $(x，y)$。在进行计算之前，首先应对外业观测记录和计算的资料检查核对，同时，还应对抄录的起算数据进一步复核，当资料没有错误和遗漏，而且精度符合要求时，方可进行导线的计算工作。

下面分别介绍闭合导线和附合导线的计算方法与过程，但对于附合导线，仅介绍其与闭合导线计算中的不同之处。

1. 闭合导线的计算

(1)角度闭合差的计算与调整。闭合导线规定测内角，而多边形内角总和的理论值为

$$\sum \beta_{理} = (n-2) \times 180° \tag{6-1}$$

式中　n——内角的个数。

在测量过程中，误差是不可避免的，实际测量的闭合导线内角之和 $\sum \beta_{测}$ 与其理论值 $\sum \beta_{理}$ 会有一定的差别，两者之间的不符值称为角度闭合差 f_β，即

$$f_\beta = \sum \beta_{测} - \sum \beta_{理} = \sum \beta_{测} - (n-2) \times 180° \tag{6-2}$$

不同等级的导线规定有相应的角度闭合差允许值，见表6-1。

若 $f_\beta \leqslant f_{\beta允}$，因各角都是在同精度条件下观测的，故可将闭合差按相反符号平均分配到各角上，即改正数为

$$V_i = -f_\beta / n \tag{6-3}$$

当 f_β 不能被 n 整除时，余数应分配在含有短边的夹角上。经改正后的角值总和应等于理论值，以此来校核计算是否有误。可检核 $\sum V_i = -f_\beta$。

若 $f_\beta > f_{\beta允}$，即角度闭合差超出规定的容许值时，应查找原因，必要时应进行返工重测。

(2)导线各边坐标方位角的计算。当已知一条导线边的方位角后，其余导线边的坐标方位角是根据已经经过角度闭合差配赋后的各个内角依次推算出来的，其计算公式为

$$\alpha_{前} = \alpha_{后} + 180° \pm \beta_{右} \tag{6-4}$$

如图6-7所示，假设已知12边的坐标方位角为 α_{12}，则23边的坐标方位角 α_{23} 可根据上式计算出来。

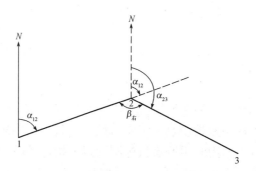

图6-7　导线边方位角的推算

坐标方位角值应为 $0° \sim 360°$，不应该为负值或大于 $360°$ 的角值。当计算出的坐标方位角出现负值时，则应加上 $360°$；当出现大于 $360°$ 之值时，则应减去 $360°$。最后计算出起始边12的坐标方位角，若与原来已知值符合，则说明计算正确无误。

(3)坐标增量的计算。在平面直角坐标系中，两导线点的坐标之差称为坐标增量。它们分别表示导线边长在纵、横坐标轴上的投影，如图6-8所示的 Δx_{12}、Δy_{12}。

当知道了导线边长 D 及坐标方位角，就可以计算出两导线点之间的坐标增量。坐标增量可按下式计算：

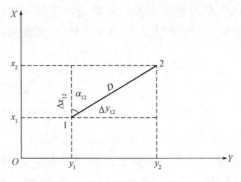

图 6-8 坐标增量

$$\Delta X_i = D_i \cos\alpha_i$$
$$\Delta Y_i = D_i \sin\alpha_i \tag{6-5}$$

【**小提示**】 坐标增量有正、负之分：Δx 向北为正，向南为负；Δy 向东为正，向西为负。

(4)坐标增量闭合差的计算与调整。闭合导线的纵、横坐标增量代数和，在理论上应该等于零，即

$$\sum \Delta x_{\text{理}} = 0$$
$$\sum \Delta y_{\text{理}} = 0 \tag{6-6}$$

量边和测角中都会含有误差，在推算各导线边的方位角时，是用改正后的角度来进行的，因此可以认为第(3)步计算的坐标增量基本不含有角度误差，但是用到的边长观测值是带有误差的，故计算出的纵、横坐标增量的代数和往往不等于零，其数值 f_x、f_y 分别为纵横坐标增量的闭合差，即

$$f_x = \sum \Delta x$$
$$f_y = \sum \Delta y \tag{6-7}$$

由图 6-9 可以看出，由于坐标增量闭合差的存在，闭合导线在起点 1 处不能闭合，从而产生闭合差 f_D。f_D 称为导线全长闭合差，即

$$f_D = \sqrt{f_x^2 + f_y^2} \tag{6-8}$$

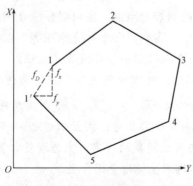

图 6-9 导线全长闭合差

导线全长闭合差可以认为是由量边误差的影响而产生的，导线越长则闭合差的累积越大，故衡量导线的测量精度应以导线全长与闭合差之比 K 来表示：

$$K = \frac{f_D}{\sum D} = \frac{1}{\dfrac{\sum D}{f_D}} \tag{6-9}$$

式中　K——通常化为用分子为 1 的形式表示，称为导线全长相对闭合差；

　　　$\sum D$——导线总长，即一条导线所有导线边长之和。

各级导线的相对精度应满足表 6-1 的要求，否则应查找超限原因，必要时进行重测。若导线相对闭合差在容许范围内，则可进行坐标增量的调整。调整的方法是：一般钢尺量边的导线，可将闭合差反号，以边长按比例分配；若为光电测距导线，其测量结果已进行了加常数、乘常数和气象改正后，则坐标增量闭合差也可按边长成正比反号平均分配，即

$$v_{xi} = -\frac{f_x}{\sum D} \times D_i$$
$$v_{yi} = -\frac{f_y}{\sum D} \times D_i \tag{6-10}$$

式中　v_{xi}、v_{yi}——第 i 条边的纵、横坐标增量的改正数；

　　　D_i——第 i 条边的边长；

　　　$\sum D$——导线全长。

坐标增量改正数的总和应满足下面的条件：

$$\sum v_x = -f_x$$
$$\sum v_y = -f_y \tag{6-11}$$

改正后的坐标增量总代数和应等于零，此可作为对计算正确与否的检核。

(5)坐标的计算。根据调整后的各个坐标增量，从一个已知坐标的导线点开始，可以依次推算出其余导线点的坐标。在图 6-8 中，若已知 1 点的坐标 x_1、y_1，则 2 点的坐标计算过程为

$$x_2 = x_1 + \Delta x_{12}$$
$$y_2 = y_1 + \Delta y_{12} \tag{6-12}$$

已知点的坐标，既可以是高级控制点的，也可以是独立测区中的假定坐标。

最后推算出起点 1 的坐标。二者与已知坐标完全相等。以此作为坐标计算的校核。

【例 6-1】 表 6-2 所示为一个五边形闭合导线计算过程。

(1)角度闭合差的计算与调整。观测内角之和与理论角值之差 $f_\beta = +52''$，按图根导线容许角度闭合差 $f_{\beta容} = \pm 30\sqrt{5} = \pm 67''$，$f_\beta < f_{\beta容}$，说明角度观测质量合格。将闭合差按相反符号平均分配到各角上后，余下的 $2''$ 则分配到最短边 2～3 两端的角上各 $1''$。

(2)坐标增量闭合的计算与导线精度的评定。坐标增量初算值用改正后的角值推算各边方位角后按式(6-4)计算，最后得到坐标增量闭合差 $f_x = -0.32$，$f_y = +0.24$，则导线全长闭合差 $f_D = 0.40$ m，用此计算导线全长的相对闭合精度 $K = 1/2\ 840 < 1/2\ 000$，故导线测量精度合格。

（3）坐标计算。在角度闭合差、导线全长相对闭合差合格的条件下，方可按式(6-6)计算坐标增量改正数，得到改正后的坐标增量，最后按式(6-8)推算各点坐标。

表6-2 闭合导线计算过程

测站	右角观测值 /(° ′ ″)	改正后右角 /(° ′ ″)	坐标方位角 /(° ′ ″)	边长/m	坐标增量		改正后坐标增量		坐标	
					$\Delta x'$	$\Delta y'$	Δx	Δy	x	y
1			335 24 00	231.30	+0.06 +210.31	−0.05 −96.29	+210.37	−96.34		
2	−11″ 90 07 02	90 06 51	65 17 09	200.40	+0.06 +83.79	−0.04 +182.04	+83.85	+182.00	200.00	200.00
3	−11″ 135 49 12	135 49 01	109 28 08	241.00	+0.07 −80.32	−0.05 +227.22	−80.25	+227.17	410.37	103.66
4	−10″ 84 10 18	84 10 08	205 18 00	263.40	+0.07 −238.14	−0.05 −112.57	−238.07	−112.62	494.22	285.66
5	−10″ 108 27 18	108 27 08	276 50 52	201.60	+0.06 +24.04	−0.05 −200.16	+24.10	−200.21	413.97	512.38
1	−10″ 121 27 02	121 26 52	335 24 00						224.10	400.21
2									200.00	200.00
∑	540 00 52	540 00 00		1 137.70	−0.32	+0.24	0	0		

$\sum \beta_理 = (5-2) \times 180° = 540°00'00''$

$f_\beta = \sum \beta_测 - \sum \beta_理$

$f_{\beta允} = \pm 40\sqrt{n} = \pm 89''$

$f_D = \sqrt{(-0.32)^2 + (0.24)^2} = 0.40$

$K = \dfrac{f_D}{\sum D} = \dfrac{0.40}{1\ 137.70} = \dfrac{1}{2\ 840} < \dfrac{1}{2\ 000}$

$f_\beta = 540°00'52'' - 540°00'00''$

$f_\beta = +52'' < f_{\beta允}$　　　　　　　　合格

2. 附合导线的计算

附合导线的计算过程与闭合导线的计算过程基本相同，它们都必须满足角度闭合条件和纵、横坐标闭合条件。但附合导线是从一已知边的坐标方位角 α_{AB} 闭合到另一条已知边的坐标方位角 α_{CD} 上的，同时，还应满足从已知点 B 的坐标推算出 C 点坐标时，与 C 点的已知坐标吻合，如图6-10所示。因而其在角度闭合差和坐标增量闭合差的计算与调整方法上与闭合导线稍有不同，以下仅指出两类导线计算中的区别。

（1）角度闭合差的计算。图6-10中，A、B、C、D 是高级平面控制点，因而四个点的坐标是已知的，AB 及 CD 的坐标方位角也是已知的。β 是导线观测的右角，故可依下式推算出各边的坐标方位角：

$$\alpha_{12} = \alpha_{AB} + 180° - \beta_1$$
$$\alpha_{23} = \alpha_{12} + 180° - \beta_2$$
$$\vdots$$
$$\alpha'_{CD} = \alpha_{(n-1),n} + 180° - \beta_n$$

将以上各式等号两边相加，消去两边相同项可得：

$$\alpha'_{CD} = \alpha_{AB} + n \cdot 180° - \sum_{i-1}^{n} \beta_i \qquad (6\text{-}13)$$

由此可以得出推导终边坐标方位角的一般公式为

若观测右角，则 $\alpha_{终} = \alpha_{始} + n \cdot 180° - \sum_{i-1}^{n} \beta_i \qquad (6\text{-}14)$

若观测左角，则 $\alpha_{终} = \alpha_{始} - n \cdot 180° + \sum_{i-1}^{n} \beta_i \qquad (6\text{-}15)$

由于存在测量角度误差，推算值 $\alpha'_{终}$ 与已知值 $\alpha_{终}$ 不相等，产生了附合导线的角度闭合差，即

$$f_\beta = \alpha'_{终} - \alpha_{终} \qquad (6\text{-}16)$$

角度闭合差的调整原则上与闭合导线相同，但需注意：当用右角计算时，闭合差应以相同符号平均分配在各角上；当用左角计算时，闭合差则以相反符号分配。

（2）坐标增量闭合差的计算。附合导线各边坐标增量的代数和，理论上应该等于终点与始点已知坐标之差值，即

$$\sum \Delta x_{理} = x - x_{始} \qquad (6\text{-}17)$$
$$\sum \Delta y_{理} = y - y_{始}$$

由于测量误差的不可避免性，二者之间产生不符值，这种差值称为附合导线坐标增量的闭合差，即

$$f_x = \sum \Delta x - (x - x_{始}) \qquad (6\text{-}18)$$
$$f_y = \sum \Delta y - (y - y_{始})$$

坐标增量闭合差的分配办法同闭合导线。

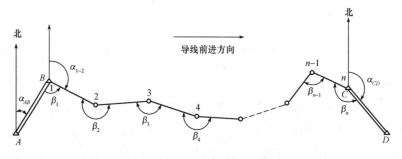

图 6-10　附合导线的计算

【例 6-2】　表 6-3 所示为一附合导线计算例题。

表 6-3　附合导线计算表

测站	右角观测值 /(° ′ ″)	改正后右角 /(° ′ ″)	坐标方位角 /(° ′ ″)	边长/m	坐标增量 $\Delta x'$	坐标增量 $\Delta y'$	改正后坐标增量 Δx	改正后坐标增量 Δy	坐标 x	坐标 y
Ⅱ—91			317 52 06							
Ⅱ—90	−05″ 267 29 58	267 29 53							4 028.53	4 006.77
			230 22 13	133.84	−0.02 −85.37	−0.05 −103.08	−85.39	−103.13		
1	−04″ 203 29 46	203 29 42							3 943.14	3 903.64
			206 52 31	154.71	−0.03 −138.00	−0.07 −69.94	−138.03	−70.01		
2	−05″ 184 29 36	184 29 31							3 805.11	3 833.63
			202 23 00	80.70	−0.02 −74.66	−0.03 −80.75	−74.68	−30.78		
3	−05″ 179 16 06	179 16 01							3 730.43	3 802.85
			203 06 59	148.93	−0.03 −136.97	−0.06 −58.47	−137.00	−58.53		
4	−04″ 81 16 52	81 16 48							3 593.43	3 744.32
			301 50 11	147.16	−0.03 +77.63	−0.06 −125.02	+77.60	−125.08		
Ⅱ—89	−05″ 147 07 34	147 07 29							3 671.03	3 619.24
Ⅱ—88			334 42 42							
Σ	540 00 52	1 063 09 52		665.33	−357.37	−387.26				

$\alpha'_{终} = 317°52'06'' + 6 \times 180° - 1\ 063°09'52'' = 334°42'14''$

$f_\beta = \alpha'_{终} - \alpha_{终} = 334°42'14'' - 334°42'42'' = -28'' < f_{\beta允} = \pm 40''\sqrt{6} = \pm 98''$ 合格

$f_x = +0.13 \qquad f_y = +0.27$

$f_D = \sqrt{0.13^2 + 0.27^2} = 0.30\text{(m)}$

$K = \dfrac{f_D}{\sum D} = \dfrac{0.30}{665.33} = \dfrac{1}{2\ 200} < \dfrac{1}{2\ 000} \qquad$ 合格

◖任务实施▶

根据上述"相关知识"的学习内容进行内业计算，结果见表 6-4。

表 6-4　闭合导线计算

点号	观测角（左角）	改正数	改正角	坐标方位角 α	距离 D/m	坐标增量计算值 $\Delta x/m$	坐标增量计算值 $\Delta y/m$	改正后坐标增量 $\Delta x/m$	改正后坐标增量 $\Delta y/m$	坐标值 X/m	坐标值 Y/m	点号
1				335°24′00″	201.60	+5 +183.30	+2 −83.92	+183.35	−83.90	1 600.00	2 500.00	1
2	108°27′18″	−10″	108°27′08″	263°51′08″	263.40	+7 −28.21	+2 −261.89	−28.14	−261.87	1 783.35	2 416.10	2
3	84°10′18″	−10″	84°10′08″	168°01′16″	241.00	+7 −235.75	+2 +50.02	−235.68	+50.04	1 755.21	2 154.23	3
4	135°49′11″	−10″	135°49′01″	123°50′17″	200.40	+5 −111.59	+1 +166.46	−111.54	+166.47	1 519.53	2 204.27	4
5	90°07′01″	−10″	90°06′51″	33°57′08″	231.40	+6 +191.95	+2 +129.24	+192.01	+129.26	1 407.99	2 370.74	5
1	121°27′02″	−10″	121°26′52″	46°45′24″						1 600.00	2 500.00	1
2												2
$\sum$	540°00′50″	−50″	540°00′00″		1 137.80	−0.30	−0.09	0	0			

辅助计算	$f_\beta = \sum\beta - (n-2)\times180° = 540°00′50″ - (5-2)\times180° = +50″, f_{\beta\text{允}} = \pm60″\sqrt{n} = \pm60″\sqrt{5} = \pm134″, f_\beta < f_{\beta\text{允}}$（合格） $f_x = \sum\Delta x = -0.30\text{ m}, f = \sqrt{f_x^2 + f_y^2} = \sqrt{(-0.30)^2 + (-0.09)^2} = 0.31\text{(m)}$ $f_y = \sum\Delta y = -0.09\text{ m}, K = \dfrac{f}{\sum D} = \dfrac{0.31}{1\ 137.80} = \dfrac{1}{3\ 670}, K_\text{允} = \dfrac{1}{2\ 000}, K < K_\text{允}$（合格）

任务三　交会定点

任务描述

当测区内用导线或小三角布设的控制点还不能满足测图或施工放样的要求时,可采用交会定点的方法来加密。常用的方法有前方交会、侧方交会、后方交会、距离交会等。本任务要求学生掌握采用前方交会、侧方交会、后方交会、距离交会的方法来定点。

相关知识

一、前方交会

如图 6-11 所示,在三角形 ABP 中,已知点 A、B 的坐标。在 A、B 两点设站,分别测

得 α、β 两角，通过解算三角形算出未知点 P 的坐标。这种方法称为测角前方交会。

计算公式：

$$\begin{cases} x_p = x_A + x_B \cot \alpha_{AP} \\ y_p = y_A + D \sin \alpha_{AP} \end{cases}$$

利用解方程的方法再求出 D 和 $\cos \alpha_{AP}$，代入上式可得：

$$\begin{cases} x_p = \dfrac{x_A \cot \beta + x_B \cot \alpha - y_A + y_B}{\cot \alpha + \cot \beta} \\[3mm] y_p = \dfrac{y_A \cot \beta + y_B \cot \alpha + x_A - x_B}{\cot \alpha + \cot \beta} \end{cases} \tag{6-19}$$

在一般测量规范中，都要求布设有三个起始点的前方交会（图 6-12）。这时在 A、B、C 三个已知点向 P 点观测，测出四个角值 α_1、β_1、α_2、β_2，分两组计算 P 点坐标。计算时，可按 $\triangle ABP$ 求出 P 点坐标(x_p', y_p')，再按 $\triangle BCP$ 求出 P 点坐标(x_p'', y_p'')。当这两组坐标的较差在容许限差内时，取它们的平均值作为 P 点的最后坐标。在测量规范中，对上述限差要求两组算得的点位较差不大于二倍的比例尺精度，用公式表示为

$$e = \sqrt{\delta_x^2 + \delta_y^2} \leqslant 2 \times 0.1 M \tag{6-20}$$

式中，$\delta_x = x_p' - x_p''$，$\delta_y = y_p' - y_p''$，M 是测图比例尺。

图 6-11　前方交会

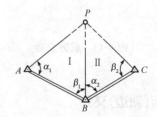

图 6-12　已知三个起始点的前方交会

二、侧方交会

图 6-13 所示为一侧方交会，它是在一个已知点 A 和待求点 P 上安置经纬仪，测出 α、γ 角，并由此推算出 β 角，求出 P 点坐标。侧方交会主要用于有一个已知点不便安置仪器的情况。为了检核，它也需要测出第三个已知点 C 的 ε 角。

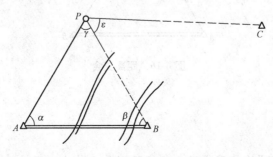

图 6-13　侧方交会

三、后方交会

如图 6-14 所示，后方交会是在待求点 P 上安置经纬仪，观测三个已知点 A、B、C 之间的夹角 α、β，然后根据已知点的坐标和 α、β 计算 P 点的坐标。

为了检核，在实际工作中往往要求观测 4 个已知点，组成两个后方交会图形。

由于后方交会只需在待求点上设站，因而较前方交会、侧方交会的外业工作量少。它不仅用于控制点加密，也多用于导线点与高级控制点的联测。

后方交会法中，若 P、A、B、C 位于同一个圆周上，则 P 点虽然在圆周上移动，但由于 α、β 值不变，故 x_p、y_p 值不变，因而 P 点坐标产生错误，这一个圆称为危险圆（图 6-15）。P 点应该离开危险圆附近，一般要求 α、β 和 B 点内角之和不应为 $160°\sim200°$。

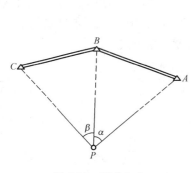

图 6-14　后方交会

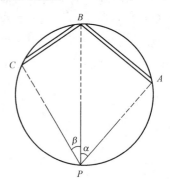

图 6-15　后方交会的危险圆

四、距离(测边)交会

由于光电测距仪和全站仪的普及，现在也常采用距离交会的方法来加密控制点，如图 6-16 所示，已知 A、B 点的坐标及 AP、BP 的边长如 D_b、D_a，求待定点 P 的坐标。

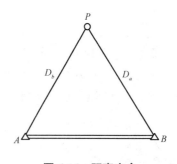

图 6-16　距离交会

任务实施

根据上述"相关知识"的学习内容，在实际测量工作中，正确选择测量方法进行定点。现列举某前方交会的计算示例，见表 6-5。

表 6-5　前方交会点计算

原理图		野外略图	

点名		观测角值		坐标/m			
A	西屯	α_1	59°20′59″	x_A	5 522.01	y_A	1 523.29
B	冈下	β_1	54°09′52″	x_B	5 189.35	y_B	1 116.90
P	爪弯			x_P'	5 059.93	y_P'	1 595.34
B	冈下	α_2	61°54′29″	x_B	5 189.35	y_B	1 116.90
C	杜岭	β_2	55°44′54″	x_C	4 671.79	y_C	1 236.06
P	爪弯			x_P''	5 060.02	y_P''	1 595.35
检核：$f_{计}=0.09$ m　　$f_{允}=0.6$ m				中数：$x_P=5\ 059.98$　　$y_P=1\ 595.34$			

任务四　高程控制测量

任务描述

　　小区域高程控制测量包括三、四等水准测量和三角高程测量。本任务要求学生掌握三、四等水准测量和三角高程测量的方法。

相关知识

一、三、四等水准测量

　　三、四等水准路线用于建立小区域首级控制网和工程施工高程控制网。水准观测的主要技术要求见表 6-6，仪器采用 DS3 级水准仪，水准尺不同于普通水准尺，它是双面水准尺，每次观测使用两把尺子，称为一对，每根水准尺一面为红色，另一面为黑色。一对水准尺的黑面尺底刻画均为零，而红面尺一根尺底刻画为 4.687 m，另一根尺底刻画为 4.787 m，这一数值用 k 表示，称为同一水准尺红、黑面常数差。下面以四等水准测量为例，介绍用双面水准尺法在一个测站的观测程序、记录与计算。

表 6-6　水准测量的主要技术要求

等级	水准仪的型号	视线长度/m	前、后视较差/m	前、后视距累计差/m	视线离地面最低高度/m	黑、红面读数较差/mm	黑、红面所测高差较差/mm
三等	DS1	100	3	6	0.3	1.0	1.5
	DS3	75	3	6	0.3	2.0	3.0
四等	DS3	100	5	10	0.2	3.0	5.0

(一)观测方法与记录

四等水准测量每站的观测顺序和记录见表 6-7，括号中(1)~(8)代表观测记录顺序，(9)~(18)为计算的顺序与记录位置。观测步骤为：

(1)照准后视水准尺黑面，读取下、上、中三丝读数。

(2)转动水准仪，照准前视水准尺黑面读取中丝读数，下、上、中三丝读数。

(3)将水准尺转为红面，前视水准尺红面，读取中丝读数。

(4)转动水准仪，照准后视水准尺红面，读取中丝读数。

这样的观测顺序简称为"后—前—前—后"。

(二)计算与检核

1. 测站上的计算与检核

(1)视距计算。根据视线水平时的视距原理(下丝－上丝)×100 计算前、后视距离。

后视距离(9)＝(1)－(2)。

前视距离(10)＝(4)－(5)。

前、后视距差(11)＝(9)－(10)，前、后视距离差不超过 5 m。

前、后视距累计差(12)＝上一个测站(12)＋本测站(11)，前、后视距累计差不超过 10 m。

表 6-7　四等水准测量记录表

时间：××年××月××日　　　　　　天　气：晴　　　　　　成　像：清晰
仪器及编号：DS×××　　　　　　观测者：×××　　　　　　记录者：×××

测站编号	点号	后尺 下丝 上丝 / 后视距/m / 视距差 d/m	前尺 下丝 上丝 / 前视距/m / $\sum d$/m	方向及尺号	标尺读数/m 黑面	标尺读数/m 红面	黑+K－红/mm	高差中数/m	备注
1	BN1	(1)	(4)	后 K01	(3)	(8)	(13)	(18)	
	TP1	(2)	(5)	前 K02	(6)	(7)	(14)		
		(9)	(10)	后－前	(15)	(16)	(17)		
		(11)	(12)						K01：4 687
	BM1	1.891	0.758	后 K01	1.708	6.395	0	+1.134 0	K02：4 787
	TP1	1.525	0.390	前 K02	0.574	5.361	0		
		36.6	36.8	后－前	+1.134	+1.034	0		
		−0.2	−0.2						

102

测站编号	点号	后尺 下丝 上丝	前尺 下丝 上丝	方向及尺号	标尺读数/m 黑面	标尺读数/m 红面	黑+K-红/mm	高差中数/m	备注
		后视距/m	前视距/m						
		视距差 d/m	$\sum d$/m						
	TP1	2.746	0.867	后 K02	2.530	7.319	-2		K01: 4 687
	TP2	2.313	0.425	前 K01	0.646	5.333	0	+1.885 0	K02: 4 787
		43.3	-44.2	后-前	+1.884	+1.986	-2		
		-0.9	-1.1						

(2)同一水准尺黑、红面读数差计算($K01=4\,687$、$K02=4\,787$)。
$$(13)=(3)+K-(8)$$
$$(14)=(6)+K-(7)$$
同一水准尺黑、红面读数差不超过 3 mm。

(3)高差计算与检核。

黑面尺读数之高差 $(15)=(3)-(6)$。

红面尺读数之高差 $(16)=(8)-(7)$。

黑、红面所得高差之差检核计算：
$$(17)=(15)-(16)\pm0.100=(13)-(14)$$
式中，±0.100 为两水准尺常数 K 之差。

黑、红面所得高差之差不超过 5 mm。

(4)计算平均高差 $(18)=\frac{1}{2}[(15)+(16)\pm0.100]$。

2. 每页的计算和检核

(1)总视距的计算与检核。

本页末站 $(12)=\sum(9)-\sum(10)$

本页总视距 $=\sum(9)+\sum(10)$

(2)总高差的计算和检核。

当测站数为偶数时：
$$总高差=\sum(18)=\frac{1}{2}[(15)+(16)]$$
$$=\frac{1}{2}\{\sum[(3)+(4)]-\sum[(7)+(8)]\}$$

当测站为奇数时：
$$(18)=\frac{1}{2}[(15)+(16)\pm0.100]$$

三、四等水准测量一般应与国家一、二等水准网进行联测，除用于国家高程控制网加密外，还用于建立小区域首级高程控制网，以及建筑施工区内工程测量及变形观测的基本控制。独立测区可采用闭合水准路线。

三、四等水准测量的观测应在通视良好、成像清晰稳定的条件下进行。常用的有双面尺法和变仪器高法。

二、三角高程测量

在山地测定控制点的高程，若采用水准测量，则速度慢，困难大，故可采用三角高程测量的方法。但必须用水准测量的方法在测区内引测一定数量的水准点，作为三角高程测量高程起算的依据。常见的三角高程测量为电磁波测距三角高程测量和视距三角高程测量。电磁波测距三角高程适用于三、四等和图根高程网。视距三角高程测量一般适用于图根高程网。

1. 三角高程测量原理

三角高程测量是根据已知点高程及两点间的竖直角和距离，通过应用三角公式计算两点间的高差，求出未知点的高程(图6-17)。

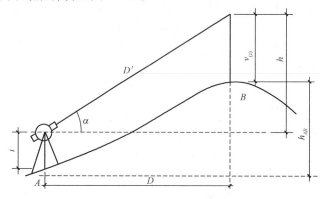

图6-17　三角高程测量

A、B 两点间的高差：

$$h_{AB} = D\tan\alpha + i - v$$

若用测距仪测得斜距 D'，则：

$$h_{AB} = D'\sin\alpha + i - v$$

B 点的高程为

$$H_B = H_A + h_{AB}$$

三角高程测量一般应进行往返观测，即由 A 向 B 观测(称为直觇)，再由 B 向 A 观测(称为反觇)，这种观测称为对向观测(或双向观测)。

2. 三角高程测量的观测与计算

(1)在测站上安置仪器，量仪器高 i 和标杆或棱镜高度 v，读到毫米。

(2)用经纬仪或测距仪采用测回法观测竖直角各1～3测回。

(3)采用对向观测法且对向观测高差符合要求，取其平均值作为高差结果。

(4)进行高差闭合差的调整计算，推算出各点的高程。

任务实施

根据上述"相关知识"的学习内容，在实际测量工作中，应用三、四等水准测量和三角高程测量方法进行高程控制测量。某三角高程测量的计算示例见表6-8。

表 6-8 三角高程测量计算

起算点	所求点	觇法	平距 D/m	竖直角 α/(° ′ ″)	Dtanα/m	仪高 i/m	觇标高 v/m	球气差 f/m	高差 h/m	高差中数/m	起算点高程/m	待求点高程/m
A	B	直觇	1 341.23	+14 06 30	+337.10	+1.31	−3.80	+0.11	+334.72	+334.71	879.25	1 213.96
		反觇	1 341.23	−13 54 04	−331.95	+1.25	−4.11	+0.11	−334.70			
B	C	直觇	3 060.20	−1 35 43	−85.23	+1.35	−4.23	+0.63	−87.48	−87.475	1 213.96	1 126.48
		反觇	3 060.21	+1 40 58	+89.90	+1.48	−4.54	+0.63	+87.47			

任务五　GPS测量

任务描述

全球定位系统是利用人造卫星进行地面测量的定位系统。它具有速度快、精度高、不受天气限制、任何时候都能测量、不需要点间通视、不用建造观测觇标、能同时获得点的三维坐标等优点。但 GPS 要求测站上空开阔，以便于接收卫星信号，因此，GPS 技术不适合隐蔽地区的测量。本任务要求学生掌握 GPS 定位的基本原理和基本观测方法。

相关知识

一、GPS 概述

(一)GPS 简介

全球定位系统(GPS)是导航卫星测时和测距全球定位系统(Navigation Satellite Timing and Ranging Global Positioning System)的简称。该系统是由美国国防部于 1973 年组织研制，历经 20 年，耗资 300 亿美元，于 1993 年建设成功，主要为军事导航与定位服务的系统。GPS 利用卫星发射的无线电信号进行导航定位，具有全球性、全天候、高精度、快速实时的三维导航、定位、测速和授时功能，以及良好的保密性和抗干扰性。它已成为美国导航技术现代化的重要标志，被称为"20 世纪继阿波罗登月、航天飞机之后又一重大航天技术"。

GPS 导航定位系统不但可以用于军事上各种兵种和武器的导航定位，而且在民用上也发挥了重大作用，如智能交通系统中的车辆导航、车辆管理和救援，民用飞机和船只导航及姿态测量，大气参数测试，电力和通信系统中的时间控制，地震和地球板块运动监测，地球动力学研究等。特别是在大地测量、城市和矿山控制测量、建筑物变形测量、水下地形测量等方面，GPS 得到广泛的应用。

GPS 能独立、迅速和精确地确定地面点的位置，与常规控制测量技术相比，它有许多优点：

(1)不要求测站间的通视，因而可以按需要来布点，并可以不用建造测站标志。

(2)控制网的几何图形已不是决定精度的重要因素，点与点之间的距离可以自由布设。

(3)可以在较短时间内以较少的人力消耗来完成外业观测工作，观测(卫星信号接收)的全天候优势更为显著。

(4)接收仪器高度自动化，内、外业紧密结合，软件系统日益完善，可以迅速提交测量成果。

(5)精度高，用载波相位进行相对定位，可达到$\pm(5\ mm+1\ ppm\times D)$的精度。

(6)节省经费和工作效率高，用 GPS 定位技术建立大地控制网，要比常规大地测量技术节省 70%～80% 的外业费用，同时，由于作业速度快，使工期大大缩短，所以经济效益显著。

GPS 于 1986 年开始引入我国测绘界，由于它比常规测量方法具有定位速度快、成本低、不受天气影响、点间无须通视，不建标等优越性，且具有仪器轻巧、操作方便等优点，目前已在测绘行业中广泛使用。广大测绘工作者在 GPS 应用基础研究和实用软件开发等方面取得了大量的成果，全国大部分省市都利用 GPS 定位技术建立了 GPS 控制网，并在大地测量(西沙群岛的大地基准联测)、南极长城站精确定位和西北地区的石油勘探等方面显示出 GPS 定位技术的无比优越性和应用前景。在工程建筑测量中，也已开始采用 GPS 技术，如北京地铁 GPS 网、云台山隧道 GPS 网、秦岭铁路隧道施工 GPS 控制网等。卫星定位技术的引入已引起了测绘技术的一场革命，从而使测绘领域步入一个崭新的时代。

(二)GPS 的组成

GPS 主要由空间卫星部分、地面监控部分和用户设备部分组成，如图 6-18 所示。

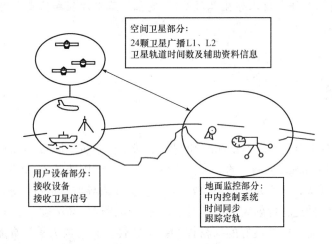

图 6-18　GPS 的组成部分

1. 空间卫星部分

空间卫星部分由 24 颗 GPS 卫星组成 GPS 卫星星座，其中有 21 颗工作卫星、3 颗备用卫星，其作用是向用户接收机发射天线信号。GPS 卫星(24 颗)均匀分布在 6 个倾角为 55°的轨道平面内，各轨道之间相距 60°，卫星高度为 20 200 km(地面高度)，结合其空间分布和运行速度，使地面观测者在地球上任何地方的接收机都能至少同时观测到 4 颗卫星(接收电波)，最多可达 11 颗。GPS 卫星的主体呈圆柱形，直径约为 1.5 m，两侧设有两块双叶太阳能板，能自动对日定向，以保证卫星正常工作的用电。每颗卫星装有 4 台高精度原子钟，为 GPS 测量提供高精度的时间标准。空间卫星部分如图 6-19 所示。

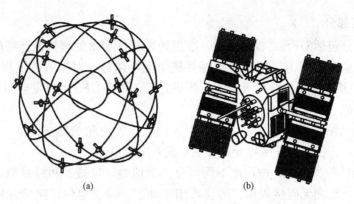

(a) (b)

图 6-19 GPS 卫星星座

2. 地面监控部分

地面监控部分由主控站、信息注入站和监测站组成。

主控站只有一个，设在美国的科罗拉多空间中心。其主要功能是协调和管理所有地面监控系统的工作。其主要任务是：

(1)根据本站和其他监测站的所有观测资料推算编制各卫星的星历、卫星钟差和大气层的修正参数等，并把这些数据传送到注入站。

(2)提供全球定位系统的时间基准。各监测站和 GPS 卫星的原子钟均应与主控站的原子钟同步或测出其间的钟差，并把这些钟差信息编入导航电文送到注入站。

(3)调整偏离轨道的卫星，使之沿预定的轨道运行。

(4)启用备用卫星以代替失效的工作卫星。

注入站现有三个，分别设在印度洋的迭哥伽西亚、南大西洋的阿松森群岛和南太平洋的卡瓦加兰。注入站有天线、发射机和微处理机。其主要任务是在主控站的控制下，将主控站推算和编制的卫星星历、钟差、导航电文和其他控制指令注入相应卫星的存储系统，并监测注入信息的正确性。

监测站共有五个，除上述四个地面站具有监测站功能外，还在夏威夷设有一个监测站。监测站的主要任务是连续观测和接收所有 GPS 卫星发出的信号并监测卫星的工作状况，将采集到的数据连同当地气象观测资料和时间信息经初步处理后传送到主控站。

图 6-20 所示是 GPS 地面监测站分布示意，整个系统除主控站外，不需人工操作，各站间用现代化的通信系统联系起来，实现高度的自动化和标准化。

图 6-20 GPS 地面监测站分布示意

3. 用户设备部分

用户设备部分包括 GPS 接收机硬件、数据处理软件和微处理机及其终端设备等。GPS 接收机的主要功能是捕获卫星信号，跟踪并锁定卫星信号，对接收的卫星信号进行处理，测量出 GPS 信号从卫星到接收机天线间的传播时间，译出 GPS 卫星发射的导航电文，实时计算接收机天线的三维坐标、速度和时间。

GPS 接收机从结构来讲，主要由五个单元组成：天线和前置放大器；信号处理单元，它是接收机的核心；控制和显示单元；存储单元；电源单元。

GPS 接收机的种类很多，按用途不同可分为测地型、导航型和授时型三种；按工作原理可分为有码接收机和无码接收机，前者可用于动态、静态定位，而后者只能用于静态定位；按使用载波频率可分为用一个载波频率(L1)的单频接收机和用两个载波频率(L1、L2)的双频接收机，单频接收机便宜，而双频接收机能消除某些大气延迟的影响，对于边长大于 10 km 的精密测量，最好采用双频接收机，而对一般的控制测量，用单频接收机就行了，以双频接收机为今后精密定位的主要用机；按型号分类种类就更多了，目前已有 100 多个厂家生产不同型号的接收机。不管哪种接收机，其主要结构都相似，都包括接收机天线、接收机主机和电源三个部分。

(三)GPS 的坐标系统

任何一项测量工作都需要一个特定的坐标系统(基准)。由于 GPS 是全球性的定位导航系统，其坐标系统也必须是全球性的，根据国际协议，其称为协议地球坐标系(Coventional Terrestrial system，CTS)。目前，GPS 测量中使用的协议地球坐标系为 1984 年世界大地坐标系(WGS-84)。

WGS-84 是 GPS 卫星广播星历和精密星历的参考系，它是由美国国防部制图局所建立并公布的。从理论上讲，它是以地球质心为坐标原点的地固坐标系，其坐标系的定向与 BIH1984.0 所定义的方向一致。它是目前最高水平的全球大地测量参考系统之一。

二、GPS 定位的基本原理

GPS 定位是利用空间测距交会定点原理。GPS 测量有伪距与载波相位两种基本的测量。

伪距测量是 GPS 接收机测量了卫星信号(测距码)由卫星传播至接收机的时间，再乘以电磁波传播的速度，便得到由卫星到接收机的伪距。但由于传播时间含有卫星时钟与接收机时钟不同步误差，以及测距码在大气中传播的延迟误差等，所以求得的伪距并不等于卫星与测站的几何距离。

载波相位测量是把接收到的卫星信号和接收机本身的信号混频，再进行相位测量。伪距测量的精度约为一个测距码的码元长度的百分之一，对 P 码而言约为 30 cm，对 C/A 码而言为 3 m 左右。而载波的波长则短得多(分别为 19 cm 和 24 cm)，所以载波相位测量精度一般为 1~2 mm。由于相位测量只能测定载波波长不足一个波长的部分，因此所测的相位可看成波长整倍数未知的伪距。

GPS 定位时，把卫星看成动态的已知控制点，利用所测的距离进行空间后方交会，便可得到接收机的位置。GPS 定位包括单点定位和相对定位。

独立确定待定点在 WGS-84 世界大地坐标系中绝对位置的方法，称为单点定位或绝对定位。其优点是只需一台接收机即可独立定位，外出观测的组织及实施较为自由方便，数据处理也较简单。但其结果受卫星星历误差和卫星信号传播过程中的大气延迟误差的影响比较显著。所以定位精度较差，一般为几十米。单点定位在船舶、飞机的导航，地质矿产勘探，暗礁定位，海洋捕鱼，国防建设及低精度测量等领域中有着广泛的应用前景。

相对定位是确定同步跟踪相同的 GPS 卫星信号的若干台接收机之间的相对位置（三维坐标差）的一种定位方法。相对定位测量时，许多误差对同步观测的测站有相同的或大致相同的影响。因此，计算时，这些误差可以得到抵消或大幅度削弱，从而获得高精度的相对位置，一般精度为几毫米至几厘米。

三、GPS 测量简介

与常规测量类似，GPS 测量按其工作性质可分为外业工作和内业工作两大部分。外业工作主要包括选点、建立标志、野外观测作业等；内业工作主要包括 GPS 控制网技术设计、数据处理和技术总结等。

(一)GPS 控制网技术设计

GPS 控制网技术设计是进行 GPS 定位的基础，它依据国家有关规范（规程）、GPS 网的用途和用户的要求来进行，其主要内容包括精度指标的确定和网形设计等。

1. GPS 测量精度指标

《全球定位系统(GPS)测量规范》(GB/T 18314—2009)将 GPS 控制网分为 A、B、C、D、E 五级，表 6-9 给出了各等级 GPS 测量的主要用途。GPS 测量所属的等级不是由用途确定的，而是以实际的质量要求来确定的。此外各部委根据本部门 GPS 工作的实际情况也制定了其他的 GPS 规程或细则。

表 6-9　各等级 GPS 测量的主要用途(GB/T 18314—2009)

级别	用途
A	国家一等大地控制网，全球性的动力学研究，地壳形变测量和精密定轨等
B	国家二等大地控制网，地方或城市坐标基准框架，区域性地球动力学研究，地壳形变量，局部形变监测和各种精密工程等
C	三等大地控制网，区域、城市及工程测量的基本控制网等
D	四等大地控制网
E	中小城市、城镇及测图、地籍、土地信息、房产、物探、建筑施工等的控制测量等

根据《全球定位系统(GPS)测量规范》(GB/T 18314—2009)，A 级 GPS 控制网由卫星定位连续运行基准站构成，精度应不低于表 6-10 的要求。B、C、D、E 级 GPS 控制网的精度应不低于表 6-11 的要求。

表 6-10　A 级 GPS 控制网的精度指标(GB/T 18314—2009)

级别	坐标年变化率中误差		相对精度	地形坐标各分量年平均中误差/mm
	水平分量/(mm·a^{-1})	垂直分量/(mm·a^{-1})		
A	2	3	1×10^{-8}	0.5

表 6-11 B、C、D、E 级 GPS 控制网的精度指标（GB/T 18314—2009）

级别	相邻点基线分量中误差		相邻点平均距离/km
	水平分量/mm	垂直分量/mm	
B	5	10	50
C	10	20	20
D	20	40	5
E	20	40	3

根据《卫星定位城市测量技术规范》（CJJ/T 73—2010），各等级城市 GPS 测量的相邻点间基线长度的精度用下式表示，具体要求见表 6-12：

$$\sigma = \sqrt{a^2 + (bd)^2}$$

式中 σ——基线向量的边长中误差(mm)；

a——固定误差(mm)；

b——比例误差系数(1×10^{-6})；

d——相邻点的距离(km)。

表 6-12 城市 GPS 测量技术精度指标（CJJ/T 73—2010）

等级	平均距离/km	a/mm	1×10^{-6}	最弱边相对中误差
二等	9	≤10	≤2	1/120 000
三等	5	≤10	≤5	1/80 000
四等	2	≤10	≤10	1/45 000
一级	1	≤10	≤10	1/20 000
二级	<1	≤15	≤20	1/10 000

2. 网形设计

常规测量中，控制网的图形设计是一项重要的工作。而在 GPS 测量时，由于不要求测站点间通视，因此其图形设计具有较大的灵活性。GPS 网的图形设计主要考虑网的用途、用户要求、经费、时间、人力及后勤保障条件等，同时还应考虑所投入的接收机的类型和数量等条件。

根据用途不同，GPS 网的基本构网方式有点连式、边连式、网连式和边点混合连接四种。

（1）点连式是指相邻的同步图形（即多台接收机同步观测卫星所获基线构成的闭合图形，又称同步环）之间仅用一个公共点连接，如图 6-21（a）所示。这种方式所构成的图形几何强度很弱，一般不单独使用。

（2）边连式是指相邻同步图形之间由一条公共基线连接，如图 6-21（b）所示。这种布网方案中，复测的边数较多，网的几何强度较高。非同步图形的观测基线可以组成异步观测环（称为异步环），异步环常用于检查观测成果的质量。边连式的可靠性优于点连式。

（3）网连式是指相邻同步图形之间由两个以上的公共点连接。这种方法要求四台以上的接收机同步观测。它的几何强度和可靠性更高，但所需的经费和时间也更多，一般仅用于较高精度的控制测量。

(4)边点混合连接是指将点连式与边连式有机地结合起来组成 GPS 网，如图 6-21(c)所示。它是在点连式的基础上加测四个时段，把边连式与点连式结合起来得到的。这种方式既能保证网的几何强度，提高网的可靠性，又能减少外业工作量，降低成本，因而是一种较为理想的布网方法。

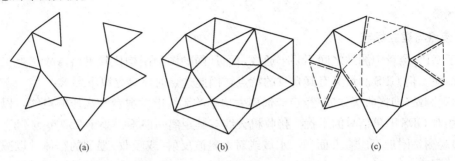

(a)　　　　　　　　　(b)　　　　　　　　　(c)

图 6-21　GPS 网的基本构网方式

对于低等级的 GPS 测量或碎部测量，也可采用图 6-22 所示的星形布设。这种图形的主要优点是观测中只需要两台 GPS 接收机，作业简单。但由于直接观测边之间不构成任何闭合图形，所以其检查和发现粗差的能力比点连式更差。这种方式常采用快速定位的作业模式。

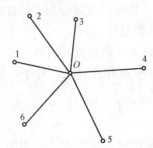

图 6-22　GPS 网的星形布设

知识链接

网形设计的注意事项

进行网形设计时，还需注意以下几个问题：

(1)GPS 网一般应通过独立观测边构成闭合图形，例如三角形、多边形或附合线路，以增加检核条件，提高网的可靠性。GPS 测量有很多优点，如测量速度快、测量精度高等，但是由于其采用无线电定位，受外界环境影响大，所以在图形设计时应重点考虑成果的准确可靠，应考虑有较可靠的检验方法。

(2)GPS 网点应尽量与原有地面控制网点重合。重合点一般不应少于三个(不足时应联测)，且在网中应分布均匀，以便可靠地确定 GPS 网与地面网之间的转换参数。

(3)GPS 网点虽然不需要通视，但是为了便于用常规方法联测和扩展，要求控制点至少与一个其他控制点通视，或者在控制点附近 300 m 外布设一个通视良好的方位点，以便建立联测方向。

（4）为了利用 GPS 进行高程测量，在测区内 GPS 网点应尽可能与水准点重合，而非重合点一般应根据要求以水准测量方法（或相当精度的方法）进行联测，或在网中设一定密度的水准联测点，进行同等级水准连测。

（5）GPS 网点尽量选在天空视野开阔、交通方便地点，并要远离高压线、变电所及微波辐射干扰源。

3. 选点与建立标志

由于 GPS 测量中测站之间不要求通视，而且网的图形结构比较灵活，故选点工作较常规测量简便。但 GPS 测量又有其自身的特点，因此选点时应满足以下要求：

（1）观测站（即接收天线安置点）应远离大功率的无线电发射台和高压输电线，以避免其周围磁场对 GPS 卫星信号的干扰。接收机天线与其距离一般不得小于 200 m。

（2）观测站附近不应有大面积的水域或对电磁波反射（或吸收）强烈的物体，以减弱多路径效应的影响。

（3）观测站应设在易于安置接收设备的地方，且视野开阔。在视场内周围障碍物的高度角一般应大于 $10°\sim15°$，以减弱对流层折射的影响。

（4）观测站应选在交通方便的地方，并且便于用其他测量手段联测和扩展。

（5）对于基线较长的 GPS 网，还应考虑观测站附近具有良好的通信设施（电话与电报、邮电）和电力供应，以供观测站之间的联络和设备用电。

（6）点位选定后（包括方位点），均应按规定绘制点位注记，其主要内容应包括点位及点位略图，点位的交通情况以及选点情况等。

【小提示】 在 GPS 测量中，网点一般应设置在具有中心标志的标石上，以精确标志点位。埋石是指具体标石的设置，可参照有关规范，对于一般的控制网，只需要采用普通的标石，或在岩层、建筑物上做标志。

（二）外业观测

GPS 测量的外业观测工作主要包括天线安置、观测作业和观测记录等，下面分别进行介绍。

1. 天线安置

天线的相位中心是 GPS 测量的基准点，所以妥善安置天线是实现精密定位的重要条件之一。天线安置的内容包括对中、整平、测量天线高。

进行静态相对定位时，天线应架设在三脚架上，并安置在标志中心的上方直接对中，天线基座上的圆水准气泡必须居中（对中与整平方法与全站仪安置相同）。天线高是指天线的相位中心至观测点标志中心的垂直距离，用钢尺在互为 $120°$ 的方向量三次，要求互差小于 3 mm，满足要求后取三次结果的平均值记入测量手簿中。

2. 观测作业

观测作业的主要任务是捕获 GPS 卫星信号并对其进行跟踪、接收和处理，以获取所需的定位信息和观测数据。

天线安置完成后，将 GPS 接收机安置在距天线不远的安全处，接通接收机与电源、天线的连接电缆，经检查无误后，打开电源，启动接收机进行观测。

GPS 接收机的具体操作步骤和方法，随接收机的类型和作业模式的不同而异，在随机的操作手册中都有详细的介绍。事实上，GPS 接收机的自动化程度很高，一般仅需按下若干功能键(有的甚至只需按一个电源开关键),即能顺利地完成测量工作。观测数据由接收机自动形成,并以文件的形式保存在接收机存储器中。作业人员只需定期查看接收机的工作状况并做好记录。观测过程中不得关闭或重新启动接收机;不得更改有关设置参数;不得碰动天线或阻挡信号;不准改变天线高。观测站的全部预定作业项目,经检查均已按规定完成,且记录与资料都确认完整无误后方可迁站。

3. 观测记录

观测记录的形式一般有两种,一种是由接收机自动形成,并保存在接收机存储器中供随时调用和处理,这部分内容主要包括 GPS 卫星星历和卫星钟差参数;观测历元及伪距和载波相位观测值;实时绝对定位结果;测站控制信息及接收机工作状态信息。另一种是测量手簿,由观测人员填写,内容包括天线高、气象数据测量结果、观测人员、仪器及时间等,同时对于观测过程中发生的重要问题、问题出现的时间及处理方式也应记录。观测记录是 GPS 定位的原始数据,也是进行后续数据处理的唯一依据,必须真实、准确,并妥善保管。

4. 成果检核与数据处理

对观测成果应进行外业检核,这是确保外业观测质量和实现预期定位精度的重要环节。观测任务结束后,必须在测区及时对观测数据的质量进行检核,对于外业预处理成果,要按《全球定位系统(GPS)测量规范》(GB/T 18314—2009)要求严格检查、分析,以便及时发现不合格成果,并根据情况采取重测或补测措施。

成果检核无误后,即可进行内业数据处理。内业数据处理过程大体可分为预处理、平差计算、坐标系统的转换或与已有地面网的联合平差。GPS 接收机在观测时,一般情况下15~20 s 自动记录一组数据,故其信息量大,数据多。同时,数据处理时采用的数学模型和算法形式多样,这使数据处理的过程相当复杂。在实际应用中,一般借助电子计算机通过相关软件来完成数据处理工作。

任务实施

根据"相关知识"中的学习内容,在实际测量工作中,应用 GPS 系统进行控制测量。

项目小结

控制测量是研究精确测定地面点空间位置的学科,其任务是作为较低等级测量工作的依据,在精度上起控制作用。控制测量分为平面控制测量和高程控制测量。测定控制点平面位置(x, y)的工作,称为平面控制测量。测定控制点高程(H)的工作,称为高程控制测量。建立平面控制网的方法有导线测量、三角测量、三边测量、全球定位系统(GPS)测量等。导线测量目前是建立平面控制网的主要形式,导线布设的基本形式有闭合导线、附合导线、支导线三种。导线测量的外业工作包括选点、埋设标志桩、量边、测角以及导线的联测。导线计算的目的是计算出导线点的坐标,计算导线测量的精度是否满足要求。当测区内用导线或小三角布设的控制点还不能满足测图或施工放样的要求时,可采用交会定点的方法来加密。常用的方法有前方交会、侧方交会、后方交会、距离(测边)交会等。小区域高程控制测量包括三、四等水准测量和三角高程测量。三、四等水准路线用于建立小区域首级控制网和工程施工高程控制网。在山地测定控制点的高程时，若采用水准测量，则速度慢，困难大，故可采用三角高程测量的方法。常见的三角高程测量为电磁波测距三角高程测量和视距三角高程测量。

思考与练习

1. 试绘图说明导线的布设形式。
2. 导线外业工作包含哪些内容？
3. 闭合导线和附合导线内业计算有哪些不同？
4. 试述三角高程测量的原理。
5. 一闭合导线如图 6-23 所示，其中 $x_1 = 5\ 030.70$，$y_1 = 4\ 553.66$，$\alpha_{12} = 97°58'08''$。各边边长与转折角角值均注于图中，求 2、3、4 点的坐标。

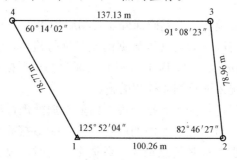

图 6-23 闭合导线

项目七 大比例尺地形图的基本知识

学习目标

通过本项目的学习，了解地形图的分幅与编号；熟悉数字化测图技术；掌握地物和地貌在地形图上的表示方法，测图前的准备工作及地形图的测绘方法，等高线的勾绘，地形图的拼接、整饰、检查。

能力目标

能进行大比例尺地形图的测绘。

任务一 了解地形图的基本知识

任务描述

地球表面形状复杂，物体种类繁多，地势形态各异，总的来说可分为地物和地貌两大类。地面上由人工建造的固定物体和自然力形成的独立物体，如房屋、道路、河流、桥梁、树林、边界、孤立岩石等，称为地物。地面上主要由自然力形成的高低起伏的连续形态，如平原、山岭、山谷、斜坡、洼地等，称为地貌。地物和地貌统称为地形。

地形图就是将地面上一系列地物和地貌特征点的位置，通过综合取舍，垂直投影到水平面上，按一定比例缩小，并使用统一规定的符号绘制成的图纸。地形图不但表示地物的平面位置，还用特定符号和高程注记表示地貌情况。地形图客观形象地反映了地面的实际情况，可在图上量取数据，获取资料，便于设计和应用。大比例尺(1∶500、1∶1 000、1∶2 000、1∶5 000)地形图是进行规划、设计和应用的重要基础资料。

本任务要求学生掌握地形图的基本要素，对地形图有初步的认识。

相关知识

一、地形图的比例尺

1. 比例尺的表示方法

地形图的比例尺是指图上两点间直线的长度 d 与其相对应的地面上的实际水平距离 D 的比值，其表示形式分为数字比例尺和图式比例尺两种。

(1)数字比例尺。数字比例尺以分子为1、分母为整数的分数表示，即

$$\frac{d}{D} = \frac{1}{\frac{D}{d}} = \frac{1}{M} \text{ 或 } 1 : M \tag{7-1}$$

式中 M——比例尺分母。

M 越小，比例尺越大，图上所表示的地物、地貌越详尽；相反，M 越大，比例尺越小，图上所表示的地物、地貌越粗略。数字比例尺一般写成 1：500、1：1 000、1：2 000 等形式。

(2)图式比例尺。图式比例尺常绘制在地形图的下方，用以直接量度图内直线的水平距离，根据量测精度又可分为直线比例尺和复式比例尺。

1)直线比例尺。直线比例尺是以直线线段形式标明图上线段长度所对应的地面距离，其作用是用图方便，以及避免图纸伸缩所造成的误差，如图 7-1 所示。

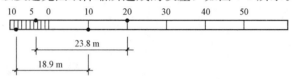

图 7-1　地图上的直线比例尺

2)复式比例尺。复式比例尺又称斜分比例尺，它是直线比例尺的一种扩展，弥补了直线比例尺精度不高的缺点。它是根据相似三角形原理制成的，通常制作在受温度影响较小的金属板上。复式比例尺的精度为最小格值的 1/10，估读到最小格值的 1/100。使用该尺时，先在图上用两脚规卡出欲量线段的长度，然后再到斜分比例尺上去比量。比量时应注意：每上升一条水平线，斜线的偏值将增加 0.01 基本单位；两脚规的两脚务必位于同一水平线上。

2. 地形图的分类和测绘方法

通常把 1：500、1：1 000、1：2 000、1：5 000 比例尺的地形图称为大比例尺地形图；把 1：10 000、1：25 000、1：50 000、1：100 000 比例尺的地形图称为中比例尺地形图；把 1：200 000、1：250 000、1：500 000、1：1 000 000 等比例尺的地形图称为小比例尺地形图。

【小提示】 大比例尺地形图为城市和工程建设所需要。对于大比例尺地形图的测绘，传统测量方法是利用经纬仪或平板仪进行野外测量，现代测量方法是利用电磁波测距仪、光电测距照准仪或全站仪，进行从野外测量、计算到内业一体化的数字化成图测量，它是在传统方法的基础上建立起来的。各类工程中普遍使用大比例尺地形图。中比例尺地形图一般采用航空摄影测量或航天遥感数字摄影测量方法测绘，一般由国家测绘部门完成。小比例尺地形图一般是以比其大的比例尺地形图为基础，采用编绘的方法完成。

3. 比例尺的精度

一般来说，正常人的眼睛只能清楚地分辨出图上大于 0.1 mm 的两点间的距离，这种相当于图上 0.1 mm 的实地水平距离称为比例尺的最大精度。

比例尺最大精度可用 $\delta = 0.1 \text{ mm} \cdot M$ 表示，其中 M 为地图比例尺分母。利用公式求得几种常见比例尺地形图的精度，见表 7-1。

表 7-1　常见比例尺精度

比例尺	1：1 000	1：2 000	1：5 000	1：10 000	1：25 000
比例尺精度/m	0.1	0.2	0.5	1.0	2.5

比例尺精度的意义

比例尺精度有以下意义：

(1)可以根据比例尺精度确定测图比例尺的大小。如某工程设计要求在图上显示出 0.1 m 的精度，则测图比例尺不应小于 1∶1 000。

(2)可根据比例尺精度确定测绘地形图时应准确、详细到什么程度。如要求测绘 1∶10 000 比例尺的地形图，其比例尺的精度为 1 m，即测绘 1∶10 000 地形图时，只需精确到整米即可，更高的精度是没有意义的。再如，要求图上显示不小于 4 mm² 的区域，实地 1 km² 的区域，在 1∶50 000 地形图上为 400 mm²，在 1∶100 000 地形图上为 100 mm²，在 1∶250 000 地形图上为 16 mm²，在 1∶500 000 地形图上为 4 mm²，在 1∶1 000 000 地形图上为 1 mm²。可见，上述地形图中除 1∶1 000 000 不符合要求需要舍去外，其他地形图都能详尽表示。

4. 地形图测图比例尺的选用

地形图测图的比例尺，可根据工程的设计阶段、规模大小和管理的需要，按表 7-2 选用。

表 7-2　测图比例尺的选用

比例尺	用　　途
1∶5 000	可行性研究、总体规划、厂址选择、初步设计等
1∶2 000	可行性研究、初步设计、矿山总图管理、城镇详细规划等
1∶1 000	初步设计、施工图设计；城镇、工矿总图管理；竣工验收等
1∶500	

注：(1)对于精度要求较低的专用地形图，可按小一级比例尺地形图的规定进行测绘或利用小一级比例尺地形图放大成图。

(2)对于局部施测大于 1∶500 比例尺的地形图，除另有要求外，可按 1∶500 地形图测量的要求执行。

二、地形图的分幅与编号

为了方便测绘、管理和使用地形图，需将同一地区的地形图进行统一的分幅与编号。地形图的分幅方法有两种：一种是按经纬线分幅的梯形图，坐标以角度单位表示，用于较小比例尺的国家基本地形图的分幅；另一种是按照平面直角坐标格网划分的矩形图，坐标以长度单位表示，多用于工程建设的大比例尺地形图的分幅。

1∶2 000、1∶1 000、1∶500 地形图也可根据需要采用 50 cm×50 cm 正方形分幅和 40 cm×50 cm 矩形分幅，其图幅编号一般采用图廓西南角坐标编号法，也可选用流水编号法和行列编号法。

(1)坐标编号法。采用图廓西南角坐标千米数编号时，x 坐标千米数在前，y 坐标千米数在后，1∶2 000、1∶1 000 地形图取至 0.1 km(如 10.0—21.0)；1∶500 地形图取至 0.01 km(如 10.40—27.75)。

(2)流水编号法。带状测区或小面积测区可按测区统一顺序编号，一般从左到右，从上到下用阿拉伯数字 1、2、3、4…编定，示例如图 7-2 所示，图中带斜线区域所示的图幅编号为××—8(×××为测区代号)。

（3）行列编号法。行列编号法一般采用以字母(如 A、B、C、D…)为代号的横行从上到下排列，以阿拉伯数字为代号的纵列从左到右排列来编定，先行后列。图 7-3 所示带斜线区域的图幅编号为 A—4。

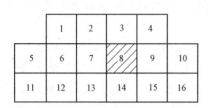

图 7-2　流水编号法

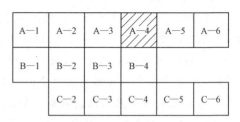

图 7-3　行列编号法

三、地形图的分类

地形图可分为数字地形图和纸质地形图，见表 7-3。

表 7-3　地形图的分类

内容	分类	
	数字地形图	纸质地形图
信息载体	适合计算机存取的介质等	纸质
表达方法	计算机可识别的代码系统和属性特征	画线、颜色、符号、注记等
数字精度	测量精度	测量及图解精度
测绘产品	各类文件，如原始文件、成果文件、图形信息数据文件等	纸图，必要时附细部点成果表
工程应用	借助计算机及其外部设备	几何作图

四、地形图的其他要素

1. 图廓

地形图都有内、外图廓，外图廓线较粗，主要是对图幅起装饰作用；内图廓线较细，是图幅的范围线，绘图必须控制在该范围线以内。内图廓之内绘有 10 cm 间隔互相垂直交叉的 5 mm 短线，称为坐标格网线。内、外图廓线间隔 12 mm，其间注明坐标值，如图 7-4 所示。

2. 图名

图名是一幅地形图的名称(图名)，一般用图幅中最具代表性的地名、景点名、居民地或企事业单位的名称命名，图名标在图的上方正中位置。如图 7-4 所示，其图名为"桃园村"。

3. 图号

为便于储存、检索和使用系列地形图，每张地形图除有图名外，还编有一定的图号，图号是该图幅相应分幅方法的编号，图号标在图名和上图廓线之间。如图 7-4 所示，其图号为 20.0—536.0。

4. 接合图表

接合图表是表示本图幅与四邻图幅的邻接关系的图表，表上注有邻接图幅的图名或图号，绘在本幅图的上图廓的左上方，如图7-4所示。

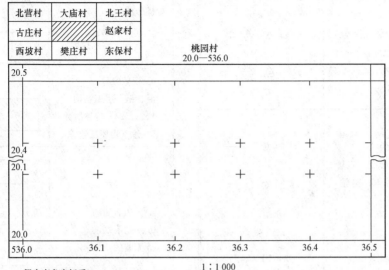

图 7-4　地形图廓和接合图表

5. 注记

在外图廓线之外，应当注记测量所使用的平面坐标系统、高程系统、比例尺、测绘单位、测绘者、测绘日期等。

任务实施

根据"相关知识"中的学习内容，对地形图有初步的认识，在实际测量工作中，能对一幅地形图的比例尺、图廓、图名、图号、接合图表、注记等进行识读。

任务二　掌握地物和地貌在地形图上的表示方法

任务描述

地形图主要运用规定的符号反映地球表面的地貌、地物的空间位置及相关信息。地形图的符号分为地物符号和地貌符号，这些符号统称为地形图图式，图式由国家有关部门统一制定。本任务要求学生掌握常用的地物符号和地貌符号的表示方法。

一、地物符号

地物符号是指在地形图上表示各种地物的形状、大小及其位置的符号。表7-4所示是国家标准1：500、1：1 000、1：2 000地形图图式所规定的部分地物符号。

表7-4 地物符号(部分)

编号	符号名称	图例	编号	符号名称	图例
1	三角点 a. 土堆上的 张湾岭、黄土岗—点名 156.718、203.623—高程 5.0—比高	3.0 △ 张湾岭／156.718 a 5.0 △ 黄土岗／203.623	10	单幢房屋 a. 一般房屋 b. 有地下室的房屋 c. 突出房屋 d. 简易房屋 混、钢—房屋结构 1、3、28—房屋层数 2—地下房屋层数	a 混1　b 混3—2 3.0　1.0 c 钢28　d 简
2	导线点 a. 土堆上的 I16、I23—等级、点号 84.46、94.40—高程 2.4—比高	2.0 ⊙ I16／84.46 a 2.4 ⊙ I23／94.40	11	棚房 a. 四边有墙的 b. 一边有墙的 c. 无墙的	a ·1.0 b ·1.0 c ·1.0 1.0　0.6
3	埋石图根点 a. 土堆上的 12、16—等级 275.46、175.64—高程 2.5—比高	3.0 ⊞ 12／275.46 a 2.5 ⊞ 16／175.64	12	窑洞 a. 地面上的 a1. 依比例尺的 a2. 不依比例尺的 a3. 房屋式的窑洞 b. 地面下的 b1. 不依比例尺的 b2. 依比例尺的	a1 ⌒ a2 ⌒ a3 ⌒ b1 ⌒ ⌒ b2 ⌒
4	不埋石图根点 18—等级 84.47—高程	3.0 ⊡ 18／84.47			
5	水准点 Ⅱ—等级 京石5—点名、点号 32.805—高程	3.0 ⊗ Ⅱ京石5／32.805	13	学校	0.5 0.4 文 0.8 0.4
6	卫星定位等级点 B—等级 14—点名、点号 495.263—高程	1.0 △ B14／495.263	14	医疗点	3.3 ✚ 0.8 3.3
7	建筑中的房屋	建	15	商场、超市	混凝土4 M
8	破坏房屋	破 3.0　1.0	16	门墩 a. 依比例尺的 b. 不依比例尺的	a ▭ 1.0 b ▪
9	钟楼、鼓楼、城楼、古关塞 a. 依比例尺的 b. 不依比例尺的	a ⬆ b 2.4 ⬆	17	纪念塔、北回归线标志塔 a. 依比例尺的 b. 不依比例尺的	a 凸 b 凸

· 120 ·

编号	符号名称	图例	编号	符号名称	图例
18	旗杆		30	电杆	1.0 ○
19	庙宇		31	电线架	8.0
20	气象台(站)	3.8 3.0　1.0	32	电线塔(铁塔) 　a. 依比例尺的 　b. 不依比例尺的	a　4.0 1.0 b　4.0
21	宝塔、经塔、纪念塔 　a. 依比例尺的 　b. 不依比例尺的	a b　381.3	33	高压输电线 架空的 　a. 电杆 　35—电压(kV) 地面下的 　a. 电缆标 输电线入地口 　a. 依比例尺的 　b. 不依比例尺的	0　35 4.0 11.0　1.0　4.0 a b
22	围墙 　a. 依比例尺的 　b. 不依比例尺的	a 30.0　0.3 b　0.3 30.0　0.3			
23	栅栏、栏杆	10.0　1.0	34	水龙头	3.6　1.0
24	篱笆	10.0　1.0 0.8	35	消防栓	1.0 3.0　3.0
25	活树篱笆	8.0　1.0 0.1	36	阀门	1.0 1.8　3.0
26	台阶	0.8 1.0　1.0	37	高速公路 　a. 临时停车点 　b. 隔离带 　c. 建筑中的	a 0.4 b 0.4　6 c 0　0.4 3.0　35.0
27	路灯	1.4 0.3 0.8 3.0 3.0			
28	岗亭、岗楼 　a. 依比例尺的 　b. 不依比例尺的	a　b	38	国道 　a. 一级公路 　a1. 隔离设施 　a2. 隔离带 　b. 二至四级公路 　c. 建筑中的 　①、②—技术等级 代码 　(G305)、(G301)—国 道代码及编号	0.3 a 0.3　a1　a2 (G305) 0.3 b　② (G301)　0.3 c　0.3 3.0　30.0
29	假石山				

编号	符号名称	图例	编号	符号名称	图例
39	专用公路 a. 有路肩的 b. 无路肩的 ②—技术等级代码 (Z301)—专用公路代码及编号 c. 建筑中的	a 0.2 ②(Z301) b 0.3 ②(Z301) c 3.0 39.0	46	等高线及其注记 a. 首曲线 b. 计曲线 c. 间曲线 25—高程	a 0.18 b 25 0.3 c 1.0 5.0 0.18
40	内部道路	1.0 1.0	47	高程点及其注记 1 520.3、— 16.3—高程	0.5 ● 1 520.3 ◆ —16.3
41	机耕路(大路)	8.0 2.0	48	旱地	1.3 2.6⊥ ⊥ ⊥ 10.0 ⊥ ⊥ 10.0
42	小路、栈道	4.0 1.0	49	菜地	⊬ ⊬ ⊬ ⊬ 10.0 10.0
43	人行桥、时令桥 a. 依比例尺的 b. 不依比例尺的	a b 1.0	50	果树	1.5 ○ 3.0 1.0
44	隧道 a. 依比例尺的出入口 b. 不依比例尺的出入口	a b 1.0 45°	51	果园	○ ○ 1.2 ○ 3.5 ○ 10.0 10.0
45	路堤		52	斜坡 a. 未加固的 b. 已加固的	3.0 4.0 a b

根据地物的形状、大小和描绘方法的不同,地物符号可分为以下四类。

1. 比例符号

有些地物的轮廓较大,如房屋、稻田和湖泊等,它们的形状和大小可以按测图比例尺缩小,并用规定的符号绘在图纸上,这种符号称为比例符号。

2. 非比例符号

有些地物,如三角点、导线点、水准点、独立树、路灯、检修井等,其轮廓较小,无法将其形状和大小按照地形图的比例尺绘到图纸上,则不考虑其实际大小,而是采用规定的符号表示。这种符号称为非比例符号。

3. 半比例符号

对于带状地物，长度方向依比例尺缩绘，宽度方向按规定尺寸绘出，此类符号称为半比例符号，如围墙、篱笆、电力线、通信线等地物的符号。

4. 地物注记

对地物加以说明的文字或数字称为地物注记。其配合符号说明地物的名称、数量和质量等特征，如村镇、公路的名称，果树、森林的类别，塔的高度，楼房的层数及结构等。

二、地貌符号

地貌是指地表高低起伏的形态，是地形图反映的重要内容。在地形图上表示地貌的方法很多，但在测量上最常用的方法是等高法。

1. 等高线

等高线是地面上高程相同的相邻点所连成的一条闭合曲线。如图 7-5 所示，有一高地被等间距的水平面 P_1、P_2 和 P_3 所截，各水平面与高地的相应截线就是等高线。将各水平面上的等高线沿铅垂方向投影到一个水平面上，并按规定的比例尺缩绘到图纸上，便得到用等高线表示的该高地的地貌图。等高线的形状是由高地表面的形状决定的，用等高线来表示地貌是一种很形象的方法。

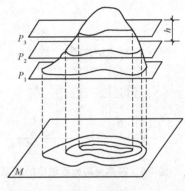

图 7-5　等高线

2. 等高距与等高线平距

相邻两条等高线之间的高差，称为等高距，用 h 表示。在同一幅图内，等高距一定是相同的。等高距的大小是根据地形图的比例尺、地面坡度及用图目的选定的。等高线的高程必须是所采用的等高距的整数倍，如果某幅图采用的等高距为 3 m，则该幅图的高程必定是 3 m 的整数倍，如 30 m、60 m⋯，而不能是 31 m、61 m 或 66.5 m 等。

地形图中的基本等高距应符合表 7-5 的规定。

表 7-5　地形图中的基本等高距

地形类别	比例尺			
	1：500	1：1 000	1：2 000	1：5 000
平坦地	0.5	0.5	1	2
丘陵地	0.5	1	2	5
山地	1	1	2	5
高山地	1	2	2	5

注：(1)一个测区同一比例尺，宜采用一种基本等高距。

　　(2)水域测图的基本等深距，可按水底地形倾角所比照地形类别和测图比例尺选择。

相邻等高线之间的水平距离，称为等高线平距，用 d 表示。在不同的地方，等高线平距不同，它取决于地面坡度的大小，地面坡度越大，等高线平距越小，相反，坡度越小，等高线平距越大；若地面坡度均匀，则等高线平距相等，如图 7-6 所示。

相邻两等高线之间的地面坡度：

$$i = \frac{h}{dM} \tag{7-2}$$

式中　M——地形图比例尺分母。

3. 等高线的种类

地形图上的等高线分首曲线、计曲线、间曲线和助曲线四种，如图 7-7 所示。

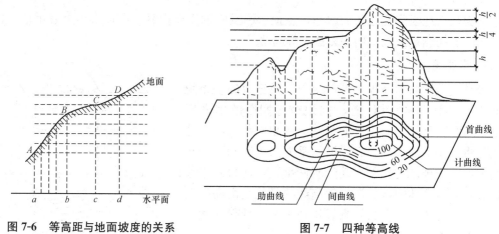

图 7-6　等高距与地面坡度的关系　　　　图 7-7　四种等高线

(1)首曲线。首曲线为又称基本等高线，即按基本等高距测绘的等高线。首曲线用 0.15 mm 细实线表示。

(2)计曲线。计曲线又称为加粗等高线，为易于识图，逢五逢十(指基本等高距的整五倍或整十倍)，即每隔四条首曲线加粗一条等高线，并在其上注记高程值。计曲线用 0.3 mm 粗实线表示。

(3)间曲线。间曲线又称为半距等高线，当个别地方的地面坡度很小，用基本等高距的等高线不足以显示局部的地貌特征时，可按 1/2 基本等高距用长虚线加绘半距等高线，描绘时可不闭合。

(4)助曲线。助曲线又称为 1/4 等高线，在半距等高线与基本等高线之间，以 1/4 基本等高距再进行加密，且用短虚线绘制。

4. 几种典型地貌的等高线

(1)山头和洼地。图 7-8 所示为山头的等高线，图 7-9 所示为洼地的等高线。它们投影到水平面上都是一组闭合曲线，但从高程注记可以区分这些等高线所表示的是山头还是洼地：内圈等高线比外圈等高线所注高程大时，表示山头；内圈等高线比外圈等高线所注高程小时，表示洼地。也可以在等高线上加绘示坡线(图 7-8、图 7-9 中等高线旁的短线)，示坡线的方向指向低处，这样也可以区分出山头与洼地。

(2)山脊和山谷。山脊的等高线是一组凸向低处的曲线，各条曲线方向改变处的连接线称为山脊线(图中点画线)，如图 7-10 所示。山谷的等高线为一组凸向高处的曲线，各条曲线方向改变处的连线称为山谷线(图中虚线)，如图 7-11 所示。在山脊上，雨水必然以山脊线为分界线而流向山脊的两侧，故山脊线又称为分水线。而山谷中，雨水必然由两侧山坡汇集到谷底，然后再沿山谷线流出，故山谷线又称为集水线。

(3)鞍部。相邻两个山头之间的低凹处形似马鞍状的部分，称为鞍部。通常来说，鞍部既是山谷的起始高点，又是山脊的终止低点。所以，鞍部的等高线是两组相对的山脊与山谷等高线的组合，如图 7-12 所示。

(4)悬崖和陡崖。山的侧面称为山坡，上部凸出，下部凹入的山坡称为悬崖。悬崖上部的等高线投影到水平面时，与下部的等高线相交，下部凹进的等高线部分用虚线表示，如图 7-13(a)所示。近于垂直的山坡称为陡崖或峭壁、绝壁等。陡崖如用等高线表示，将非常密集或重合为一条线，因此采用陡崖符号来表示，如图 7-13(b)和(c)所示。

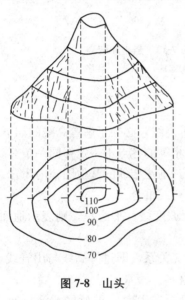

图 7-8 山头

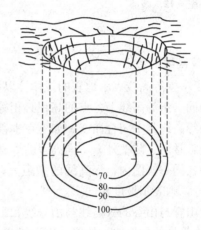

图 7-9 洼地

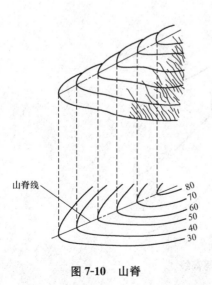

图 7-10 山脊

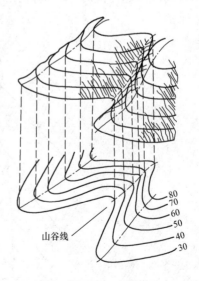

图 7-11 山谷

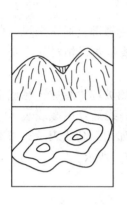

图 7-12　鞍部

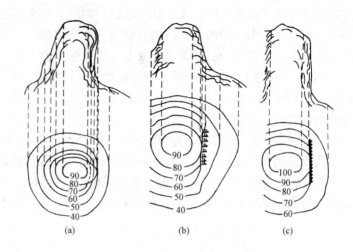

(a) (b) (c)

图 7-13　悬崖和陡崖

（a)悬崖；（b)、(c)陡崖

5. 等高线的特征

为了掌握等高线表示地貌的规律，以便于测绘等高线，必须了解等高线的如下特征：

(1)同一条等高线上各点的高程必相等，但高程相等的各点不一定在同一条等高线上。

(2)等高线是一闭合曲线，如不在本幅图内闭合，则在相邻的其他图幅内闭合。

(3)除悬崖、陡壁外，不同高程的等高线不能相交或重合。

(4)在同一幅图内，等高线的平距大，表示地面坡度缓；平距小，则表示地面坡度陡；平距相等，则表示坡度相同。

(5)山脊与山谷的等高线与山脊线和山谷线呈正交关系，即过等高线与山脊线或山谷线的交点作等高线的切线，始终与山脊线或山谷线垂直。

(6)等高线跨越河流时，不能直穿而过，要渐渐折向上游，过河后渐渐折向下游，如图 7-14 所示。

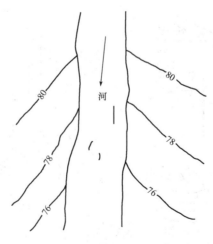

图 7-14　跨河等高线

根据"相关知识"中的学习内容，在实际测量工作中，应用规定的地物符号和地貌符号进行地形图的绘制与识读。

任务三　使用全站仪进行数字化测图

任务描述

随着科学技术的进步、电子计算技术的发展以及电子测量仪器的广泛应用，逐步形成了地形测量的自动化和数字化。地形测量从图解法测图改进为数字化测图是一种根本性的变革，测量成果不单是可以绘制在图纸上的地形图，而主要是以计算机内存及光盘为载体的数字地形信息，所提交的成果是可供计算机处理、远距离传输、多方共享的数字地形图。本任务要求学生对数字化测图技术有初步了解。

相关知识

一、数字化测图概述

数字化测图是一种以电子测量仪器采集数据，并以计算机辅助成图的方法。数字化测图与图解法测图相比，具有明显的优点，主要体现在以下几个方面：

（1）测图精度高。在数字化测图中，野外采集数据采用高精度电子仪器，数据的流动、展点和绘图都在机内运行。因此，绘图精度不受比例尺的影响，减少了人为错误发生的机会，提高了测图精度。

（2）可实现自动化测图。数字化测图能自动记录、自动解算、自动绘图，向用图者随时提供可处理的精确、规范的数字化地形图。在自动绘图时，必须对地面点赋予三类信息：点的三维坐标、点的属性、点间关联性。因此，数据采集和点性编码是数字测图的基础。

（3）方便更新测图成果。城镇的发展加速了城镇地物和地貌的变化。数字化测图的成果是以点位信息和地物属性信息存入计算机的，显著改善了纸介质地形图频繁更新困难的状况。当实地情况发生改变时，只需要输入变化部分的点位编码和坐标信息，经过编辑，即可得到更新后的新图，始终保持图面整体的实时性和完整性。

（4）成果利用和管理便利。数字化地形图方便实行分图层管理，地形信息可无限存放，图形数据容量可不受图幅负载量的限制，从而提高了测量数据的利用率，拓宽了测绘工作的服务面。例如，EPSW 软件定义 11 层（用户还可以定义新层），将房屋、电力线、铁路、道路、水系等地物存储于不同层中，通过打开或关闭不同层可以得到所需的各种专题图，如管线图、水系图、道路图、房屋图等。

（5）帮助地理信息系统（GIS）的建立。地理信息系统具有方便的信息查询检索功能、空间分析功能和辅助决策功能，在国民经济各领域及人们的日常生活中都有广泛的应用。GIS 的主要任务就是数据采集，而数字化测图能够提供实时性较强的基础地理信息。

二、数字化测图系统

数字化测图系统是以电子计算机为核心，以电子测绘仪器和打印机等外接输入、输出设备为硬件，在绘图软件的支持下，对地物、地貌数据及其相关属性信息进行采集、输入、处理、绘图、输出、管理的测绘系统。

数字化测图的工作流程通常为：测量仪器野外数据采集→计算机数据处理和成图→图形文件保存和输出。可见，数字化测图系统由地形数据采集系统、数据处理与成图系统、图形输出设备三部分组成。

三、地形要素数据采集

各种数字测图系统必须首先获取地形要素的各种信息，然后才能据此成图。地形信息包括所有与成图有关的资料，如测量控制点资料、各种地物和地貌的位置数据和属性以及有关的注记等。这些地形要素的信息通常以地形数据的形式来表达。地形数据主要是地物和地貌的特征点数据，即碎部点数据。

1. 碎部点的选择

碎部点又称为地形点，它是地物和地貌的特征点。碎部测量的精度与作业效率在很大程度上取决于扶尺员会不会选择碎部点。选择碎部点的根据是测图比例尺及测区内地物和地貌的状况。碎部点应选在能反映地物和地貌特征的点上。

(1)地物点的选择。对于地物，其特征点为地物的轮廓线和边界线的转折或交叉点，如烟囱的中心点，道路中心线的拐点、交叉点，草坪边界的转折点，房屋的角点等。选择地物点，一般以图上和地面图形相似为条件，采用"直线段取两点""曲线段至少取三点"的方法，尽量减少地物点，以减轻碎部测量的工作量。

(2)地貌点的选择。对于地貌，其特征点为地形线上的坡度或方向变化点。地形线主要有山脊线、山谷线、坡缘线(山腰线)、坡麓线(山脚线)及最大坡度线(流水线)等。地貌形态尽管各不相同，但地貌的表面可以近似地看成由各种坡面组成的。只要选择这些地形线和轮廓线上的转折点和棱角点(包括坡度转折点、方向转折点、最高点、最低点及连接相邻坡段的点)，根据这些特征点勾绘等高线，就能把地貌描绘在地形图上。为了能详尽真实地表示地貌形态，地貌点在测区内还要保证一定的密度，使相邻碎部点之间的最大点位间距不超过表7-6所列的数据。

表7-6　地形点的最大点位间距　　　　　　　　　　　　　　　　　　　　m

测图比例尺		1∶500	1∶1 000	1∶2 000	1∶5 000
一般地区		15	30	50	100
水域	断面间	10	20	40	100
	断面上测点间	5	10	20	50

2. 碎部点的采集

在野外用全站仪采集数据时，数字测记法有"草图法"和"编码法"两种。当采用"草图法"时，全站仪的数据采集步骤如下：

(1)设置作业。一般全站仪都要进行这项工作，目的是建立一个文件目录用于存放数据。作业名称可以采取操作员姓名加观测日期的方式，这样便于数据文件管理。

（2）绘制测点草图。应编辑好碎部点的点号及地物关联属性、地形线、地理名称和必要文字注记等。

（3）安置仪器。将全站仪安置在控制点上，经对中、整平，量取仪器高。

（4）设置测站。将测站点的名称、坐标、高程、仪器高等数据输入全站仪。可人工输入，或从全站仪内存中调用。

（5）后视定向。照准后视已知控制点，人工输入定向方位角，或输入定向点的坐标值，待全站仪自动计算方位角之后再确认。

（6）碎部点坐标测量。应先测量已知点并进行校核（点位误差应不超过图上 0.2 mm），后照准待测点进行测量，并注意棱镜高的变化，及时修正。

四、数字化测图的数据处理

数据处理主要是指在采集数据结束至图形输出前的阶段，对各种图形数据的处理。数据处理包括数据传输、数据预处理、数据转换、数据计算、图形生成、图形编辑与整饰、图形信息的管理与使用等，它是数字测图的关键。其中，数据转换是指将测量坐标转换为屏幕坐标。在测量坐标系中，坐标系原点在图幅的左下角，向上为 x 轴正方向（北），向右为 y 轴正方向（东）；而在计算机显示器中，坐标系原点在屏幕的左上角，向右为 x 轴正方向，向下为 y 轴正方向。因此，需要将测量坐标系的原点平移至屏幕左上角，并将测量坐标系按顺时针方向旋转 $90°$，这样即完成测量坐标向屏幕坐标的转换。

经过数据处理后，可产生平面图形数据文件和数字地面模型文件，然后对原图进行修改、编辑和整理，加上文字和高程注记，填充各种地物符号，再经过图形拼接、分幅和整饰，就可得到一幅规范的地形图。

五、数字化测图的图形输出

经过数据处理后得到的数字地形图是一个图形文件，它既可以永久地保存在磁盘上，也可以转换成地理信息图形格式，用以建立或更新 GIS 图形数据库。图形输出是数字测图的主要目的，一般由计算机软件控制绘图仪自动绘出地形图。绘图仪的基本功能是实现数（x，y 坐标串）和模（矢量）的转换，将计算机中的数字图形描绘到图纸上。

六、数字化测图软件

目前常见的数字化测图软件是南方测绘仪器公司开发的 CASS 测图系统。它是基于 AutoCAD 平台开发的 GIS 前端数据处理系统，广泛应用于地形成图、地籍成图、工程测量应用等领域。下面简单介绍 CASS9.0 数字化测图软件。

（1）数据传输。数据进入 CASS 要通过"数据"菜单。一般是读取全站仪的数据，但也可以通过"测图精灵"和手工输入数据。

1）将全站仪通过专用数据线与计算机连接。

2）打开全站仪，调到输出参数设置状态，进行参数设置；再设置全站仪为数据输出状态，直至最后一步的前一项时等待。

3）单击南方 CASS9.0 软件"数据"菜单中的"读取全站仪数据"命令，出现图 7-15 所示的对话框。选择仪器型号，使各个项目的配置选择与仪器的输出参数一致。

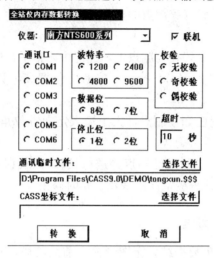

图 7-15 "全站仪内存数据转换"对话框

4）单击"CASS 坐标文件"命令，输入文件名并单击"转换"，随即单击一直处于等待状态的全站仪的输出确认键，直至数据全部传输到计算机后，即可关闭全站仪。

CASS9.0 的坐标数据文件的扩展名是".DAT"，具有统一的坐标数据文件格式，文件中的每项记录按行排列，标记如下：

点名(点号)，编码，Y(东)坐标，X(北)坐标，高程

每一行代表一个点，点的各项信息之间用逗号分开，逗号应在"半角"状态下输入，编码项可以为空，但要保留逗号。

（2）平面图的绘制。下面介绍"草图法"工作方式的作业过程。

当要求外业工作时，应配置测量员、跑尺员和绘图员。绘图员要记录观测点的点号(位置信息)，标注所测地物的属性信息，并与测量员及时联系，使草图上的点号和全站仪上记录的点号一致。因不需在电子手簿或全站仪里输入地物编码，故其称为"无码方式"。

用"草图法"进行内业绘图时，按作业方式的不同，分"点号定位"法、"坐标定位"法、"编码引导"法三种作业方法。

1）"点号定位"法的作业步骤。

①定显示区。定显示区就是通过坐标数据文件中的最大、最小坐标定出屏幕窗口的显示范围，以保证所有点可见。

流程：单击"绘图处理"→"定显示区"，出现对话框后，选择或输入坐标数据文件名(C：\ CASS9.0 \ DEMO \ YMSJ.DAT)并打开。命令区显示：

最小坐标(米)X=87.315，Y=97.020

最大坐标(米)X=221.270，Y=200.00

②选择点号定位成图法。移动光标至屏幕右侧菜单区的"点号定位"选项，单击，弹出对话框后，选择或输入点号坐标数据文件名(C：\ CASS9.0 \ DEMO \ STUDY.DAT)，命令区提示："读点完成！共读入 60 点"。

③绘制平面图。根据野外作业时绘制的草图，移动光标至屏幕右侧菜单区，选择相应的地形图式符号，然后在屏幕中将所有的地物绘制出来。系统中所有地形图图式符号都是按照

图层来划分的。例如，所有表示测量控制点的符号都放在"控制点"这一层，所有表示独立地物的符号都放在"独立地物"这一层，所有表示植被的符号都放在"植被土质"这一层等。

为了更加直观地在图形编辑区内看到各测点之间的关系，可预先将野外测点点号在屏幕中展出。其操作方法：先移动光标至屏幕顶部菜单的"绘图处理"项并单击，这时系统弹出一个下拉菜单。再移动光标选择"展野外测点点号"项并单击，弹出对话框后，输入对应的坐标数据文件名，便可在屏幕上展出野外测点的点号。

根据外业草图，选择相应的地形图图式符号在屏幕上将平面图绘制出来。例如，由33、34、35号点连成一间普通房屋。移动光标至右侧菜单的"居民地/一般房屋"处并单击，系统便弹出对话框。再移动光标到"四点房屋"的图标处并单击，图标变亮表示该图标已被选中，然后移动光标至"OK"处并单击。这时命令区提示："绘图比例尺1：，"。

输入"1 000"，按"Enter"键。

命令区提示："1.已知三点/2.已知两点及宽度/3.已知四点<1>："。

输入"1"，按"Enter"键(或直接按"Enter"键默认选1)。

命令区提示："输入点："。

点"P/<点号>："，输入"33"，按"Enter"键。

点"P/<点号>："，输入"34"，按"Enter"键。

点"P/<点号>："，输入"35"，按"Enter"键。

这样，即将33、34、35号点连成一间普通房屋。

注意：绘制房子时，输入的点号必须按顺时针或逆时针的顺序输入，如上例的点号按33、34、35或35、34、33的顺序输入，否则绘出的房子不符合要求。

2)"坐标定位"法的作业步骤。

①定显示区。此步操作与"点号定位"法作业流程的"定显示区"操作相同。

②选择坐标定位成图法。移动光标至屏幕右侧菜单区的"坐标定位"选项，单击，即进入"坐标定位"选项的菜单。如果刚才在"测点点号"状态下，可通过选择"CASS9.0成图软件"按钮返回主菜单之后再进入"坐标定位"菜单。

③绘制平面图。与"点号定位"法成图流程类似，需先在屏幕上展点。根据外业草图，选择相应的地物图式符号在屏幕上将平面图绘出，区别在于不能通过测点点号来进行定位。以居民地为例，移动光标至右侧菜单的"居民地"处并单击，系统便弹出对话框；再移动光标到"四点房屋"的图标处并单击，图标变亮表示该图标已被选中；然后移动光标至"OK"处并单击。这时命令区提示："1.已知三点/2.已知两点及宽度/3.已知四点<1>"。

输入"1"，按"Enter"键(或直接按"Enter"键默认选1)。

命令区提示："输入点："。

移动光标至右侧屏幕菜单的"捕捉方式"选项，单击，弹出对话框。再移动光标到"NOD"(节点)的图标处并单击，图标变亮表示该图标已被选中，然后移动光标至"OK"处并单击。这时光标靠近33号点，出现黄色标记，单击，完成捕捉工作。

同法捕捉34、35号点。

这样，即将33、34、35号点连成一间普通房屋。

注意：在输入点时，嵌套使用了捕捉功能。选择不同的捕捉方式，会出现不同形式的黄颜色光标，适用于不同的情况。

(3)绘制等高线。在绘制等高线之前，必须先将野外测得的高程点建立数字地面模型

（DTM），然后在数字地面模型上生成等高线。

1）建立数字地面模型。数字地面模型（DTM）是在一定区域范围内规则格网点或三角网点的平面坐标（x，y）和其他地面形态（如高程、坡度、坡向和地面粗糙度等）的数据集合。如果地物属性是该点的高程 Z，则此数字地面模型又称为数字高程模型（DEM）。这个数据集合从微分角度三维地描述了该区域地形地貌的空间分布。

绘图处理(W)　地籍(J)　土地利
　　定显示区
　　改变当前图形比例尺
　　　展高程点

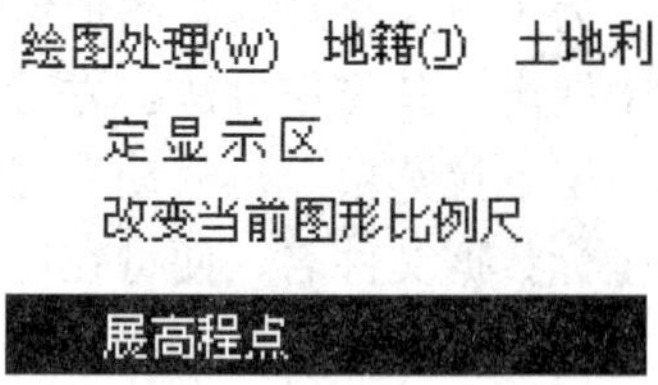

图 7-16　"绘图处理"下拉菜单

①定显示区及展点。定显示区的方法与上述"点号定位法"相同。展点时可选择"展高程点"选项，下拉菜单如图 7-16 所示。

要求输入文件名时，在"C：\ CASS9.0 \ DEMO \ DGX.DAT"路径下选择"打开"，打开"DGX.DAT"文件。命令区提示："注记高程点的距离（米）"。

根据规范要求输入高程点注记距离（即注记高程点的密度），按"Enter"键默认为注记全部高程点的高程。这时，所有高程点和控制点的高程均自动展绘到图上。

②生成数字地面模型。移动光标至屏幕顶部菜单的"等高线"选项，单击，出现图 7-17 所示的下拉菜单。

图 7-17　"等高线"下拉菜单

移动光标至"建立 DTM"选项，单击，出现图 7-18 所示的对话框。

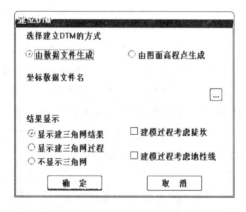

图 7-18　"建立 DTM"对话框

首先，选择建立 DTM 的方式。建立 DTM 的方式有"由数据文件生成"和"由图面高程点生成"两种。如果选择"由数据文件生成"，则在坐标数据文件名中选择坐标数据文件；如果选择"由图面高程点生成"，则在绘图区选择参加建立 DTM 的高程点。

其次，选择结果显示方式。结果显示分为显示建三角网结果、显示建三角网过程、不显示三角网三种。

最后，选择在建立 DTM 的过程中是否考虑陡坎和地形线。

单击"确定"后生成图 7-19 所示的三角网。

2)修改数字地面模型。一般情况下，由于受地形条件的限制，在外业采集的碎部点很难一次性生成理想的等高线，如楼顶上的控制点。另外，还因现实地貌的多样性和复杂性，自动构成的数字地面模型与实际地貌不太一致，这时可以通过修改三角网来修改这些局部不合理的地方。修改三角网的常用方法有删除三角形、过滤三角形、增加三角形、三角形内插点、删除三角形顶点、重组三角形、删除三角网等。

通过以上命令修改了三角网后，选择"等高线"菜单中的"修改结果存盘"项，把修改后的数字地面模型存盘。这样，绘制的等高线不会内插到修改前的三角形内。

注意：修改了三角网后一定要进行此步操作，否则修改无效。

当命令区显示"存盘结束!"时，表明操作成功。

3)绘制等高线。完成上面的操作后，便可绘制等高线。等高线的绘制可以在已绘出的平面图的基础上叠加，也可以在"新建图形"状态下绘制。在"新建图形"状态下绘制等高线时，系统会提示输入绘图比例尺。

移动光标选择"等高线"→"绘制等高线"选项，弹出图 7-20 所示的对话框。

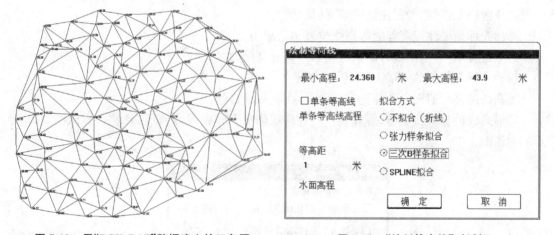

图 7-19 用"DGX. DAT"数据建立的三角网   图 7-20 "绘制等高线"对话框

对话框中会显示参加生成 DTM 的高程点的最小高程和最大高程。如果只生成单条等高线，那么就在单条等高线高程中输入此条等高线的高程；如果生成多条等高线，则在"等高距"框中输入相邻两条等高线之间的等高距。最后选择等高线的拟合方式。拟合方式共有四种，即不拟合(折线)、张力样条拟合、三次 B 样条拟合和 SPLINE 拟合。当观察等高线效果时，可输入较大等高距并选择拟合方法 1，以加快速度。如选拟合方法 2，则拟合步距以 2 m 为宜，但这时生成的等高线数据量比较大，速度会稍慢。测点较密或等高线较密时，最好选择拟合方法 3，也可选择不光滑，过后再用"批量拟合"功能对等高线进行拟合。选择拟合方法 4，则用标准 SPLINE 样条曲线来绘制等高线，输入样条曲线容差。

容差是曲线偏离理论点的允许差值，可直接按"Enter"键。SPLINE 线的优点在于即使其被断开后仍然是样条曲线，也可以进行后续编辑修改；其缺点是较选项 3 容易发生线条交叉现象。

当命令区显示"绘制完成!"时，便完成绘制等高线的工作，如图 7-21 所示。

4)修饰等高线。

①注记等高线。用"窗口缩放"选项得到局部放大图，如图 7-22 所示，再选择"等高线"下拉菜单的"等高线注记"中的"单个高程注记"选项。

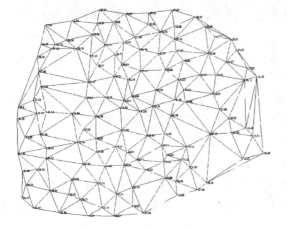

图 7-21   完成绘制等高线的工作

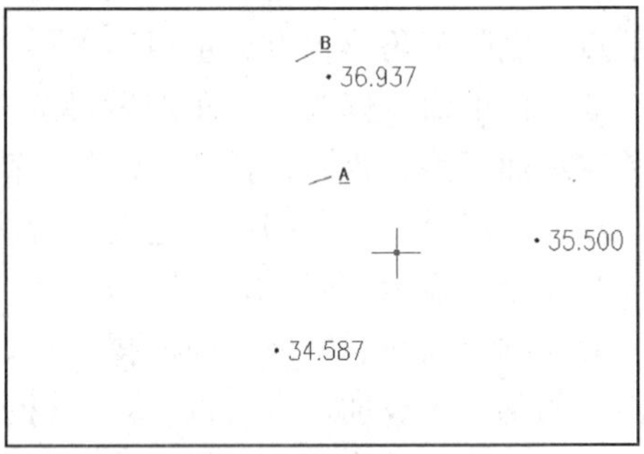

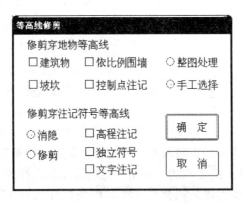

图 7-22   等高线高程注记

命令区提示："选择需注记的等高(深)线"。

移动光标至要注记高程的等高线位置 A，单击。

命令区提示："依法线方向指定相邻一条等高(深)线"。

移动光标至相邻 A 等高线位置 B，单击。

等高线的高程值即自动注记在 A 处，且字头朝 B 处。

②等高线的修剪。单击"等高线"→"等高线修剪"→"批量修剪等高线"，弹出图 7-23 所示的对话框。

图 7-23   "等高线修剪"对话框

首先选择是消隐还是修剪等高线，其次选择是整图处理还是手工选择需要修剪的等高线，最后选择地物和注记符号，单击"确定"按钮后会根据输入的条件修剪等高线。

七、编辑与整饰

在大比例尺数字测图的过程中，由于实际地形、地物的复杂性，漏测、错测是难以避免的。这时必须有一套功能强大的图形编辑系统，对所测地图进行屏幕显示和人机交互图形编辑，在保证精度的情况下消除相互矛盾的地形、地物。对于漏测或错测的部分，及时进行外业补测或重测。另外，其对于地图上的许多文字注记说明，如道路、河流、街道等也是很重要的。

图形编辑的另一重要用途是对大比例尺数字化地图的更新，可以借助人机交互图形编辑，根据实测坐标和实地变化情况，随时对地图的地形、地物进行增加或删除、修改等，以保证地图具有很好的实时性。

对于图形的编辑，CASS9.0提供了"编辑"和"地物编辑"两种下拉菜单。其中，"编辑"是由AutoCAD提供的编辑功能：图元编辑、删除、断开、延伸、修剪、移动、旋转、比例缩放、复制、偏移复制等。"地物编辑"是由南方CASS系统提供的对地物编辑功能：线型换向、植被填充、土质填充、批量删剪、批量缩放、图形重构、图形分幅、图形整饰、窗口内的图形存盘、多边形内图形存盘等。

任务实施

根据"相关知识"中的学习内容，在实际测量工作中，应用数字化测图软件进行地形图测绘。

项目小结

地形图就是将地面上一系列地物和地貌特征点的位置，通过综合取舍，垂直投影到水平面上，按一定比例缩小，并使用统一规定的符号绘制成的图纸。地形图的比例尺是指图上两点间直线的长度 d 与其相对应的在地面上的实际水平距离 D 的比值，其表示形式分为数字比例尺和图式比例尺两种。地形图主要运用规定的符号反映地球表面的地貌、地物的空间位置及相关信息。地形图的符号分为地物符号和地貌符号，这些符号统称为地形图图式，图式由国家有关部门统一制定。数字化测图系统是以电子计算机为核心，以电子测绘仪器和打印机等外接输入、输出设备为硬件，在绘图软件的支持下，对地物、地貌数据及其相关属性信息进行采集、输入、处理、绘图、输出、管理的测绘系统。

思考与练习

1. 比例尺精度有何意义？
2. 等高线有哪些特征？
3. 数字化测图具有哪些优点？
4. 简述全站仪数字化测图。
5. 根据图 7-24 所示地形线和碎部点的高程，试勾绘等高距为 1 m 的等高线。
6. 在图 7-25 中用符号"△""×""— · — · —""————"分别将山头、鞍部、山脊线和山谷线标示出来。

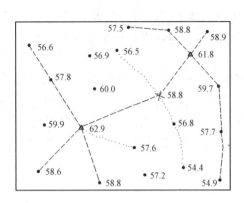

图 7-24 题 5 图

图 7-25 题 6 图

项目八　施工测量的基本工作

学习目标

通过本项目的学习，了解施工测量的基本工作内容；掌握直线、角度、高程放样测设的基本工作，平面点位放样测设。

能力目标

能进行已知水平距离、已知水平角、已知高程的测设。

任务一　了解施工测量

任务描述

各种工程建设，都要经过规划设计、建筑施工、经营管理等几个阶段，每一阶段都要进行有关的测量工作，在施工阶段所进行的测量工作，称为施工测量。

本任务要求学生对施工测量的主要任务和特点有初步认识。

相关知识

一、施工测量的主要任务

施工测量贯穿于整个施工过程中，它的主要任务包括以下几方面。

1. 施工场地平整测量

各项工程建设开工时，首先要进行场地平整。平整时，可以利用勘测阶段所测绘的地形图来计算场地的设计高程并估算土石方量。如果没有可供利用的地形图或计算精度要求较高时，也可采用方格水准测量的方法来计算土石方量。

2. 建立施工控制网

施工测量也按照"从整体到局部""先控制后碎部"的原则进行。为了把规划设计的建(构)筑物准确地在实地标定出来，以及便于各项工作的平行施工，施工测量时要在施工场地建立平面控制网和高程控制网，作为建(构)筑物定位及细部测设的依据。

3. 施工放样与安装测量

施工前要按照设计要求，利用施工控制网把建(构)筑物和各种管线的平面位置及高程在实地标定出来，作为施工的依据；在施工过程中，要及时测设建（构）筑物的轴线和标高位置，并对构件和设备安装进行校准测量。

4. 竣工测量

每道工序完成后，都要通过实地测量检查施工质量并进行验收，同时根据检测验收的记录整理竣工资料和编绘竣工图，为鉴定工程质量和日后维修与扩（改）建提供依据。

5. 建（构）筑物的变形观测

对于高层建筑、大型厂房或其他重要建（构）筑物，在施工过程中及竣工后一段时间内，应进行变形观测，测定其在荷载作用下产生的平面位移和沉降量，以保证建筑物的安全使用。同时，也为鉴定工程质量、验证设计和施工的合理性提供依据。

二、施工测量的特点

施工测量具有如下特点：

（1）施工测量是直接为工程施工服务的，它必须与施工组织计划协调。测量人员应与设计、施工部门密切联系，了解设计的内容、性质及对测量的精度要求，随时掌握工程进度及现场的变动，使测设精度与速度满足施工的需要。

（2）建筑物测设的精度可分为两种：

1）测设整个建筑物（也就是测设建筑物的主要轴线）对周围原有建筑物或与设计建筑物之间相对位置的精度。

2）建筑物各部分对其主要轴线的测设精度。对于不同的建筑物或同一建筑物中的各个不同的部分，这些精度要求并不一致。测设的精度主要取决于建筑物的大小、性质、用途、建材、施工方法等因素。例如，高层建筑测设精度高于低层建筑；自动化和连续性厂房测设精度高于一般厂房；钢结构建筑测设精度高于钢筋混凝土结构、砌体结构；装配式建筑测设精度高于非装配式建筑。放样精度不够，将造成质量事故；精度要求过高，则增加放样工作的困难，降低工作效率。因此，应选择合理的施工测量精度。

（3）施工现场各工序交叉作业，运输频繁，地面情况变动大，受各种施工机械振动影响，因此测量标志从形式、选点到埋设，均应考虑便于使用、保管和检查。如若标志在施工中被破坏，应及时恢复。

现代建筑工程规模大，施工进度快，精度要求高，所以施工测量前应做好一系列准备工作，认真核算图纸上的尺寸、数据；检校好仪器、工具；编制详尽的施工测量计划和测设数据表。在放样过程中，应采用不同方法加强外业、内业的校核工作，以确保施工测量质量。

任务实施

根据"相关知识"中的学习内容，清楚什么是施工测量，如何根据施工测量的特点做好测量工作，为日后的实际测量工作做好准备。

任务二　熟悉测设的基本工作

任务描述

施工测量的基本任务是把图纸上设计的建（构）筑物的一些特征点位置在地面上标定出来，作为施工的依据。因此，施工测量的根本任务是点位的测设。测设点位的基本工作是已知水平距离、已知水平角和已知高程的测设。本任务要求学生掌握测设点位的已知水平距离、已知水平角和已知高程的方法。

相关知识

一、已知水平距离的测设

根据给定的直线的起点和水平长度，沿已知方向确定出直线另一端点的测量工作，称为已知水平距离的测设。

1. 测设的一般方法

按一般方法进行测设时，在地面上可由已知给定的起点 A 开始，沿给定方向，直接用钢尺量出已知水平距离 D，定出 B 点。为了校核与提高测设精度，在起点 A 处改变读数，按同法量已知距离 D，定出 B' 点进行往返丈量。由于量距有误差，B 与 B' 两点一般不重合，其相对丈量误差在允许范围内时，则取两点的中点平均值作为最终位置。

2. 测设的精密方法

当水平距离的测设精度要求较高时，按照上面用一般方法在地面测设出的水平距离，还应再加上尺长、温度和高差三项改正，但改正数的符号与精确量距时的符号相反，即

$$S = D - \Delta_l - \Delta_t - \Delta_h \tag{8-1}$$

式中　S——实地测设的距离；

D——待测设的水平距离；

Δ_l——尺长改正数，$\Delta_l = \dfrac{\Delta l}{l_0} \cdot D$，$l_0$ 和 Δl 分别是所用钢尺的名义长度和尺长改正数；

Δ_t——温度改正数，$\Delta_t = \alpha \cdot D \cdot (t - t_0)$，$\alpha = 1.25 \times 10^{-5}/℃$ 为钢尺的线膨胀系数，t 为测设时的温度，t_0 为钢尺的标准温度，一般为 $20℃$；

Δ_h——倾斜改正数，$\Delta_t = -\dfrac{h^2}{2D}$，$h$ 为线段两端点的高差。

【例 8-1】 在地面上欲测设一段 25.000 m 的水平距离 AB，所用钢尺的尺长方程式为

$$l_t = 30 - 0.006\,0 + 1.2 \times 10^{-5} \times 30 \times (t - 20℃)$$

测设时温度为 $25℃$，经简单量测得 A、B 两点间高差 $h = -0.400$ m。所施于钢尺的拉力与检定时拉力相同，如图 8-1 所示。试计算测设时在地面上应量出的长度 l。

解：先求三项改正数

尺长改正数　$\Delta_l = \dfrac{-0.006\,0}{30} \times 25.00 = -0.005\,0$（m）

温度改正数　$\Delta_t = 1.2 \times 10^{-5} \times 25.00 \times (25-20) = +0.0015\ (\text{m})$

倾斜改正数　$\Delta_h = -\dfrac{(-0.400)^2}{2 \times 25.00} = -0.0032\ (\text{m})$

距离测设时，三项改正数的符号与量距时相反，故测设长度为

$l = D - \Delta_l - \Delta_t - \Delta_h = 25.000 + 0.0050 -$

$\qquad 0.0015 + 0.0032 = 25.0067\ (\text{m})$

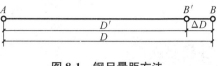

图 8-1　钢尺量距方法

二、已知水平角的测设

测设已知水平角就是根据一已知方向测设出另一方向，使它们的夹角等于给定的设计角值。按测设精度要求的不同，分为一般方法和精确方法。

1. 一般方法

如图 8-2 所示，已知地面上 OA 方向，从 OA 向右测设水平角 β，定出 OB 方向，步骤如下：

（1）在 O 点安置经纬仪，以盘左位置瞄准 A 点，并使度盘读数为 $0°00'00''$。

（2）松开水平制动螺旋，旋转照准部，使度盘读数为 β 角值，在此方向上定出 B' 点。

（3）倒镜成盘右位置，以同样方法测设 β 角，定出 B'' 点，取 B'、B'' 的中点 B，则 $\angle AOB$ 就是要测设的角度。

2. 精确方法

当测设精度要求较高时，可按如下步骤进行，如图 8-3 所示：

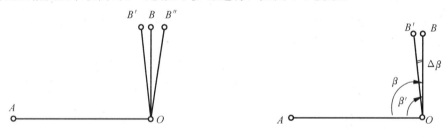

图 8-2　已知水平角简单测设方法　　　　图 8-3　已知水平角精确测设方法

（1）先按一般方法测设出 B' 点。

（2）用测回法对 $\angle AOB$ 观测若干个测回（测回数根据要求的精度而定），求出其平均值 β'，并计算出 $\Delta\beta = \beta - \beta'$。

（3）计算改正距离。

$$BB' = OB'\tan\Delta\beta \approx OB'\frac{\Delta\beta'}{\rho''} \tag{8-2}$$

式中，$\rho'' = 206265''$。

（4）自 B' 点沿 OB' 的垂直方向量出距离 BB'，定出 B 点，则 $\angle AOB$ 就是要测设的角度。

量取改正距离时，如 $\Delta\beta$ 为正，则沿 OB' 的垂直方向向外量取；如 $\Delta\beta$ 为负，则沿垂直方向向内量取。

三、已知高程的测设

测设已知高程就是根据已知点的高程，通过引测，把设计高程标定在固定的位置上。

如图 8-4 所示，已知高程点 A，其高程为 H_A，需要在 B 点标定出已知高程为 H_B 的位置。方法是：在 A 点和 B 点中间安置水准仪，精平后读取 A 点的标尺读数为 a，则仪器的视线高程为 $H_i = H_A + a$，由图可知测设已知高程为 H_B 的 B 点标尺读数应为

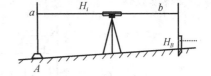

图 8-4　已知高程的测设

$$b = H_i - H_B \qquad (8\text{-}3)$$

将水准尺紧靠 B 点木桩的侧面上、下移动，直到尺上读数为 b 时，沿尺底画一横线，此线即设计高程 H_B 的位置。测设时，应始终保持水准管气泡居中。

在建筑物设计、施工中，为了使设计高程与图纸上的竖向尺寸配合，一般以建筑物底层（地面层）室内地坪高为标高 ± 0.000 m，称为 ± 0.000 标高。高程等于底层室内地坪高的水准点，称为 ± 0.000 水准点。在底层室内地坪以上，设计标高为正；在底层室内地坪以下，设计标高为负，如基础、地下室等的设计标高均为负值。

在地下坑道施工中，高程点位通常设置在坑道顶部。通常规定当高程点位于坑道顶部时，在进行水准测量时，水准尺均应倒立在高程点上。如图 8-5 所示，A 为已知高程 H_A 的水准点，B 是待测设高程为 H_B 的位置，由于 $H_B = H_A + a + b$，故在 B 点应有的标尺读数 $b = H_B - (H_A + a)$。因此，将水准尺倒立并紧靠 B 点木桩上、下移动，直到尺上读数为 b 时，在尺底画出设计高程 H_B 的位置。

同样，对于多个测站的情况，也可以采用类似分析和解决方法。如图 8-6 所示，A 是已知高程为 H_A 的水准点，C 是待测设高程为 H_C 的点位，由于 $H_C = H_A - a - b_1 + b_2 + c$，则在 C 点应有的标尺读数 $c = H_C - (H_A - a - b_1 + b_2)$。

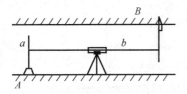

图 8-5　高程点在顶部的测设

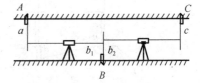

图 8-6　多个高程点的测设

按同样的方法可测设较高楼面上的高程。当测设的高程与水准点之间的高差较大时，例如，在深基坑内或在较高的楼层面上测设高程时，可以用悬挂的钢尺来代替水准尺。如图 8-7 所示，为了要在楼层面上测设出设计高程 H_B，可在楼层上架设吊杆，杆顶吊一根零点向下的钢尺，尺子下端挂一重约 10 kg 的重锤。在地面和楼层面上各安置一台水准仪，设地面水准仪在已知水准点 A 点尺上的读数为 a_1，在钢尺上的读数为 b_1；楼层上安置的水准仪在钢尺上的读数为 a_2，则 B 点尺上应有读数为

$$b_2 = H_A + a_1 - b_1 + a_2 - H_B \qquad (8\text{-}4)$$

由 b_2 即可标出设计高程 H_B。

当待测设点与已知水准点的高差较大时，则可以采用悬挂钢尺的方法进行测设。如图 8-7 所示，钢尺悬挂在支架上，零端向下并挂一重物，A 为已知高程为 H_A 的水准点，B

为待测设高程为 H_B 的点位。在地面和待测设点位附近安置水准仪，分别在标尺和钢尺上读数 a_1、b_1 和 a_2。由于 $H_B = H_A + a_1 - (b_1 - a_2) - b_2$，则可以计算出 B 点处标尺的读数 $b_2 = H_A + a_1 - (b_1 - a_2) - H_B$。同样，如图 8-8 所示情形，也可以采用类似方法进行测设，即计算出前视读数 $b_2 = H_A + a_1 + (a_2 - b_1) - H_B$，再画出已知高程位 H_B 的标志线。

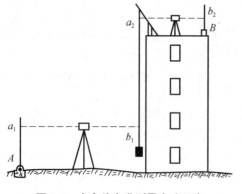

图 8-7　大高差水准测量方法示意

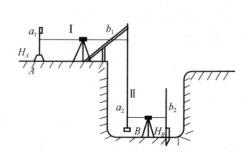

图 8-8　测设建筑基底高程

四、测设坡度线

1. 水平视线法

当坡度不大时，可采用水平视线法。如图 8-9 所示，A、B 为设计坡度线的两个端点，A 点设计高程为 $H_A = 56.480$ m，坡度线长度（水平距离）为 $D = 110$ m，设计坡度为 $i = -1.4\%$，要求在 AB 方向上每隔 $d = 15$ m 打一个木桩，并在木桩上定出一个高程标志，使各相邻标志的连线符合设计坡度。设附近有一水准点 M，其高程为 $H_M = 56.125$ m，测设方法如下：

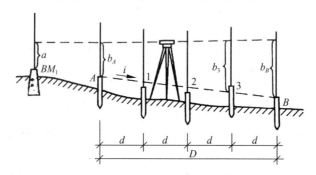

图 8-9　用水平视线法测设坡度线

（1）在地面上沿 AB 方向，依次测设间距为 d 的中间点 1、2、3，在点上打好木桩。

（2）计算各桩点的设计高程。

先计算按坡度 i 每隔距离 d 相应的高差：$h = i \cdot d = -1.4\% \times 15 = -0.21$（m）。

再计算各桩点的设计标高，其中

第 1 点：　　　　　$H_1 = H_A + h = 56.480 - 0.21 = 56.270$（m）

第 2 点：　　　　　$H_2 = H_1 + h = 56.270 - 0.21 = 56.060$（m）

......

同法算出其他各点设计高程为 $H_3=55.850$ m，$H_4=55.640$ m，$H_5=55.430$ m，最后根据 H_5 和剩余距离计算 B 点设计高程

$$H_B = 55.430 + (-1.4\%) \times (110 - 100) = 55.290(\text{m})$$

注意，B 点设计高程也可以用下式算出：

$$H_B = H_A + i \cdot D \tag{8-5}$$

上式可用来检验上述计算是否正确。

（3）在合适的位置（与各点通视，距离相近）安置水准仪，后视水准点上的水准尺，设读数 $a=0.866$ m，先计算仪器视线高：

$$H_{视} = H_M + a = 56.125 + 0.866 = 56.991(\text{m})$$

再根据各点设计高程，依次计算测设各点时应读前视读数，例如 A 为

$$b_A = H_{视} - H_A = 56.991 - 56.480 = 0.511(\text{m})$$

1 号点为

$$b_1 = H_{视} - H_1 = 56.991 - 56.270 = 0.721(\text{m})$$

同理，得 $b_2=0.931$ m，$b_3=1.141$ m，$b_4=1.351$ m，$b_5=1.561$ m，$b_B=1.701$ m。

（4）将水准尺依次贴靠在各木桩的侧面，上、下移动尺子，直至尺读数为 b 时，沿尺底在木桩上画一横线，该线即在坡度 AB 坡度线上。也可将水准尺立于桩顶上，读前视读数 b'，再根据应读读数和实际读数差 $l=b-b'$，用小钢尺自桩顶往下量取高度 l 画线。

2. 倾斜视线法

当坡度较大时，坡度线两端高差太大，不便按水平视线法测设，这里可采用倾斜视线法，如图 8-10 所示，A、B 为设计坡度线的两个端点，A 点设计高程为 $H_A=131.600$ m，坡度线长度（水平距离）为 $D=70$ m，设计坡度为 $i_{AB}=-10\%$，附近有一水准点 M，其高程为 $H_M=131.950$ m，测设方法如下：

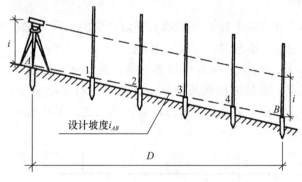

图 8-10　倾斜视线法

（1）根据 A 点设计高程、坡度 i_{AB} 及坡度线 D，计算 B 点设计高程，即

$$H_B = H_A + i_{AB} \cdot D \tag{8-6}$$

（2）按测设已知高程的一般方法，将 A、B 两点的设计高程测设在地面的木桩上。

（3）在 A 点（或 B 点）上安置水准仪，使基座上的一个脚螺旋在 AB 方向上，其余两个脚螺旋的连线与 AB 方向垂直，如图 8-11 所示，粗略对中并调节与 AB 方向垂直的两个脚螺旋基本水平，量取仪器高 i。通过转动 AB 方向上的脚螺旋和微倾螺旋，使望远镜的十字丝对准 B 点（或 A 点）水准尺上等于仪器高处，此时仪器的视线与设计坡度线平行。

（4）在 AB 方向的中间各点 1、2、3，…的木桩侧面立水准尺，上、下移动水准尺，直至尺上读数等于仪器高时，沿尺底在木桩上画线，则各桩画线的连线就是设计坡度线。

图 8-11   安置水准仪

根据"相关知识"中的学习内容，在实际测量工作中，进行已知水平距离、已知水平角、已知高程和坡度线的测设。

任务三   测设点位

点的平面位置测设，是根据已布设好的控制点的坐标和待测设点的坐标，反算出测设数据，即控制点和待测设点之间的水平距离和水平角，再利用上述测设方法标定出设计点位。本任务要求学生掌握测设点位的常用方法。

一、直角坐标法

直角坐标法是建立在直角坐标原理基础上测设点位的一种方法。当建筑场地已建立有相互垂直的主轴线或建筑方格网时，一般采用此法。

如图 8-12 所示，A、B、C、D 为建筑方格网或建筑基线控制点，1、2、3、4 点为待测设建筑物轴线的交点，建筑方格网或建筑基线分别平行或垂直于待测设建筑物的轴线。根据控制点的坐标和待测设点的坐标，可以计算出两者之间的坐标增量。下面以测设 1、2 点为例，说明测设方法。

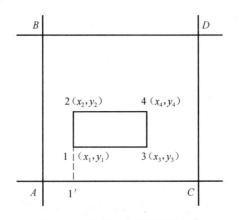

图 8-12   用直角坐标法测设点位

首先，计算出 A 点与 1、2 点之间的坐标增量，即

$$\Delta x_{A1} = x_1 - x_A, \Delta y_{A1} = y_1 - y_A$$

测设 1、2 点平面位置时，在 A 点安置经纬仪，照准 C 点，沿此视线方向从 A 沿 C 方向测设水平距离 Δy_{A1}，定出 $1'$ 点。再安置经纬仪于 $1'$ 点，盘左照准 C 点(或 A 点)，转 $90°$ 给出视线方向，沿此方向分别测设出水平距离 Δx_{A1} 和 Δx_{12}，定 1、2 两点。用同样的方法以盘右位置定出，再定出 1、2 两点，取 1、2 两点盘左和盘右的中点，即为所求点位置。

采用同样的方法，可以测设 3、4 点的位置。

检查时，可以在已测设的点上架设经纬仪，检测各个角度是否符合设计要求，并丈量各条边长。

如果待测设点位的精度要求较高，可以利用精确方法测设水平距离和水平角。

二、极坐标法

极坐标法是根据控制点、水平角和水平距离测设点平面位置的方法。在控制点与测设点间便于使用钢尺量距的情况下，采用此法较为适宜；而利用测距仪或全站仪测设水平距离，则没有此项限制，且工作效率和精度都较高。

如图 8-13 所示，$A(x_A，y_A)$、$B(x_B，y_B)$ 点为已知控制点，$1(x_1，y_1)$、$2(x_2，y_2)$ 点为待测设点。根据已知点坐标和测设点坐标，按坐标反算方法求出测设数据，即 D_1，D_2，$\beta_1 = \alpha_{A1} - \alpha_{AB}$，$\beta_2 = \alpha_{A2} - \alpha_{AB}$。

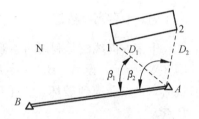

测设时，经纬仪安置在 A 点，后视 B 点，置度盘为零，按盘左、盘右分中法测设水平角 β_1、β_2，定出 1、2 点方向，沿此方向测设水平距离 D_1、D_2，则可以在地面标定出设计点位 1、2 两点。

图 8-13　用极坐标法测设点位

检核时，可以采用丈量实地 1、2 两点之间的水平边长，并与 1、2 两点设计坐标反算出的水平边长进行比较。

如果待测设点 1、2 的精度要求较高，可以利用前述的精确方法测设水平角和水平距离。

三、角度交会法

角度交会法是在 2 个控制点上分别安置经纬仪，根据相应的水平角测设出相应的方向，根据两个方向交会定出点位的一种方法。此法适用于测设点离控制点较远或量距有困难的情况。

如图 8-14 所示，根据控制点 A、B 和测设点 1、2 的坐标，反算测设数据 β_{A1}、β_{A2}、β_{B1} 和 β_{B2} 的角值。将经纬仪安置在 A 点，瞄准 B 点，利用 β_{A1}、β_{A2} 角值按照盘左、盘右分中法，定出 $A1$、$A2$ 方向线，并在其方向线上的 1、2 两点附近分别打上两个木桩(俗称"骑马桩")，在桩上钉小钉以表示此方向，并用细线拉紧。然

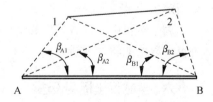

图 8-14　用角度交会法测设点位

后，在 B 点安置经纬仪，同法定出 $B1$、$B2$ 方向线。根据 $A1$ 和 $B1$、$A2$ 和 $B2$ 方向线，可以分别交出 1、2 两点，即为所求待测设点的位置。

当然，也可以利用两台经纬仪分别在 A、B 两个控制点同时设站，测设出方向线后标定出 1、2 两点。

检核时，可以实地丈量 1、2 两点之间的水平边长，并与 1、2 两点设计坐标反算出的水平边长进行比较。

四、距离交会法

距离交会法是从两个控制点利用两段已知距离进行交会定点的方法。当建筑场地平坦且便于量距时，用此法较为方便。

如图 8-15 所示，A、B 点为控制点，1 点为待测设点。首先，根据控制点和待测设点的坐标反算出测设数据 D_A 和 D_B；然后，用钢尺从 A、B 两点分别测设两段水平距离 D_A 和 D_B，其交点即所求 1 点的位置。

同样，2 点的位置可以由附近的地形点 P、Q 交会出。

检核时，可以实地丈量 1、2 两点之间的水平距离，并与 1、2 两点设计坐标反算出的水平距离进行比较。

五、十字方向线法

十字方向线法是利用两条互相垂直的方向线相交，得出待测设点位的一种方法。如图 8-16 所示，设 A、B、C 及 D 为一个基坑的范围，P 点为该基坑的中心点位，在挖基坑时，P 点会遭到破坏。为了随时恢复 P 点的位置，可以采用十字方向线法重新测设 P 点。

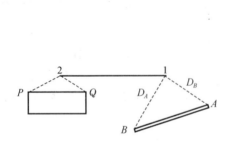

图 8-15　用距离交会法测设点位

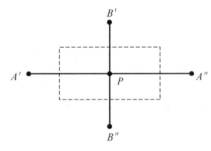

图 8-16　用十字方向线法测设点位

首先，在 P 点架设经纬仪，设置两条相互垂直的直线，并分别用两个桩点来固定。当 P 点被破坏后需要恢复时，则利用桩点 $A'A''$ 和 $B'B''$ 拉出两条相互垂直的直线，根据其交点重新定出 P 点。

为了防止由于桩点发生移动而导致 P 点测设误差，可以在每条直线的两端各设置两个桩点，以便能够发现错误。

六、全站仪坐标测设法

全站仪不仅具有测设高精度、速度快的特点，而且可以直接测设点的位置。同时，其在施工放样中受天气和地形条件的影响较小，从而在生产实践中得到了广泛应用。

全站仪坐标测设法，就是根据控制点和待测设点的坐标定出点位的一种方法。首先，将仪器安置在控制点上，使仪器置于测设模式；然后，输入控制点和测设点的坐标，一人持反光棱镜立在待测设点附近，用望远镜照准棱镜，按坐标测设功能键，全站仪显示出棱镜位置与测设点的坐标差。根据坐标差值，移动棱镜位置，直到坐标差值等于零。此时，棱镜位置即测设点的点位。

为了能够发现错误，每个测设点位置确定后，可以再测定其坐标作为检核。

任务实施

根据"相关知识"中的学习内容，在实际测量工作中，选择合适的方法进行点位的测设。

任务四　圆曲线的测设

任务描述

当道路前进方向发生转折时，为保证行车安全，应在转折处设置一平曲线，平曲线的形式较多，常见的基本形式有圆曲线、缓和曲线等。在厂区、园区等道路中，常设置圆曲线。具有一定半径的圆弧所构成的曲线，称为圆曲线。它是最基本、最简单的一种平面线形。本任务要求学生掌握圆曲线的测设方法，并完成以下问题：

已知某交点的里程为 DK4+642.36 m，测得偏角 $\alpha_{右}=30°26'36''$，圆曲线的半径 $R=160$ m，试求该圆曲线的元素和主点里程。

相关知识

一、测设的步骤

圆曲线的测设一般分两步进行：首先，测设曲线的主点，称为圆曲线的主点测设，即测设曲线的起点（又称为直圆点，通常以缩写 ZY 表示）、中点（又称为曲中点，通常以缩写 QZ 表示）和曲线的终点（又称为圆直点，通常以缩写 YZ 表示）；然后，在已测定的主点之间进行加密，按常规定桩距测设曲线上的其他各桩点，这称为曲线的详细测设。

二、圆曲线的主点测设

1. 圆曲线测设元素的计算

如图 8-17 所示，设交点的转角为 α，假定在此所设的圆曲线半径为 R，则曲线的测设元素切线长 T、曲线长 L、外矢距 E 和切曲线差 D，按下列公式计算：

$$\left.\begin{array}{l} 切线长\ T = R \cdot \tan\dfrac{\alpha}{2} \\[2mm] 曲线长\ L = R \cdot \alpha \\[2mm] 外矢距\ E = \dfrac{R}{\cos\dfrac{\alpha}{2}} - R = R\left(\sec\dfrac{\alpha}{2} - 1\right) \\[2mm] 切曲差\ D = 2T - L \end{array}\right\} \tag{8-7}$$

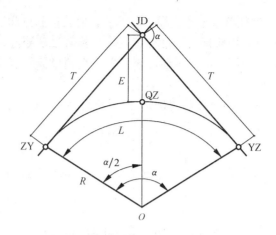

图 8-17 圆曲线的主点测设

2. 主点里程的计算

交点(JD)的里程由中线得到，依据交点的里程和计算的曲线测设元素，即可计算出各主点的里程。由图 8-17 可知：

$$\left.\begin{aligned}
ZY_{\text{里程}} &= JD_{\text{里程}} - T \\
YZ_{\text{里程}} &= ZY_{\text{里程}} + L \\
QZ_{\text{里程}} &= YZ_{\text{里程}} - L/2 \\
JD_{\text{里程}} &= QZ_{\text{里程}} + D/2
\end{aligned}\right\} \tag{8-8}$$

3. 主点的测设

圆曲线的测设元素和主点里程计算出后，按下述步骤进行主点测设：

(1) 曲线起点(ZY)的测设：测设曲线起点时，将仪器置于交点 $i(JD_i)$ 上，望远镜照准后一交点 $i-1(JD_{i-1})$ 或此方向上的转点，沿望远镜视线方向量取切线长 T，得曲线起点 ZY，暂时插一测钎标志。然后，用钢尺丈量 ZY 至最近一个直线桩的距离；如两桩点之差等于所丈量的距离或相差在容许范围内，即可在测钎处打下 ZY 桩。如超出容许范围，应查明原因，重新测设，以确保桩位的正确性。

(2) 曲线终点(YZ)的测设：在曲线起点(ZY)的测设完成后，转动望远镜照准前一交点 JD_{i-1} 或此方向上的转点，往返量取切线长 T，得曲线终点(YZ)，打下 YZ 桩即可。

(3) 曲线中点(QZ)的测设：测设曲线中点时，可自交点 $i(JD_i)$，沿分角线方向量取外距 E，打下 QZ 桩即可。

三、圆曲线的详细测设

1. 曲线设桩

按桩距在曲线上设桩，通常有两种方法。

(1) 整桩号法。将曲线上靠近起点(ZY)的第一个桩的桩号凑整，成为大于 ZY 点桩号的、l_0 的最小倍数的整桩号，然后按桩距 l_0 连续向曲线终点 YZ 设桩。这样设置的桩的桩号均为整数。

(2) 整桩距法。从曲线起点 ZY 和终点 YZ 开始，分别以桩距 l_0 连续向曲线中点 QZ 设桩。由于这样设置的桩的桩号一般为破碎桩号，因此，在实测中应注意加设百米桩和公里桩。

2. 用全站仪坐标法测设圆曲线

利用全站仪坐标法测设圆曲线，可以将全站仪安置在任意一已知点上进行，如已知控制点、路线的交点、转点等，而且测设速度快、精度高。

全站仪坐标法测设圆曲线的测设数据为计算圆曲线上主点的坐标和每一个细部桩点的坐标提供依据，然后利用全站仪坐标放样功能进行测设。

（1）圆曲线测设数据计算方法。

【例 8-2】 如图 8-18 所示，已知路线某 JD 的里程为 K3+219.78，$\alpha_{右}=26°32'$，设计圆曲线的半径为 $R=200$ m，在测量坐标系中 JD 的坐标为（578.26　436.85），路线上某 ZD 的坐标为（417.52　328.67）。试计算全站仪极坐标测设数据：圆曲线主点 ZY、QZ、YZ 坐标和各细部点坐标。

1）圆曲线主点测设要素。

切线长 $T=R\tan\dfrac{\alpha}{2}=47.16$ m

曲线长 $L=R\alpha\dfrac{\pi}{180°}=92.57$ m

外矢距 $E=R\left(\sec\dfrac{\alpha}{2}-1\right)=5.48$ m

切曲差 $D=2T-L=1.75$ m

2）圆曲线的主点里程。

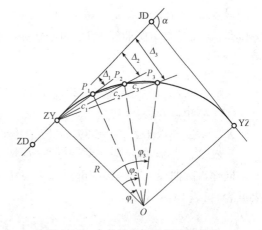

图 8-18　全站仪坐标法测设圆曲线

$$
\begin{array}{ll}
\text{JD 里程 K3+219.78} & \\
-\text{T}) & 47.16 \\
\hline
\text{ZY 里程 K3+172.62} & \\
+)\text{L} & 92.57 \\
\hline
\text{YZ 里程 K3+265.19} & \\
-)\dfrac{\text{L}}{2} & 46.29 \\
\hline
\text{QZ 里程 K3+218.90} & \\
+)\dfrac{\text{D}}{2} & 0.88 \\
\hline
\end{array}
$$

JD 里程 K3+219.78（计算无误）

3）求切线 ZD—JD 的坐标方位角 α_{ZD-JD}。

$$\alpha_{ZD-JD}=\arctan\dfrac{Y_{JD}-Y_{ZD}}{X_{JD}-X_{ZD}}=33°56'28''$$

4）根据坐标方位角传递公式求切线 JD—YZ 的坐标方位角 α_{JD-YZ} 与直线 JD—QZ 的坐标方位角 α_{JD-QZ}。

$$\alpha_{JD-YZ}=\alpha_{ZD-JD}+180°-(180°-\alpha_{右})=\alpha_{ZD-JD}+\alpha_{右}=60°28'28''$$

$$\alpha_{JD-QZ}=\alpha_{ZD-JD}+180°-\left(\dfrac{180°-\alpha_{右}}{2}\right)=137°12'28''$$

5）计算 ZY、QZ、YZ 三个主点坐标。

$$\because \alpha_{ZD-JD}=33°56'28''$$

$$\therefore \alpha_{JD-ZD}=\alpha_{ZD-JD}+180°=33°56'28''+180°=213°56'28''$$

$$\left.\begin{array}{l} X_{ZY}=X_{JD}+T\cos\alpha_{JD-ZD}=578.26+47.16\cos213°56'28''=539.14(m) \\ Y_{ZY}=Y_{JD}+T\sin\alpha_{JD-ZD}=436.85+47.16\sin213°56'28''=410.52(m) \end{array}\right\}$$

$$\left.\begin{array}{l} X_{QZ}=X_{JD}+E\cos\alpha_{JD-QZ}=578.26+5.48\cos137°12'28''=574.24(m) \\ Y_{QZ}=Y_{JD}+E\sin\alpha_{JD-QZ}=436.85+5.48\sin137°12'28''=440.57(m) \end{array}\right\}$$

$$\left.\begin{array}{l} X_{YZ}=X_{JD}+T\cos\alpha_{JD-YZ}=578.26+47.16\cos60°28'28''=601.50(m) \\ Y_{YZ}=Y_{JD}+T\sin\alpha_{JD-YZ}=436.85+47.16\sin60°28'28''=477.89(m) \end{array}\right\}$$

6)圆曲线细部坐标计算。

本例是以 ZY 点坐标(539.14 410.52)为起算数据，计算圆曲线上各细部点的坐标的。先计算圆曲线上待测设的细部点 P_i 至 ZY 点的弦线与切线之间的弦切角 Δ_i，再根据 Δ_i 计算待测设点 P_i 所在的弦线的坐标方位角 α_{ZY-pi}，最后利用 ZY 点的坐标、弦长 c_i 和弦线坐标方位角 α_{ZY-pi} 计算出圆曲线上 P_i 的点坐标。如 P_1 点的坐标计算过程如下：

$$\left.\begin{array}{l} \Delta_1=\dfrac{l_1}{R}\dfrac{90°}{\pi}=1°03'28'' \\ \\ \alpha_{ZY-P1}=\alpha_{ZD-JD}+\Delta_1=33°56'28''+1°03'28''=34°59'56'' \\ \\ c_1=2R\sin\Delta_1=7.38\ m \end{array}\right\}$$

$$\left.\begin{array}{l} X_{P1}=X_{ZY}+c_1\cos\alpha_{ZYP1}=539.14+7.38\cos34°59'56''=545.19(m) \\ Y_{YZ}=Y_{ZY}+c_1\sin\alpha_{ZY-P1}=436.85+47.16\sin34°59'56''=414.75(m) \end{array}\right\}$$

同理，圆曲线上其他各细部点如 P_2、P_3 等都可以用上述计算方法计算出来。其计算结果见表 8-1。

表 8-1　细部坐标计算

桩号	偏角 /(° ′ ″)	坐标方位角 /(° ′ ″)	长弦/m	细部点坐标/m	
				X	Y
ZY　K3+172.62	0　00　00	33　56　28	0	539.14	410.52
+180	1　03　28	34　59　56	7.38	545.19	414.75
+200	3　55　26	37　51　54	27.37	560.75	427.32
QZ　K3+218.90	6　37　57	40　34　25	46.21	574.24	440.57
+220	6　47　24	40　43　52	47.29	574.98	441.38
+240	9　39　23	43　35　51	67.09	587.73	456.78
+260	12　31　21	46　27　49	86.73	598.88	473.39
YZ　K3+265.19	13　15　59	47　12　27	91.79	601.50	477.89

(2)用全站仪极坐标法测设圆曲线的步骤：

当圆曲线上各细部点的坐标计算出来后，可将全站仪安置在任意一已知坐标的点，如本例中的 JD 或 ZD 上，然后利用全站仪放样功能测设平面点位的方法对圆曲线进行测设，具体可参照本项目任务三中用全站仪极坐标法测设平面点位的方法进行。

任务实施

【解】 (1)主点测设数据的计算：

$$切线长：T = R \cdot \tan\frac{\alpha}{2} = 40.792(m)$$

$$曲线长：L = R \cdot \alpha \cdot \frac{\pi}{180°} = 79.657(m)$$

$$外矢距：E = R\left(\sec\frac{\alpha}{2} - 1\right) = 5.448(m)$$

$$切曲差：q = 2T - L = 1.927(m)$$

(2)主点里程的计算：

$$ZY_{里程} = 4+542.36 - 40.792 = 4+501.568$$
$$QZ_{里程} = 4+501.568 + 79.657/2 = 4+541.396$$
$$YZ_{里程} = 4+541.396 + 79.657/2 = 4+581.225$$

检核计算为：$YZ_{里程} = 4+542.36 + 40.792 - 1.927 = 4+581.225$

项目小结

施工测量的主要任务是把图纸上设计的建(构)筑物的一些特征点位置在地面上标定出来，作为施工的依据。根据给定的直线起点和水平长度，沿已知方向确定出直线另一端点的测量工作，称为已知水平距离的测设。测设已知水平角就是根据一已知方向测设出另一方向，使它们的夹角等于给定的设计角值。测设已知高程就是根据已知点的高程，通过引测，把设计高程标定在固定的位置上。点的平面位置测设，是根据已布设好的控制点的坐标和待测设点的坐标，反算出测设数据，即控制点和待测设点之间的水平距离和水平角，再利用上述测设方法标定出设计点位。测设点位的方法有直角坐标法、极坐标法、角度交会法、距离交会法、十字方向线法、全站仪坐标测设法等。

思考与练习

1. 什么是测设？

2. 施工测量的主要任务是什么？

3. 施工测量有哪些特点？

4. 测设点的平面位置有哪些基本方法？各适用于何种情况？

5. 欲测设一段 24.000 m 的水平距离 AB。所用钢尺的尺长方程为：

$l_t = 30.000 - 0.007\ 0 + 1.2 \times 10^{-5} \times 30 \times (t - 20\ ℃)(m)$，测设时温度为 12.5 ℃，所施于钢尺的拉力与检定时的拉力相同，经概量后测得 AB 高差为 0.540 m，试计算测设时在地面上应量出的长度。

6. 试述用精密方法进行水平角测设的步骤。

7. 建筑场地上水准点 A 的高程为 28.635 m，欲在待建建筑物附近的电杆上测设出 ± 0.000 标高（± 0.000 的设计高程为 29.000 m），作为施工过程中检测各项标高之用。设水准仪在水准点 A 所立水准尺上的读数为 1.863 m，试说明测设方法。

8. 如图 8-19 所示，A、B 为建筑场地已有控制点，其坐标为

$$x_A = 858.750 \text{ m} \quad y_A = 613.140 \text{ m}$$
$$x_B = 825.430 \text{ m} \quad y_B = 667.380 \text{ m}$$

P 为放样点，其设计坐标为：$x_P = 805.000$ m，$y_P = 645.00$ m。试计算用极坐标法从 B 点测设 P 点点位所需的数据。

9. 如图 8-20 所示，A、B、C 为已知控制点，其坐标为：

$$x_A = 550.450 \text{ m} \quad y_A = 600.356 \text{ m}$$
$$x_B = 462.315 \text{ m} \quad y_B = 802.640 \text{ m}$$
$$x_C = 612.315 \text{ m} \quad y_C = 952.640 \text{ m}$$

现拟用角度交会法将 P 点测设于施工现场（P 点的设计坐标为：$x_P = 662.315$ m，$y_P = 802.640$ m），试计算所需测设数据。

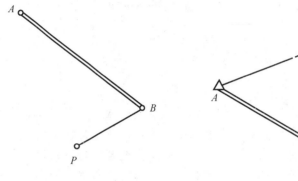

图 8-19　题 8 图　　　　　图 8-20　题 9 图

项目九　施工场地的控制测量

学习目标

通过本项目的学习，了解施工控制网的基本概念；熟悉建筑基线的布置形式；掌握建筑基线、建筑方格网的测设方法，施工场地高程控制测量的方法。

能力目标

能够进行建筑基线、建筑方格网的测设。

任务一　了解施工场地控制测量的基本概念

任务描述

建筑工程测量的任务是根据设计图纸的要求，按一定的精度将设计建筑物或构筑物的平面位置和高程在现场测设出来，作为施工的依据。而施工控制测量是为建立施工控制网进行的测量，其在整个工程施工测量中起架构作用，贯穿整个施工测量的全过程，也是竣工测量和变形测量的基础。

施工控制测量是施工测量的关键一步，是整个施工测量的基础。对大中型施工项目，应先建立场区施工控制网，再建立建筑物施工控制网；对小规模或精度要求高的独立施工项目，可直接布设建筑物施工控制网。

本任务要求学生对施工控制测量的基础知识有初步的认识。

相关知识

一、施工控制网的特点

与测图控制网相比较，施工控制网具有以下特点：

(1)控制点的密度大，精度要求较高，使用频繁，受施工干扰多。这就要求控制点的位置应分布恰当和稳定，使用方便，并能在施工期间保持桩位不被破坏。因此，控制点的选择、测定和桩点的保护等工作，应与施工方案、现场布置统一确定。

(2)在施工控制测量中，局部控制网的精度要求往往比整体控制网的精度要求高。如有些重要厂房的矩形控制网，其精度常高于工业场地建筑方格网或其他形状的控制网。在安装一些重要设备时，也往往要建立高精度的专门施工控制网。因此，大范围的控制网只是为局部控制网传递一个起始点的坐标及方位角，而局部控制网则布置成自由网的形式。

二、施工控制网的种类和选择

施工控制网可分为平面控制网和高程控制网两种。前者可采用导线或导线网、建筑基线或建筑方格网、三角网或 GPS 网等形式；后者则采用三等、四等水准网或图根水准网。

选择平面控制网的形式，应根据建筑总平面图、建筑场地的大小和地形、施工方案等因素综合考虑。

在山区或丘陵地区，常采用三角网作为建筑场地的首级平面控制网。对于地形平坦但同时测设比较困难的地区，如扩建或改建的施工场地或建（构）筑物布置不规则，则可采用导线网作为平面控制网。对于地面平坦而有简单的小型建（构）筑物的场地，常布设一条或几条建筑基线，组成简单的图形作为施工测设（放样）的依据。对于地势平坦、建（构）筑物众多且布置比较规则和密集的工业场地，一般采用建筑方格网。

三、施工控制点的坐标换算

（1）施工坐标系。在设计的总平面图上，建筑物的平面位置一般采用施工坐标系的坐标来表示。施工坐标系是以建筑物的主轴线为坐标轴建立起来的坐标系统。施工坐标系的坐标原点通常建立在整个测区的西南角，使所有建（构）筑物的设计坐标都为正值，轴线通常与建筑物主轴线或主要道路管线平行或垂直，以便于采用直角坐标法进行建筑物的放样。施工坐标系是一个独立的坐标系，也称为建筑坐标系，纵轴用字母 A 表示，横轴均用字母 B 表示。

（2）测量坐标系。在进行现场施工测量时，原有的施工控制点是建立在测量坐标系统中的，可能是高斯平面直角坐标系或测区独立平面直角坐标系，坐标原点位置虽有不同，但纵轴均指向正北方，用 x 表示；横轴指向正东方，用 y 表示。

施工坐标系和测量坐标系的位置关系可用图 9-1 表示。

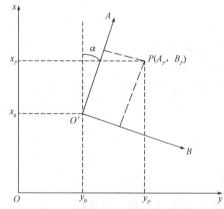

图 9-1　施工坐标系与测量坐标系之间的关系

（3）坐标换算。施工坐标系与测量坐标系往往不一致，在建立施工控制网时，常需要进行施工坐标系与测量坐标系的换算。施工坐标系与测量坐标系之间的关系，可用施工坐标系原点 O' 的测量坐标系的坐标 x_0、y_0 及 $O'A$ 轴的坐标方位角 α 来确定。在进行施工测量时，上述数据由勘测设计单位给出。

如图 9-1 所示，设 xOy 为测量坐标系，$AO'B$ 为施工坐标系，x_0、y_0 为施工坐标系的原点在测量坐标系中的坐标，α 为施工坐标系的纵轴在测量坐标系中的方位角。设已知 P 点的施工坐标为 (A_P, B_P)，将其换算为测量坐标时，可按下列公式计算：

$$\left.\begin{array}{l} x_P = x_0 + A_P\cos\alpha - B_P\sin\alpha \\ y_P = y_0 + A_P\sin\alpha + B_P\cos\alpha \end{array}\right\} \tag{9-1}$$

如已知 P 点的测量坐标为 (x_P, y_P)，则可将其换算为建筑坐标 (A_P, B_P)：

$$A_P = (x_P - x_0)\cos\alpha + (y_P - y_0)\sin\alpha$$
$$B_P = -(x_P - x_0)\sin\alpha + (y_P - y_0)\cos\alpha \tag{9-2}$$

任务实施

根据"相关知识"中的学习内容，在实际测量工作中，合理选择平面控制网的形式，正确进行施工坐标系与测量坐标系的换算。

任务二　使用建筑基线进行建筑物定位

任务描述

建筑基线是建筑场地施工控制基准线，即在建筑场地中央测设一条长轴线和若干条与其垂直的短轴线，在轴线上布设所需要的点位。由于各轴线不一定组成闭合图形，所以建筑基线是一种不甚严密的施工控制，它适用于总图布置比较简单的小型建筑场地。

本任务要求学生掌握测设建筑基线的方法，并完成以下问题：

如图 9-2 所示，某工地要测设一条由 M、O、N 组成的"一"字形建筑基线，其中 $m = 115$ m，$n = 170$ m，初步测定后，定出 M'、O'、N'，测出 $\beta = 179°40'10''$，此三点未在一条直线上。试问：应如何对此三点进行调整？

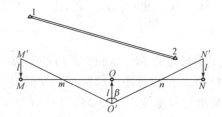

图 9-2　"一"字形建筑基线

相关知识

一、建筑基线的布置

建筑基线的布置，主要根据建筑物的分布、场地的地形和原有测图控制点的情况而定。

建筑基线的布设形式可分为"一"字形、直角形、"丁"字形和"十"字形等形式，如图 9-3 所示。

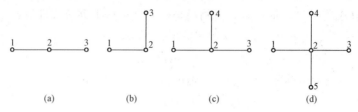

图 9-3　建筑基线的布设形式

(a)"一"字形；(b)直角形；(c)"丁"字形；(d)"十"字形

设计建筑基线时应注意以下几点：

(1)建筑基线应尽量位于厂区中心中央通道的边缘上，其方向应与主要建筑物轴线平行。基线的主点应不少于三个，以便检查点位有无变动。

(2)建筑基线主点间应相互通视，边长为 $100\sim400$ m。

(3)主点在不受挖土损坏的条件下，应尽量靠近主要建筑物，为了能长期保存，要埋设永久性的混凝土桩。

(4)建筑基线的测设精度应满足施工放样的要求。

二、测设建筑基线的方法

1. 根据控制点测设基线

如图 9-2 所示，欲测设一条由 M、O、N 三个点组成的"一"字形建筑基线，先根据邻近的测图控制点 1、2，采用极坐标法将三个基线点测设到地面上，得 M'、O'、N' 三点，然后在 O' 点安置经纬仪，观测 $\angle M'O'N'$，检查其值是否为 $180°$；如果角度误差大于 $\pm10''$，说明三点不在同一直线上，应进行调整。调整时，将 M'、O'、N' 沿与基线垂直的方向移动相等的距离 l，得到位于同一直线上的 M、O、N 三点，l 的计算如下：

设 M、O 距离为 m，N、O 距离为 n，$\angle M'O'N'=\beta$，则有

$$l=\frac{mn}{m+n}\left(90°-\frac{\beta}{2}\right)\frac{1}{\rho} \tag{9-3}$$

式中，$\rho=206\,265''$。

调整到一条直线上后，用钢尺检查 M、O 和 N、O 的距离与设计值是否一致；若偏差大于 $1/10\,000$，则以 O 点为基准，按设计距离调整 M、N 两点。

如果是图 9-4 所示的直角形建筑基线，测设 M'、O、N' 三点后，在 O 点安置经纬仪检查 $\angle M'ON'$ 是否为 $90°$；如果偏差值 $\Delta\beta$ 大于 $\pm20''$，则保持 O 点不动，按精密角度测设时的改正方法，将 M' 和 N' 各改正 $\Delta\beta/2$，其中 M'、N' 改正偏距 L_M、L_N 的计算式分别为

$$\begin{cases} L_M=MO\cdot\dfrac{\Delta\beta}{2\rho} \\[2mm] L_N=NO\cdot\dfrac{\Delta\beta}{2\rho} \end{cases}$$

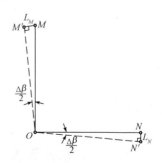

图 9-4　直角形建筑基线

M' 和 N' 沿直线方向上的距离检查与改正方法，同"一"字形建筑基线。

2. 根据边界桩测设建筑基线

建筑用地的边界线，由城市测绘部门根据经审准的规划图测设，又称为"建筑红线"，其界桩可作为测设建筑基线的依据。

图 9-5 中的 1、2、3 点为建筑边界桩，1—2 线与 2—3 线互相垂直，根据边界线设计直角形建筑基线 MON。测设时采用平行线法，以距离 d_1 和 d_2，将 M、O、N 三点在实地标定出来，再用经纬仪检查基线的角度是否为 $90°$，用钢尺检查基线点的间距是否等于设计值。必要时对 M、N 进行改正，即可得到符合要求的建筑基线。

3. 根据建筑物测设建筑基线

在建筑基线附近有永久性的建筑物，并且建筑物的主轴线平行于基线时，可以根据建筑物测设建筑基线，如图 9-6 所示。采用拉直线法，沿建筑物的四面外墙延长一定的距离，得到直线 ab 和 cd，延长这两条直线得其交点 O。然后，安置经纬仪于 O 点，分别延长 ab 和 cd，使其符合设计长度，得到 M 点和 N 点，再用上面所述方法对 M 和 N 进行调整，便得到两条互相垂直的基线。

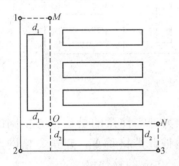

图 9-5　根据边界桩测设建筑基线

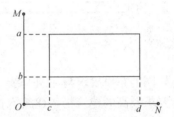

图 9-6　根据建筑物测设建筑基线

任务实施

　　解： 图 9-2 中 $m=115$ m，$n=170$ m，$\beta=179°40'10''$，则

$$l=\frac{115 \times 170}{115+170} \times \left(90° - \frac{179°40'10''}{2}\right) \times \frac{1}{206\ 265''}=0.19(\text{m})$$

调整时，应将 M'、O'、N' 沿与基线垂直的方向分别移动 0.19 m。

任务三　使用建筑方格网进行建筑物定位

任务描述

　　在工业建(构)筑物之间的关系要求比较严格或地上、地下管线比较密集的施工现场，常需要测设由正方形或矩形格网组成的施工控制网，这称为建筑方格网，或称为矩形网。它是建筑场地中常用的控制网形式之一，也适用于按正方形或矩形布置的建筑群或大型高层建筑的场地，建筑方格网轴线与建(构)筑物轴线平行或垂直，因此，可用直角坐标法进行建(构)筑物的定位，且放样较为方便，精度较高。本任务要求学生掌握建筑方格网的测设方法。

一、建筑方格网的布设

建筑方格网通常是根据设计总平面图上各建(构)筑物、道路和各种管线的布置，并结合施工场地的地形情况拟定的。布设时，先定方格网的主轴线(图 9-7 中的 AOB、COD)，再定其他方格点。方格网的主轴线应布设在建筑区的中部，与主要建筑物的基本轴线平行。

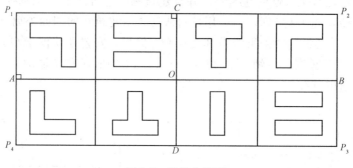

图 9-7　建筑方格网

建筑方格网的布设要求与建筑基线基本相同，另外需注意的是建筑方格网的主轴线点应接近精度要求较高的建筑物，建筑方格网的轴线彼此严格垂直，建筑方格网点之间互相通视且能长期保存，边长一般取 100~200 mm，为 50 m 的整数倍。

二、主轴线测设

1. 测设精度

主轴线的测设精度应符合表 9-1 的规定。

表 9-1　建筑方格网的主要技术要求

等级	边长/m	测角中误差/(″)	边长相对中误差
一级	100~300	5	≤1/30 000
二级	100~300	8	≤1/20 000

2. 测设方法

主轴线的定位根据测量控制点来测设。如图 9-7 所示，P_1、P_2、P_3、P_4 为测量控制点，A、O、B 为主轴线点，通过测设即可定出主点的坐标 A'、O'、B'。将测设的主点坐标用混凝土桩标示出来，并与设计坐标相比较。如果三主轴线点不在一条直线上，则应对点位进行调整，直到满足限差要求为止。如图 9-8(a)所示，可在中间主点 O 上安装经纬仪，精确测出 $A'O'B'$ 的角度值 β'；如果 β' 与 180° 相差大于 ±10″，那么应该将测出来的点位调整至 A、O、B，并按下式计算调整量 δ：

$$\delta = \frac{ab}{a+b} \times \frac{180° - \beta'}{2\rho''} \tag{9-4}$$

式中 δ——各点的调整值(m);

　　　a，b——分别为中间主点到两端主点的距离;

　　　ρ''——取值为 206 265"。

需要注意的是，A'、B' 与中间主点 O' 的调整方向相反。

如图 9-8(b)所示，设定好 A、O、B 三点后，将经纬仪安置在 O 点，瞄准 A 点，分别向右、左向测设 90°角，沿此方向测设出距离 L_1、L_2，定出 C、D 的大概位置 C'、D'。利用经纬仪精确测定 $\angle AOC'$ 和 $\angle AOD'$，计算出两个角度与 90°之差值 ε_1、ε_2。如果 ε'' 超出了限差，则需要按式(9-5)计算调整量 l_1、l_2：

$$l_i = \frac{\varepsilon''}{\rho''} L_i \tag{9-5}$$

将 C'、D' 点分别沿垂直方向移动 l_1、l_2，即可得 C、D 两点。

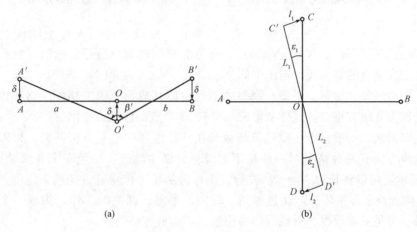

(a)　　　　　　　　　　　(b)

图 9-8　主轴线校正

三、建筑方格网的测设

1. 建筑方格网的测设方法

(1)建筑方格网点的初步定位。建筑方格网测设前，应以主轴线为基础，将建筑方格点的设计位置进行初步放样。要求初步放样的点位误差(对建筑方格网的起算点而言)不大于 5 cm。初步放样的点位用木桩临时标定，然后埋设永久标桩。如设计点所在位置地面标高与设计标高相差很大，这时应在方格点设计位置附近的方向线上埋设临时木桩。

(2)建筑方格网点坐标测定方法。建筑方格网点实地位置定出以后，一般采用导线测量法，或者三角测量法来建立建筑方格网。

1)导线测量法。采用导线测量法建立建筑方格网一般有下列三种：

①中心轴线法。在建筑场地不大，布设一个独立的方格网就能满足施工定线要求时，则一般先行建立方格网中心轴线，如图 9-9 所示，AB 为纵轴，CD 为横轴，中心交点为 O，轴线测设调整后，再测设方格网，从轴线端点定出 N_1、N_2、N_3 和 N_4 点，组成大方格，通过测角、量边、平差、调整后，构成一个四个环形的 I 级方格网；然后，根据大方格边

上点位，定出边上的内分点并交会出方格中的中间点，作为网中的Ⅱ级点。

②附合于主轴线法。如果建筑场地面积较大，各生产连续的车间可以按其不同的精度要求建立方格网，可以在整个建筑场地测设主轴线，在主轴线下分部建立方格网，图9-10所示为在一条三点直角形主轴线下建立由许多分部构成的一个整体建筑方格网。

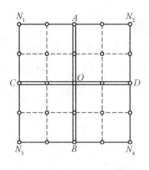

图9-9　中心轴线方格网

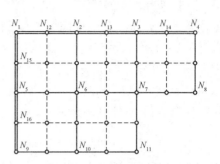

图9-10　附合于主轴线方格网

图9-10中，N_1—N_9为纵轴，N_1—N_4为横轴，测设方法是先在主轴线上定出N_2、N_3、N_5、N_{12}、N_{13}、N_{14}、N_{15}、N_{16}等点，作为方格网的起算数据；然后，根据这些已知点各作与主轴线垂直的方向线，定出中间N_6、N_7、N_8、N_{10}和N_{11}等环形结点，构成五个方格环形，经过测角、量距、平差、调整的工作后使其成为Ⅰ级方格网。再作内分点、中间点的加密作为Ⅱ级方格点，这样就形成一个有31个点的建筑方格网。

③一次布网法。一般对于小型建筑场地和在开阔地区中建立方格网时，可以采用一次布网法。测设方法有两种情况：一种是不测设纵、横主轴线，尽量布成Ⅱ级全面方格网，如图9-11所示，可以将长边N_1—N_5先行定出；再从长边作垂直方向线，定出其他方格点N_6—N_{15}，构成八个方格环形，通过测角、量距、平差、调整的工作，构成一个Ⅱ级全面方格网；另一种是只布设纵、横轴线作为控制，不构成方格网形。

2)三角测量法。采用三角测量法建立方格网有两种形式：一种形式是附合在主轴线上的三角网，如图9-12所示，其为中心六边形的三角网附合在主轴线AOB上；另一种形式是将三角网或三角锁附合在起算边上。

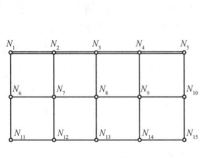

图9-11　一次布设方格网

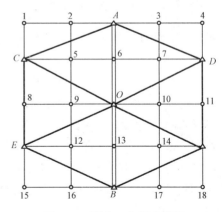

图9-12　附合三角网方格网

（3）建筑方格网点的归化改正。方格网点经实测和平差计算后的实际坐标往往与设计坐标不一致，需要在标桩的标板上进行调整。其调整的方法是先计算出方格点的实际坐标与

设计坐标的坐标差，计算式是

$$\left.\begin{array}{l} \Delta x = x_{\text{设计}} - x_{\text{实际}} \\ \Delta y = y_{\text{设计}} - y_{\text{实际}} \end{array}\right\} \tag{9-6}$$

然后，以实际点位至相邻点在标板上作方向线来定向，用三角尺在定向边上量出 Δx 与 Δy，如图 9-13 所示，并依据其数值平行推出设计坐标轴线，其交点 A 即方格点正式点位。标定后，将原点位消去。

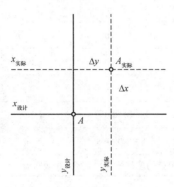

图 9-13　方格网点位改正

2. 建筑方格网的加密和最后检查

(1)建筑方格网的加密。在建立方格网时，应先建立边长较长的方格网，然后再加密中间的方格网点。方格网的加密，常采用下述两种方法：

1)直线内分点法。在一条方格边上的中间点加密方格点时，如图 9-14 所示，从已知点 A 沿 AB 方向线按设计要求精密丈量定出 M 点，由于定线偏差得 M'。置经纬仪于 M'。测定 $AM'B$ 的角值 β，按下式求得偏差值：

$$\delta = \frac{S \cdot \Delta\beta}{2\rho} \tag{9-7}$$

式中　S——AM' 的距离；

　　　$\Delta\beta$——$180° - \beta$。

按 δ 值对 M' 进行纠正，得 M。

2)方向线交会法。如图 9-15 所示，在方格点 N_1 和 N_2 上放置经纬仪，瞄准 N_4 和 N_3，N_1N_4 与 N_2N_3 相交，得 a 点，即方格网加密点。

检测和纠正的方法是在 a 点放置经纬仪，先把 a 点纠正到 N_1N_4 直线上，再把新点 a 纠正到 N_2N_3 直线上，即得 a 点的正确位置。

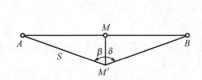

图 9-14　用直线内分点法加密方格点示意

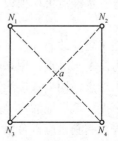

图 9-15　用方向线交会法加密方格点示意

（2）建筑方格网的检查。建筑方格网的归化改正和加密工作完成以后，应对方格网进行全面的实地检查测量。检查时，可隔点设站测量角度并实量几条边的长度，检查的结果应满足表9-2的要求。如个别误差超出规定，应合理地进行调整。

表9-2 方格网的精度要求

等 级	主轴线或方格网	边长精度	直线角误差	主轴线交角或直角误差
I	主轴线	1：50 000	±5″	±3″
	方格网	1：40 000		±5″
II	主轴线	1：25 000	±10″	±6″
	方格网	1：20 000		±10″
III	主轴线	1：10 000	±15″	±10″
	方格网	1：8 000		±15″
注：小型厂房、民用建筑和施工不复杂的建筑场地，应采用III级布设。				

任务实施

根据"相关知识"中的学习内容，在实际测量工作中进行建筑方格网的测设。

任务四　进行施工场地的高程控制测量

任务描述

建筑场地上的水准网即高程控制网。本任务要求学生了解施工场地高程控制测量的基础知识。

相关知识

建筑施工场地的高程控制测量多采用水准测量方法。所布置的水准网应尽量与国家水准点联测。水准点应布设在土质坚实、不受震动影响，便于长期保存、使用的地方，并埋设永久性标志。水准点可单独设置，建筑基线点、建筑方格网点等平面控制点也可兼作高程控制点。

大型的施工场地的高程控制网一般布设两级，首级为整个场地的高程基本控制，相应的水准点称为基本水准点，用来检核其他水准点是否稳定；另一级为加密网，相应的水准点称为施工水准点，用来直接测设建（构）筑物的高程。

对于中小型建筑场地的水准点，一般可用三等、四等水准测量的方法测定其高程。

施工高程控制测量应符合以下要求：

（1）水准点的密度尽可能满足在施工放样时一次安置仪器即可测设出所需高程点的要求。

（2）在施工期间，高程控制点的位置应保持不变。

任务实施

根据"相关知识"中的学习内容，在实际测量工作中，进行高程控制网的布设。

➤ 项目小结

施工控制测量是施工测量的关键一步，是整个施工测量的基础。对大中型施工项目，应先建立场区施工控制网，再建立建筑物施工控制网；对小规模或精度要求高的独立施工项目，可直接布设建筑物施工控制网。建筑基线是建筑场地施工控制基准线，即在建筑场地中央测设一条长轴线和若干条与其垂直的短轴线，在轴线上布设所需的点位。建筑基线的布置，主要根据建筑物的分布、场地的地形和原有测图控制点的情况而定。在一般工业建（构）筑物之间关系要求比较严格或地上、地下管线比较密集的施工现场，常需要测设由正方形或矩形格网组成的施工控制网，称为建筑方格网，或称为矩形网。它是建筑场地中常用的控制网形式之一。建筑施工场地的高程控制测量多采用水准测量方法。所布置的水准网应尽量与国家水准点联测。

➤ 思考与练习

1. 施工控制网的特点是什么？

2. 建筑基线的测设方法有哪几种？试举例说明。

3. 建筑方格网如何布置？主轴线应如何选定？建筑方格网布设的要求有哪些？

4. 要测设角值为 $120°$ 的 $\angle ACB$，先用经纬仪精确测得 $\angle ACB' = 120°00'15''$，已知 CB' 的距离为 $D = 180$ m，问如何移动 B' 点才能使角值为 $120°$？应移动多少距离？

5. 利用高程为 7.531 m 的水准点，测设高程为 7.831 m 的室内±0.000 标高。设尺立在水准点上时，按水准仪的水平视线在尺上画了一条线，请问在该尺上的什么地方再画一条线，才能使视线对准此线时，尺子底部就在±0.000 高程的位置。

6. 设 M、N 为控制点，已知：$x_M = 169.45$ m，$y_M = 145.56$ m，$x_N = 118.35$ m，$y_N = 198.25$ m，P 点的设计坐标为 $x_P = 158.00$ m，$y_P = 208.00$ m，试分别用极坐标法、角度交会法和距离交会法测设 P 点所需的放样数据，并绘出测设略图。

7. 如图 9-16 所示，已知施工坐标原点 O' 的测图坐标为 $x_0 = 187.500$ m，$y_0 = 112.500$ m，建筑基线点 P 的施工坐标为 $A_P = 135.000$ m，$B_P = 90.000$ m，设两坐标系轴线间的夹角 $\alpha = 16°00'00''$。试求 P 点的测图坐标值。

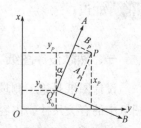

8."一"字形的建筑基线的三点 A'、B'、C' 已测设于地面上，测得 $\angle A'B'C' = 180°00'18''$，已知 $A'B' = 140$ m，$B'C' = 160$ m，试求各基线点的调整值，并绘图说明如何改正才能使三基线点成一直线。

图 9-16 坐标换算

项目十 民用建筑施工测量

学习目标

通过本项目的学习，了解民用建筑施工测量前的准备工作；熟悉民用建筑物的定位与放线、基础工程施工测量方法、墙体工程施工测量中各层轴线测设及标高引测方法；掌握高层建筑施工测量中竖向测量的方法、高层建筑的高程传递的方法。

能力目标

具备民用建筑物定位与放线及施工测量的能力，能够进行高层建筑的竖向测量与高程传递。

民用建筑一般是指供人们日常生活及进行各种社会活动用的建筑物，如住宅楼、办公楼、学校、医院、商店、影剧院、车站等。民用建筑施工测量的主要任务是按设计要求，配合施工进度，测设建筑物的平面位置及高程，以保证工程按图纸施工。由于类型不同，民用建筑测设(放样)的方法及精度要求虽有所不同，但过程基本相同，大致为准备工作，建筑物的定位、放线，基础工程施工测量，墙体工程施工测量，各层轴线投测及标高传递等。在施工测量之前，必须做好各种准备工作。

任务一 做好测量前的准备工作

任务描述

工程开工之前，测量技术人员必须对整个项目施工测量的内容全面了解，并进行充分的准备工作。本任务要求学生了解测量前应做好的准备工作。

相关知识

一、熟悉设计图纸

设计图纸是施工测量的依据，所以首先熟悉图纸，掌握施工测量的内容与要求，并对图纸中的有关尺寸、内容进行审核。设计图纸主要包括以下内容。

1. 建筑总平面图

建筑总平面图(图 10-1)反映新建建筑物的位置朝向，室外场地、道路、绿化等的布置，以及建筑物首层地面与室外地坪标高，地形，风向频率等，是新建建筑物定位、放线、土方施工的依据。在熟悉图纸的同时，应掌握新建建筑物的定位依据和定位条件，对用地红线桩、控制点、建筑物群的几何关系进行坐标、尺寸、距离等校核，检查室内外地坪标高和坡度是否对应、合理。

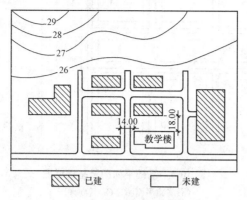

图 10-1　建筑总平面图

2. 建筑平面图

建筑平面图（图 10-2）给出的是建筑物各定位轴线间的尺寸关系及室内地坪标高等，它是测设建筑物细部轴线的依据。

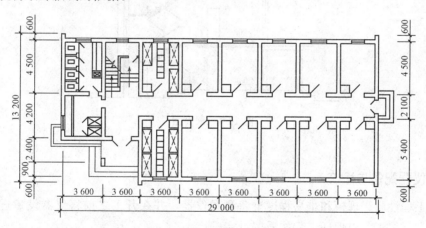

图 10-2　建筑平面图

3. 基础平面图及基础详图

基础平面图［图 10-3（a）］和基础详图［图 10-3（b）］给出的是基础边线与定位轴线的平面尺寸、基础布置与基础详图位置关系，基础立面尺寸、设计标高、宽度变化及基础边线与定位轴线的尺寸关系等，它是测设基槽（坑）开挖边线和开挖深度的依据，也是基础定位和细部放样的依据。

4. 立面图和剖面图

立面图和剖面图（图 10-4）给出的是基础、地坪、门窗、楼板、屋架和屋面等的设计高程，它们是高程测设的主要依据。

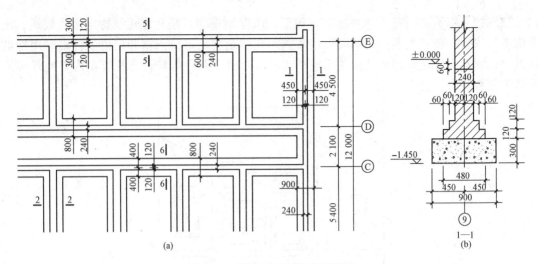

图 10-3 基础平面图及基础详图

(a)基础平面图；(b)基础详图

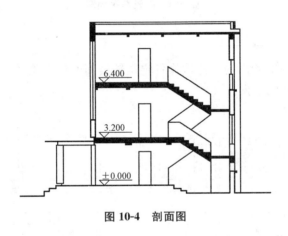

图 10-4 剖面图

二、仪器配备与检校

根据工程性质、规模和难易程度准备测量仪器，并在开工之前将仪器设备送到相关单位进行检定、校正，以保证工程按质按量完成。

三、现场踏勘

现场踏勘的目的是了解现场的地物、地貌以及控制点的分布情况，并调查与施工测量有关的问题。对建筑物地面上的平面控制点，在使用前应校核点位是否正确，并应实地检测水准点的高程。通过校核，取得正确的测量起始数据和点位。

四、编制施工测设方案

在熟悉设计图纸、掌握施工计划和施工进度的基础上，结合现场条件和实际情况，拟定测设方案。测设方案包括测设方法、测设步骤、采用的仪器工具、精度要求、时间安排等。

施工测设方案的确定，在满足《工程测量规范》(GB 50026—2007)的建筑物施工放样、轴线投测和标高传递允许偏差(表 10-1)的前提下进行。

表 10-1　建筑物施工放样、轴线投测和标高传递的允许偏差

项　目	内　容		允许偏差/mm
基础桩位放样	单排桩或群桩中的边桩		±10
	群　桩		±20
各施工层上放线	外廓主轴线长度 L/m	$L \leqslant 30$	±5
		$30 < L \leqslant 60$	±10
		$60 < L \leqslant 90$	±15
		$L > 90$	±20
	细部轴线		±2
	承重墙、梁、柱边线		±3
	非承重墙边线		±3
	门窗洞口线		±3
轴线竖向投测	每层		3
	建筑总高 H/m	$H \leqslant 30$	5
		$30 < H \leqslant 60$	10
		$60 < H \leqslant 90$	15
		$90 < H \leqslant 120$	20
		$120 < H \leqslant 150$	25
		$H > 150$	30
标高竖向传递	每层		±3
	建筑总高 H/m	$H \leqslant 30$	±5
		$30 < H \leqslant 60$	±10
		$60 < H \leqslant 90$	±15
		$90 < H \leqslant 120$	±20
		$120 < H \leqslant 150$	±25
		$H > 150$	±30

五、准备测设数据

在每次现场测设前，应根据设计图纸和测量控制点的分布情况，准备好相应的测设数据，并对数据进行检核。除计算必需的测设数据外，还需要从下列图纸上查取房屋内部平面尺寸和高程数据：

(1)从建筑总平面图上查出或计算出设计建筑物与原有建筑物或测量控制点之间的平面

尺寸和高差，并以此作为测设建筑物总体位置的依据。

（2）在建筑平面图中查取建筑物的总尺寸和内部各定位轴线之间的尺寸关系，这是施工放样的基本资料。

（3）从基础平面图中查取基础边线与定位轴线的平面尺寸，以及基础布置与基础剖面的位置关系。

（4）从基础详图中查取基础立面尺寸、设计标高，以及基础边线与定位轴线的尺寸关系，这是基础高程测设的依据。

（5）从建筑物的立面图和剖面图中，查取基础、地坪、门窗、楼板、屋面等设计高程，这是高程测设的主要依据。

任务实施

根据"相关知识"中的学习内容，在实际测量工作中，做好测量前的准备工作。

任务二　进行民用建筑物的定位与放线

任务描述

建筑物的定位是根据放样略图将建筑物外廓各轴线交点测设到地面上，作为基础放样和细部放样的依据。建筑物的放线是根据已定位的外墙轴线交点桩，详细测设出建筑物的其他各轴线交点桩，按基础宽和放坡宽用白灰线撒出基槽开挖边界线。本任务要求学生掌握民用建筑物定位与放线的方法。

相关知识

一、民用建筑物的定位

民用建筑物的定位方法主要有以下五种。

1. 根据测量控制点定位

从测量控制点上测设拟建建筑物，一般都是采用极坐标法或角度前方交会法。如图 10-5 所示，测量控制点 A、B 和拟建建筑物外交点 M、N 坐标由设计图纸给定。若 M 点用极坐标法测设，则要计算出图中的角 α_2 及距离 S。若 M 点用角度交会法测设，则利用相应点的坐标反算出各边的方位角，就可计算夹角 α_1 和 β_1。

在设计图纸中所给定的拟建建（构）筑物的坐标值，大多数为外角坐标，测设出的点位为建筑物的外墙皮角点，施工时必须根据此点位测设出轴线交点桩。

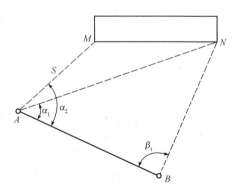

图 10-5　根据测量控制点定位

2. 根据建筑方格网定位

在建筑场地已测设有建筑方格网，可根据建筑物和附近方格网点的坐标，用直角坐标法测设。如图 10-6 所示，MN 为建筑方格网的一条边，根据它进行建筑物 $ABCD$ 的定位放线，测设方法如下：

(1)在建筑总平面图上查得 A 点的坐标值，从而计算得 $MA'=20$ m，$AA'=15$ m，$AD=15$ m，$AB=65$ m。

(2)用直角坐标法测设 A、B、C、D 四个角点。

(3)用经纬仪检查四个角是否为直角，用钢尺检查放样点之间的长度。如其不符合规范的有关技术要求，应复查调整或重测。

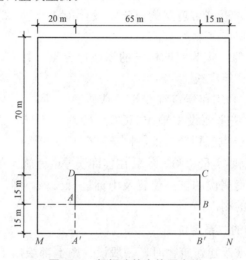

图 10-6 根据建筑方格网定位

3. 根据建筑基线定位

如图 10-7 所示，AB 为建筑基线，根据它进行新建筑物 $EFGH$ 的定位放线，测设方法如下：

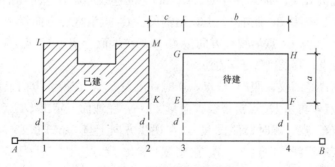

图 10-7 根据建筑基线定位

(1)先从建筑总平面图上，查得该建筑物轴线 EF 与建筑基线的间距 d、建筑物的长度 b、宽度 a 和新旧建筑的间距 c。用麻线引出旧建筑两山墙的轴线 LJ、MK，在引出线上测设 $J1=K2=d$(注意 JK 为旧建筑的轴线)，得 1、2 两点，用经纬仪检查两点是否在基线 AB 上，如不符应复查调整。

(2)在 AB 线上，测设 2、3 两点的距离等于 c，得点 3；又测设 3、4 两点的距离等于 b，得点 4。

(3)用直角坐标法可测设 E、F、G、H 四点。

(4)用经纬仪检查 EFGH 的四个角是否为直角。

(5)用钢尺检查 EFGH 的长度和宽度，与 b、a 比较，看是否符合规范要求；如不符合规范要求，应立即复查调整或重测。

4. 根据建筑红线定位

建筑红线是城市规划部门所测设的城市道路规划用地与单位用地的界址线，新建建筑物的设计位置与红线的关系应得到政府部门的批准。因此，靠近城市道路的建筑物设计位置应以城市规划道路的红线为依据。

图 10-8 中，Ⅰ、Ⅱ、Ⅲ 三点为实地标定的场地边界点，其边线 Ⅰ—Ⅱ、Ⅱ—Ⅲ 称为建筑红线。

建筑物的主轴线 AO、OB 和建筑红线平行或垂直，所以，根据建筑红线用直角坐标法来测设主轴线 AOB。当 A、O、B 三点在实地标定后，应在 O 点安置经纬仪，检查 $\angle AOB$ 是否等

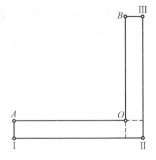

图 10-8　根据建筑红线定位

于 90°。OA、OB 的长度也要实量检验，使其在容许误差内。施工单位放线人员在施工前应对城市勘察(土地部门)负责测设的桩点位置及坐标进行校核，确认无误后，才可以根据建筑红线进行建筑物主轴线的测设。

5. 根据与原有建筑物的关系定位

在建筑区新建、扩建或改建建筑物时，一般设计图上都绘出了新建建筑物与附近原有建筑物的相互关系。如图 10-9(a)所示，拟建建筑物的外墙边线与原有建筑物的外墙边线在同一条直线上，两栋建筑物的间距为 15 m，拟建建筑物四周长轴为 45 m，短轴为 20 m，轴线与外墙边线间距为 0.15 m，可按下述方法测设其四个轴线交点：

(1)沿原有建筑物的两侧外墙拉线，用钢尺顺线从墙角往外量一段较短的距离(这里设为 3 m)，在地面上定出 C_1 和 C_2 两个点，C_1 和 C_2 的连线即原有建筑物的平行线。

(2)在 C_1 点安置经纬仪，照准 C_2 点，用钢尺从 C_2 点沿视线方向量 15 m＋0.15 m，在地面上定出 C_3 点，再从 C_3 点沿视线方向量 45 m，在地面上定出 C_4 点，C_3 和 C_4 的连线即拟建建筑物的平行线，其长度等于长轴尺寸。

(3)在 C_3 点安置经纬仪，照准 C_4 点，逆时针测设 90°，在视线方向上量 3 m＋0.15 m，在地面上定出 D_1 点，再从 D_1 点沿视线方向量 20 m，在地面上定出 D_4 点。同理，在 C_4 点安置经纬仪，照准 C_3 点，顺时针测设 90°，在视线方向上量 3 m＋0.15 m，在地面上定出 D_2 点，再从 D_2 点沿视线方向量 20 m，在地面上定出 D_3 点。D_1、D_2、D_3 和 D_4 点即拟建建筑物的四个定位轴线点。

(4)在 D_1、D_2、D_3 和 D_4 点上安置经纬仪，检核四个大角是否为 90°，用钢尺丈量四条轴线的长度，检核长轴是否为 45 m，短轴是否为 20 m。

如果是图 10-9(b)所示的情况，在得到原有建筑物的平行线并延长到 C_3 点后，应在 C_3 点测设 90°并量距，定出 D_1 和 D_2 点，得到拟建建筑物的一条长轴，再分别在 D_1 和 D_2 点测设 90°并量距，定出另一条长轴上的 D_4 和 D_3 点。注意不能先定短轴的两个点(如 D_1 和

D_4 点), 在这两个点上设站测设另一条短轴上的两个点(如 D_2 和 D_3 点), 误差容易超限。

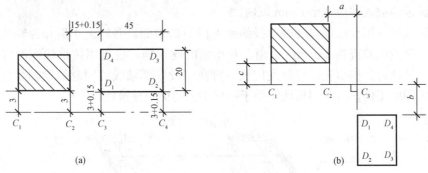

图 10-9 根据与原有建筑物的关系定位

知识链接

民用建筑物定位的注意事项

(1)认真熟悉设计图纸及有关技术资料, 审核各项尺寸, 若发现图纸有不符之处应与有关技术部门核实改正。施测前绘制测量定位略图, 并标注相关测设数据。

(2)施测过程中对每个环节都要精心操作, 尽量做到以长方向控制短方向, 引测过程的精度不低于控制网的精度。

(3)标注桩位时, 应注意写清轴线编号、偏移距离和方向, 避免将中线、轴线、边线搞混看错。

(4)控制桩要做好明显标志, 以引起人们的注意。桩周围要设置保护措施, 防止碰撞破坏。应定期进行检测, 保证测量精度。

(5)寒冷地区应采取防冻措施。

二、民用建筑物的放线

民用建筑物的放线一般包括以下工作。

1. 测设中心桩

如为基础大开挖, 则可先不进行此项工作。

2. 钉设轴线控制桩或龙门板

建筑物定位后, 由于定位桩、中心桩在开挖基础时将被挖掉, 一般在基础开挖前把建筑物轴线延长到安全地点, 并做好标志, 作为开槽后各阶段施工中恢复轴线的依据。延长轴线的方法有两种: 一是在建筑物外侧设置龙门桩和龙门板; 二是在轴线延长线上打木桩, 称为轴线控制桩(又称为引桩)。

(1)龙门板法。在建筑物四角和中间隔墙的两端, 距离基槽边线 2 m 以外, 牢固地埋设大木桩, 称为龙门桩, 并使桩的一侧平行于基槽, 如图 10-10 所示。

根据附近水准点, 用水准仪将 ±0.000 标高测设在每个龙门桩的外侧, 并画出横线标志。如果现场条件不允许, 也可测设比 ±0.000 高或低一定数值的标高线, 同一建筑物最好只用一个标高, 如因地形起伏大而用两个标高时, 一定要标注清楚, 以免使用时发生错误。在相邻两龙门桩上钉设木板, 称为龙门板, 龙门板的上沿应和龙门桩上的横线对齐, 使龙门板的顶面标高在一个水平面上，并且标高为±0.000，或比±0.000高或低一定的数值，龙门板顶面标高的误差应在±5 mm以内。

根据轴线桩，用经纬仪将各轴线投测到龙门板的顶面，并钉上小钉作为轴线标志，称为轴线钉，投测误差应在±5 mm以内。对小型的建筑物，也可用拉细线绳的方法延长轴线，再钉上轴线钉。如事先已打好龙门板，可在测设细部轴线的同时钉设轴线钉，以减少重复安置仪器的工作量。龙门板法适用于一般小型的民用建筑物。

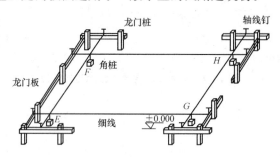

图 10-10　龙门桩示意

（2）轴线控制桩法。在建筑物施工时，沿房屋四周在建筑物轴线方向上设置的桩，叫作轴线控制桩，如图10-11所示。轴线控制桩是在测设建筑物角桩和中心桩时，把各轴线延长到基槽开挖边线以外、不受施工干扰，并便于引测和保存桩位的地方。在桩顶面钉小钉标明轴线位置，以便在基槽开挖后恢复轴线之用。如附近有固定性建筑物，应把各线延伸到建筑物上，以便校对控制桩。

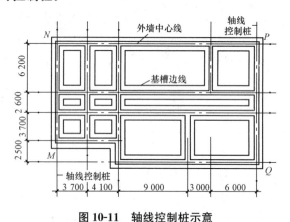

图 10-11　轴线控制桩示意

3. 确定开挖边界线

应先根据槽底设计标高、原地面标高、基槽开挖坡度计算轴线两侧的开挖宽度。轴线一侧的开挖宽度按下式计算：

$$W=W_1+W_2+\frac{h}{i} \tag{10-1}$$

式中　W——轴线一侧的开挖宽度；

　　　　W_1——轴线一侧的结构宽度；

　　　　W_2——预留工作面宽度；

h——槽深；

i——边坡坡度，$i=h/D$。

如图 10-12 所示，$W_1=650\ \text{mm}$，$W_2=500\ \text{mm}$，左侧坡度为 2：1，右侧坡度为 2.5：1，原地面高程为 56.100 m，槽底高程为 53.780 m，则轴线左侧开槽宽度 $W_左=0.65+0.5+(56.100-53.780)/2=2.310(\text{m})$，轴线右侧开槽宽度 $W_右=0.65+0.5+(56.100-53.780)/2.5=2.078(\text{m})$。

按上述宽度，用白灰在轴线两侧撒出开槽线。

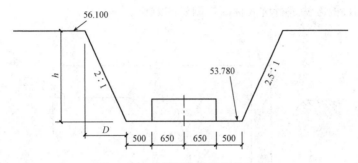

图 10-12　基槽开挖边界线的确定

【任务实施】

根据"相关知识"中的学习内容，在实际测量工作中，进行民用建筑物的定位与放线。

任务三　进行建筑物基础施工测量

【任务描述】

进行建筑物基础施工测量时，要注意对基础开挖深度、垫层标高、基层标高的控制，本任务要求学生掌握这些控制方法。

【相关知识】

一、基槽开挖深度的控制

为了控制基槽开挖深度，当基槽挖到接近槽底设计高程时，应在槽壁上测设一些水平桩，使水平桩的上表面离槽底设计高程为某一整分米数，用以控制挖槽深度，也可作为槽底清理和打基础垫层时掌握标高的依据。

水平桩可以是木桩，也可以是竹桩，测设时，以画在龙门板或周围固定地物的±0.000 标高线为已知高程点，用水准仪进行测设；小型建筑物也可用连通水管法进行测设。水平桩上的高程误差应在±10 mm 以内。

如图 10-13 所示，槽底设计标高为 -1.700 m，欲测设比槽底设计标高高出 0.500 m 的水平桩，测设方法如下：

(1)在适当位置安置水准仪，照准后视标尺，读取±0.000点标尺读数 $a=1.250$ m。

(2)计算前视尺读数 $b_{应}$。

$$b_{应}=a-(-1.700+0.500)=1.250+1.200=2.450(\text{m})$$

(3)在槽内一侧立水准尺，上、下移动，当标尺读数为 2.450 m 时，沿尺底在槽壁上打入一木桩。

(4)检核水平桩高程，其应满足限差要求。基坑的深度一般大于基槽，当基坑深度较深时，可采用吊钢尺的方法进行坑底标高控制桩的测设。

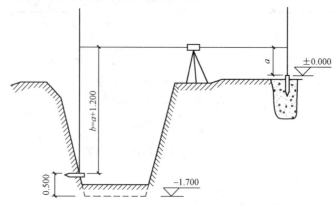

图 10-13 基槽开挖深度的控制

二、垫层标高和基础放样

如图 10-14 所示，基槽开挖完成后，应在基坑底设置垫层标高桩，使桩顶面的高程等于垫层设计高程，作为垫层施工的依据。垫层施工完成后，根据轴线控制桩，用拉线的方法，吊垂球将墙基轴线投设到垫层上，用墨斗弹出墨线，用红油漆画出标记。墙基轴线投设完成后，应按设计尺寸复核。

图 10-14 基槽抄平

三、基础墙标高的控制和弹线

房屋基础墙(±0.000 以下的砖墙)的高度是利用基础皮数杆来控制的。基础皮数杆是一根木制的杆子，如图 10-15 所示，在杆上事先按照设计尺寸，将砖、灰缝厚度画出线条，并标明±0.000 和防潮层等的标高位置。

根据龙门板或控制桩所示轴线及基础设计宽度，在垫层上弹出中心线及边线。由于整个建筑将以此为基准，所以要按设计尺寸严格校核。

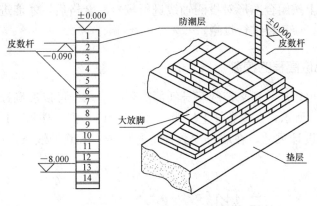

图 10-15　基础墙标高的控制

任 务 实 施

根据"相关知识"中的学习内容，在实际测量工作中，进行建筑物基础施工控制测量。

任务四　进行建筑物主体工程施工测量

任 务 描 述

房屋主体是指±0.000以上的墙体，多层民用建筑每层砌筑前都应进行轴线投测和高程传递，以保证轴线位置和标高正确，其精度应符合要求。本任务要求学生掌握墙体定位、轴线投测、标高引测的方法。

相 关 知 识

一、墙体定位

为防基础施工土方及材料的堆放与搬运产生碰动，基础工程结束后，应及时对控制桩进行检查。复核无误后，用控制桩将轴线测设到基础顶面（或承台、地梁）上，并用墨线弹出墙中心线和墙边线。检查外墙轴线交角是否为直角，符合要求后把墙轴线延伸并画在外墙基础上，做好标志，如图10-16所示，作为向上层投测轴线的依据。同时，把门、窗和其他洞口的边线也画在外墙基础立面上。

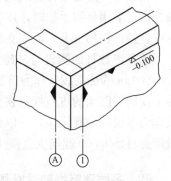

图 10-16　墙体轴线及标高控制

二、轴线投测

施工轴线的投测，宜使用2″级激光经纬仪或激光铅直仪进行。控制轴线投测至施工层后，应在结构平面上按闭合图形对投测轴线进行校核。合格后，才能进行本施工层上的其他测设工作；否则，应重新进行投测。

三、墙体各部位高程的控制

墙体施工通常也用皮数杆来控制墙身细部高程，皮数杆可以准确控制墙身各部位构件的位置。如图 10-17 所示，在皮数杆上标明±0.000、门、窗、楼板、过梁、圈梁等构件的高度位置，并根据设计尺寸，在墙身皮数杆上画出砖、灰缝处线条，这样可保证每皮砖、灰缝厚度均匀。

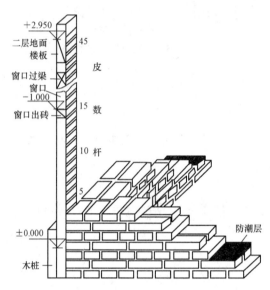

图 10-17　墙体细部标高的控制及墙身皮数杆

立皮数杆时，先在地面上打一木桩，用水准仪测出±0.000 标高位置，并画一横线作为标志；然后，把皮数杆上的±0.000 线与木桩上的±0.000 对齐、钉牢。皮数杆钉好后要用水准仪进行检测，并用垂球来校正皮数杆的竖直程度。

皮数杆一般设立在建筑物内（外）拐角和隔墙处。采用里脚手架砌砖时，皮数杆应立在墙外侧；采用外脚手架时，皮数杆应立在墙内侧。砌框架或钢筋混凝土柱墙时，每层皮数杆可直接画在构件上，而不立皮数杆。

墙身皮数杆的测设与基础皮数杆相同。一般在墙身砌起 1 m 后，就在室内墙身上定出+0.500 m 的标高线，作为该层地面施工及室内装修的依据。在第二层以上的墙体施工中，为了使同层四角的皮数杆立在同一水平面上，要用水准仪测出楼板面四角的标高，取平均值作为本层的地坪标高，并以此作为本层立皮数杆的依据。当精度要求较高时，可用钢尺沿墙身自±0.000 起向上直接丈量至楼板外侧，确定立杆标志。

四、多层建筑物轴线投测与标高引测

在多层建筑物的砌筑过程中，为了保证轴线位置的正确传递，常采用吊垂球或经纬仪将底层轴线投测到各层楼面上，作为各层施工的依据。

1. 轴线投测

在砖墙体砌筑过程中，经常采用垂球校验纠正墙角(或轴线)，使墙角(或轴线)在一铅垂线上，这样就把轴线逐层传递上去了。在框架结构施工中将较重垂球悬吊在楼板边缘，当垂球尖对准基础上定位轴线时，垂球线在楼板边缘的位置即楼层轴线端点位置，画一标志，同样投测该轴线的另一端点，两端的连线即定位轴线。同法投测其他轴线，用钢尺校核各轴线间距，无误后方可进行施工，这样就可把轴线逐层自下而上传递。

为了保证投测精度，每隔三、四层可用经纬仪把地面上的轴线投测到楼板上进行校核，其投测步骤如下：

第一步：在轴线控制桩上安置经纬仪，后视墙底部的轴线标点，用正倒镜取中的方法，将轴线投到上层楼板边缘或柱顶上。

第二点：用钢尺对轴线进行测量，作为校核。

第三步：开始施工。

经纬仪轴线投测应符合以下要求：

(1)用钢尺对轴线间距进行校核时，其相对误差不得大于1/2 000。

(2)为了保证投测质量，使用的仪器一定要经检验校正，安置仪器时一定要严格对中、整平。

(3)为了防止投点进仰角过大，经纬仪与建筑物的水平距离要大于建筑物的高度，否则应采用正倒镜延长直线的方法将轴线向外延长，然后再向上投点。

2. 标高传递

施工层标高的传递，宜采用悬挂钢尺代替水准尺的水准测量方法进行，并应对钢尺读数进行温度、尺长和拉力改正。

(1)传递点的数目，应根据建筑物的大小和高度确定。规模较小的工业建筑或多层民用建筑，宜从两处分别向上传递；规模较大的工业建筑或高层民用建筑，宜从三处分别向上传递。

(2)传递的标高较差小于 3 mm 时，可取其平均值作为施工层的标高基准，否则应重新传递。

【小提示】 施工的垂直度测量精度，应根据建筑物的高度、施工的精度要求、现场观测条件和垂直度测量设备等综合分析确定，但不应低于轴线竖向投测的精度要求。

【任务实施】

根据"相关知识"中的学习内容，在实际测量工作中，进行建筑物主体施工控制测量。

任务五　进行高层建筑施工测量

【任务描述】

高层建筑体形大、层数多、温度高、造型多样化、地下基础较深、结构复杂、工程量大、工期长、场地变化大。随着超高层建筑和高耸结构物的不断出现，高层建筑施工测量的精度要求越来越严格，如何在温差、日照、风载等外界环境因素的影响下迅速、准确地完成平面轴线控制、高程传递、建筑构件的安装定位，尤其是控制竖向偏差，即通常所说的竖直度的问题，已成为影响超高层建筑施工的首要因素。

相关知识

一、高层建筑施工测量的特点、基本准则及主要任务

1. 高层建筑施工测量的特点

(1)由于高层建筑层数多、高度高，结构竖向偏差直接影响工程受力情况，故施工测量中要求竖向投点精度高，所选用的仪器和测量方法要适应结构类型、施工方法和场地情况。

(2)由于高层建筑结构复杂，设备和装修标准较高，特别是高速电梯的安装等，对施工测量精度要求更高。一般情况下，在设计图纸中说明了总的允许偏差值，由于施工时也有误差产生，为此测量误差只能被控制在总偏差值之内。

(3)由于高层建筑平面、立面造型既新颖又复杂多变，故要求开工前应先制定施测方案、配备仪器、为测量人员分工，并经工程指挥部组织有关专家论证后方可实施。

2. 高层建筑施工测量的基本准则

(1)遵守国家法令、政策和规范，明确为工程施工服务。

(2)遵守"先整体、后局部"和"高精度控制低精度"的工作程序。

(3)要有严格的审核制度。

(4)建立一切定位、放线工作要经自检、互检合格后，方可申请主管部门验收的工作制度。

3. 高层建筑施工测量的主要任务

与普通多层建筑物的施工测量相比，高层建筑施工测量的主要任务是将轴线精确地向上引测和进行高程传递。

二、高层建筑的定位与放线

(一)桩位放样

在软土地基区的高层建筑常用桩基，一般都打入钢管桩或钢筋混凝土方桩。由于高层建筑的上部荷重主要由钢管桩或钢筋混凝土方桩承受，所以对桩位要求较高，按规定钢管桩及钢筋混凝土桩的定位偏差不得超过 $1/2D$(D 为圆桩直径或方桩边长)，为此在定桩位时必须按照建筑施工控制网，实地定出控制轴线，再按设计的桩位图中所示尺寸逐一定出桩位，对定出的桩位尺寸必须再进行一次校核，以防定错，如图 10-18 所示。

(二)建筑物基坑与基础的测定

高层建筑采用箱形基础和桩基础较多，其基坑较深，有的达 20 多米。在开挖基坑时，应当根据规范和设计所规定的精度(高程和平面)完成土方工程。

基坑下轮廓线的定线和土方工程的定线，可以沿着建筑物的设计轴线，也可以沿着基坑的轮廓线进行定点，最理想的是根据施工控制网来定线。

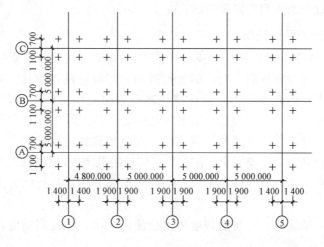

图 10-18　桩位图

根据设计图纸进行放样，常用的方法有以下几种：

(1)投影法。根据建筑物的对应控制点，投影建筑物的轮廓线。具体作法如图 10-19 所示。将仪器设置在 A_2，后视 A_2'，投影 A_2A_2' 方向线，将仪器移至 A_3，后视 A_3'，定出 A_3A_3' 方向线。用同样的方法在 B_2B_3 控制点上定出 B_2B_2'、B_3B_3' 方向线，此方向线的交点即建筑物的四个角点，然后按设计图纸用钢尺或皮尺定出其开挖基坑的边界线。

图 10-19　建筑物放样示意

(2)主轴线法。建筑方格网一般都确定一条或两条主轴线。主轴线的形式有 L 形、T 形或"十"字形等布置形式。这些主轴线是建筑物施工的主要控制依据。因此，当建筑物放样时，按照建筑物柱列线或轮廓线与主轴线的关系，在建筑场地上定出主轴线后，根据主轴线逐一定出建筑物的轮廓线。

(3)极坐标法。建筑物的造型格式从单一的方形向 S 形、扇面形、圆筒形、多面体形等复杂的几何图形发展，这为建筑物的放样定位带来了一定的复杂性，极坐标法是比较灵活的放样定位方法。极坐标法是先根据设计要素(如轮廓坐标、曲线半径、圆心坐标等)与施工控制网点的关系，计算其方向角及边长，并在工作控制点上按其计算所得的方向角和边长，逐一测定点位。将所有建筑物的轮廓点位定出后，再检查是否满足设计要求。

【小提示】　根据施工场地的具体条件和建筑物几何图形的繁简情况，测量人员可选择最合适的工作方法进行放样定位。

(三)建筑物基础上的平面与高程控制

1. 建筑物基础上的平面控制

由外部控制点(或施工控制点)向基础表面引测。如果采用流水作业法施工,当第一层的柱子立好后,马上开始砌筑墙壁时,标桩与基础之间的通视很快就会被阻断。由于高层建筑的基础尺寸较大,因而不得不在高层建筑基础表面上作出许多要求精确测定的轴线。而所有这一切都要求在基础上直接标定起算轴线标志,使定线工作转向基础表面,以便在其表面上测出平面控制点。建立这种控制点时,可将建筑物对称轴线作为起算轴线。如果基础面上有了平面控制点,就能完全保证在规定的精度范围内进行精密定线工作。

高层建筑施工在基础面上放样,要根据实际情况采取切实可行的方法,必须经过校对和复核,以确保无误。

当用外控法投测轴线时,应每隔数层用内控法测一次,以提高精度,减少竖向偏差的积累。为保证精度应注意以下几点:

(1)轴线的延长控制点要准确,标志要明显,并要保护好。

(2)尽量选用望远镜放大倍率大于 25 倍、有光学投点器的经纬仪,以 T2 级经纬仪投测为好。

(3)仪器要进行严格的检验和校正。

(4)测量时尽量选在早晨、傍晚、阴天、无风的天气条件下进行,以减少旁折光的影响。

2. 建筑物基础上的高程控制

建筑物基础上的高程控制的主要作用是利用工程标高保证高层建筑施工各阶段的工作。高程控制水准点必须满足基础的整个面积,而且还要有高精度的绝对标高。必须用Ⅱ等水准测量确定水准表面的标高。按工程测量规范,必须将水准仪置于两水准尺的中间,Ⅱ等水准前、后视距不等差不得大于 1 m,Ⅲ等水准前、后视距不等差不得大于 2 m,Ⅳ等水准前、后视距不等差不得大于 4 m。如果采用带有平行玻璃板的水准仪并配有钢钢水准尺时,则利用主副尺读数。主副尺的常数一般为 3.015 50,主副尺的读数差≤±0.3 mm,视线距离地面的高度不应小于 0.5 m。若无上述仪器,可采用三丝法,这种方法不需要水准气泡两端的读数。基础上的整个水准网附合在 2~3 个外部控制水准标志上。

进行水准测量时必须做好野外记录,观测结束后及时计算高差闭合差,看是否超限,如Ⅱ等水准允许线路闭合限差为 $4\sqrt{L}$ 或 $1/\sqrt{N}$(L 为千米数、N 为测站数)。结果满足精度要求后,即可将水准线路的不符值按测站数进行平差,计算各水准点的高程,编写水准测量成果表。

三、高层建筑中的竖向测量

竖向测量也称为垂准测量,是工程测量的重要组成部分。它的应用比较广泛,适用于大型工业工程的设备安装、高耸构筑物(高塔、烟囱、筒仓)的施工、矿井的竖向定向,以及高层建筑施工和竖向变形观测等。在高层建筑施工中,竖向测量一般可分为经纬仪引桩投测法和激光垂准仪投测法两种。

1. 经纬仪引桩投测法

当建筑物高度不超过 10 层时,可采用经纬仪投测轴线。在基础工程完成后,用经纬仪将建筑物的主轴线精确投测到建筑物底部，并设标志，以供下一步施工与向上投测用。

如图 10-20 所示，通常先将原轴线控制桩引测到离建筑物较远的安全地点，如 A_1、B_1、A_1'、B_1' 点，以防止控制桩被破坏，同时，避免轴线投测时仰角过大，以便减小误差，提高投测精度。然后将经纬仪安置在轴线控制桩 A_1、B_1、A_1'、B_1' 上，严格对中、整平。用望远镜照准已在墙角弹出的轴线点 a_1、a_1'、b_1、b_1'，用盘左和盘右两个竖盘位置向上投测到上一层楼面上，取得 a_2、a_2'、b_2、b_2' 点，再精确测出 a_2a_2' 和 b_2b_2' 两条直线的交点 O_2，然后根据已测设 $a_2O_2a_2'$ 和 $b_2O_2b_2'$ 的两轴线在楼面上详细测设其他轴线。

按照上述步骤逐层向上投测，即可获得其他各楼层的轴线。

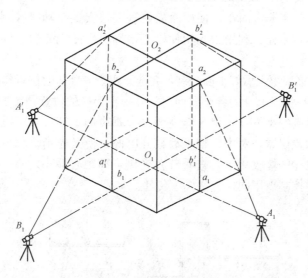

图 10-20 经纬仪轴线投测

当楼层逐渐增高，而轴线控制桩距离建筑物又较近时，经纬仪投测时的仰角较大，操作不方便，误差也较大，此时应将轴线控制桩用经纬仪引测到远处（距离大于建筑物高度）稳固的地方，然后继续往上投测。如果周围场地有限，也可引测到附近建筑物的屋面上。如图 10-21 所示，先在轴线控制桩 M_1 上安置经纬仪，照准建筑物底部的轴线标志，将轴线投测到楼面上 M_2 点处，然后在 M_2 点安置经纬仪，照准 M_1 点，将轴线投测到附近建筑物屋面上 M_3 点处，以后就可在 M_3 点安置经纬仪，投测更高楼层的轴线。

需要注意的是，上述投测工作均应采用盘左、盘右取中法进行，以减小投测误差。

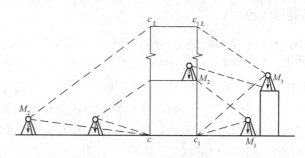

图 10-21 经纬仪引桩投测法

所有主轴线投测出来后，应进行角度和距离的检核，合格后再以此为依据测设其他轴线。

2. 激光垂准仪投测法

高层建筑随着层数的增加，经纬仪投测的难度也增加，精度会降低。因此，当建筑物层数多于 10 层时，通常采用激光垂准仪(激光铅垂仪)进行轴线投测。

激光垂准仪是利用望远镜发射的铅直激光束到达光靶(放样靶，由透明塑料玻璃制成，规格为 25 cm×25 cm)，在靶上显示光点，投测定位的仪器。垂准仪可向上投点，也可向下投点。其向上投点精度为 1/45 000。

激光垂准仪操作起来非常简单。使用时先将垂准仪安置在轴线控制点(投测点)上，对中、整平后，向上发射激光，利用激光靶使靶心精确对准激光光斑，即可将投测轴线点标定在目标面上。

投测时必须在首层面层上做好平面控制，并选择四个较合适的位置作控制点(图 10-22)或用中心"十"字控制，在浇筑上升的各层楼面时，必须在相应的位置预留 200 mm×200 mm 与首层层面控制点相对应的小方孔，保证能使激光束垂直向上穿过预留孔。在首层控制点上架设激光铅垂仪，调置仪器，对中、整平后打开电源，使激光铅垂仪发射出可见的红色光束，投射到上层预留孔的接收靶上，查看红色光斑点离靶心最小之点，此点即第二层上的一个控制点。其余的控制点用同样方法向上传递。

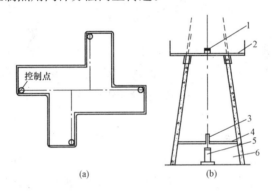

图 10-22　内控制布置

(a)控制点设置；(b)垂向预留孔设置

1—中心靶；2—滑模平台；3—通光管；4—防护棚；5—激光铅垂仪；6—操作间

四、高层建筑的高程传递

在高层建筑施工中，要由下层楼面向上层传递高程，以使上层楼板、门窗、室内装修等工程的标高符合设计要求。传递高程的方法有钢尺直接丈量法、悬吊钢尺法和全站仪法三种。

1. 钢尺直接丈量法

钢尺直接丈量法是从±0.000 或＋0.500 线(称为 50 线)开始，沿结构外墙、边柱或楼梯间、电梯间直接向上垂直量取设计高差，确定上一层的设计标高。利用该方法应从底层至少 3 处向上传递。对所传递标高利用水准仪检核，互差应不超过±3 mm。

2. 悬吊钢尺法

悬吊钢尺法是采用悬吊钢尺配合水准测量的一种方法。在外墙或楼梯间悬吊一根钢尺，分别在地面和楼面上安置水准仪，将标高传递到楼面上。用于高层建筑传递高程的钢尺应经过检定，量取高差时尺身应铅直和用规定的拉力，并应进行温度改正。

如图 10-23 所示，由地面上已知高程点 A，向建筑物楼面 B 传递高程，先从楼面上（或楼梯间）悬挂一支钢尺，钢尺下端悬一重锤。在观测时，为了使钢尺比较稳定，可将重锤浸于一盛满油的容器中。然后，在地面及楼面上各安置一台水准仪，按水准测量方法同时读得 a_1、b_1 和 a_2、b_2，则楼面上 B 点的高程 H_B 为

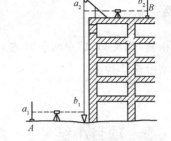

$$H_B = H_A + a_1 - b_1 + a_2 - b_2 \qquad (10\text{-}2)$$

图 10-23 用悬吊钢尺法传递高程

3. 全站仪法

对于超高层建筑，用钢尺测量有困难时，可以在投测点或电梯井安置全站仪，采用对天顶方向测距的方法进行高程传递，如图 10-24 所示。具体操作方法如下：

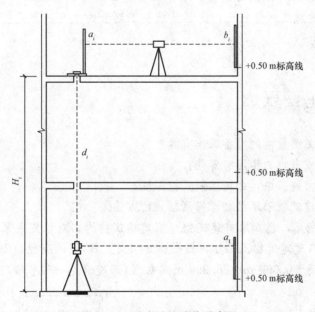

图 10-24 用全站仪法传递高程

(1)在投测点上安置全站仪，使望远镜视线水平（置竖盘读数为 90°），读取竖立在首层 +5.0 m 标高线上水准尺上的读数为 a_1，即全站仪横轴到 +0.50 m 标高线的仪器高。

(2)将望远镜视线指向天顶（置竖盘读数为 0°），在需要测设高程的第 i 层楼投测洞口上，水平安放一块 400 mm×400 mm×5 mm、中间有一个 ϕ30 圆孔的钢板。听从仪器观测员的指挥，使圆孔中心对准望远镜视线，将测距反射片扣在圆孔上，测距结果为 d_i。

(3)在第 i 层楼上安置水准仪，在钢板上立一水准尺并读取后视读数 a_i，在 +0.50 m 标高线处立另一水准尺，设该尺读数为 b_i，则第 i 层楼面的设计高程 H_i 为

$$H_i = a_1 + d_i + (a_i - b_i) \qquad (10\text{-}3)$$

(4)由式(10-3)可解出应读前视数为

$$b_i = a_1 + d_i + (a_i - H_i) \qquad (10\text{-}4)$$

（5）上、下移动水准尺，使其读数为 b_i，沿尺底在墙面上画线，此即第 i 层楼的＋0.50 m 标高线。

任务实施

根据"相关知识"中的学习内容，在实际测量工作中，进行高层建筑的定位与放线、竖向测量与高程传递。

项目小结

在进行民用建筑施工测量前，应做好的测设准备工作有熟悉图纸、仪器配备与检校、现场踏勘、编制施工测设方案和准备测设数据。民用建筑施工测量的工作内容主要有建筑物的定位与放线、基础工程施工测量、墙体工程施工测量、各层轴线投测及标高传递等。与普通多层建筑物的施工测量相比，高层建筑施工测量的主要任务是将轴线精确地向上引测和进行高程传递。

思考与练习

1. 民用建筑施工测量前的准备工作有哪些？
2. 设置龙门板或引桩的作用有哪些？
3. 在建筑物基槽施工中，如何控制开挖深度？
4. 简述对多层建筑物采用吊垂球投测轴线的方法。
5. 如图 10-25 所示，已知原有建筑物与拟建建筑物的相对位置关系，试问如何根据原有建筑物甲测设出拟建建筑物乙？如何根据已知水准点 BM_A 的高程为 26.740 m，在 2 点处测设出室内地坪标高±0.000 m＝26.990 m 的位置（乙建筑为一砖半墙）？

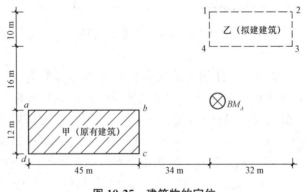

图 10-25　建筑物的定位

项目十一　工业建筑施工测量

学习目标

通过本项目的学习，了解工业建筑物放样要求，掌握厂房控制网布设及轴线测设，建筑物结构基础、柱子、吊车梁、吊车轨道、钢结构工程施工测量的技术方法，工业管道工程施工测量的技术方法。

能力目标

能进行工业建筑物结构施工测量和工业管道工程施工测量。

任务一　测设工业厂房控制网

任务描述

凡工业厂房或连续生产系统工程，均应建立独立的矩形控制网，作为施工放样的依据。厂房控制网分为三级：第一级是机械传动性能较高、有连续生产设备的大型厂房和焦炉等；第二级是有桥式吊车的生产厂房；第三级是没有桥式吊车的一般厂房。本任务要求学生掌握工业厂房控制网的测设方法。

相关知识

一、控制网测设前的准备工作

工业厂房控制网测设前的准备工作主要包括：制定测设方案、计算测设数据和绘制测设略图。

(1)制定测设方案。厂房矩形控制网的测设方案，通常是根据厂区的总平面图、厂区控制网、厂房施工图和现场地形情况等资料来制定的。其主要内容为：确定主轴线位置、矩形控制网位置、距离指标桩的点位、测设方法和精度要求。

在确定主轴线点及矩形控制网位置时，应注意以下几点：

1)要考虑到控制点能长期保存，应避开地上和地下管线。

2)主轴线点及矩形控制网位置应距厂房基础开挖边线以外 1.5～4 m。

3)距离指标桩即沿厂房控制网各边每隔若干柱间距埋设一个控制桩，故其间距一般为厂房柱距的倍数，但不要超过所用钢尺的整尺长。

（2）计算测设数据。根据测设方案的要求测设方案中要求测设的数据。

（3）绘制测设略图。根据厂区的总平面图、厂区控制网、厂房施工图等资料，按一定比例绘制测设略图，为测设工作做好准备。

二、不同类型工业厂房控制网的测设

1. 中小型工业厂房控制网的测设

如图 11-1 所示，根据测设方案与测设略图，将经纬仪安置在建筑方格网的点 E，分别精确照准 D、H 点。自 E 点沿视线方向分别量取 $Eb = 35.00$ m 和 $Ec = 28.00$ m，定出 b、c 两点。然后，将经纬仪分别安置于 b、c 两点，用测设直角的方法分别测出 bⅣ、cⅢ方向线，沿 bⅣ方向测设出Ⅳ、Ⅰ两点，沿 cⅢ方向测设出Ⅱ、Ⅲ两点，分别在Ⅰ、Ⅱ、Ⅲ、Ⅳ四个点上钉上木桩，做好标志。最后检查控制桩Ⅰ、Ⅱ、Ⅲ、Ⅳ各点的直角是否符合精度要求，一般情况下其误差不应超过 $\pm10''$，各边长度相对误差不应超过 1/10 000～1/25 000。

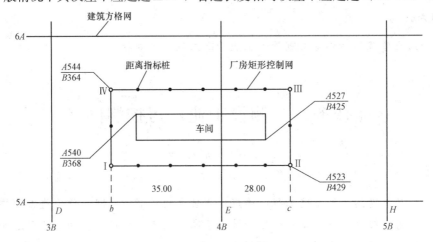

图 11-1　矩形控制网示意

2. 大型工业厂房控制网的测设

对于大型工业厂房或设备基础复杂的厂房，由于施测精度要求较高，为了保证后期测设的精度，其矩形厂房控制网的建立一般分两步进行。首先依据厂区建筑方格网精确测设出厂房控制网的主轴线及辅助轴线(可参照建筑方格网主轴线的测设方法进行)，当校核达到精度要求后，再根据主轴线测设厂房矩形控制网，并测设各边上的距离指示桩，一般距离指示桩位于厂房柱列轴线或主要设备中心线方向上。最终应进行精度校核，直至达到要求。大型厂房的主轴线的测设精度要求是，边长的相对误差不应超过 1/30 000，角度偏差不应超过 $\pm5''$。

如图 11-2 所示，主轴线 MON 和 HOG 分别选定在厂房柱列轴线ⓒ和③轴上，Ⅰ、Ⅱ、Ⅲ、Ⅳ为控制网的四个控制点。

测设时，首先按主轴线测设方法将 MON 测设于地面上，再以 MON 轴为依据测设短轴 HOG，并对短轴方向进行方向改正，使轴线 MON 与 HOG 正交，限差为 $\pm5''$。主轴线方向确定后，以 O 点为中心，用精密丈量的方法测定纵、横轴端点 M、N、H、G 的位置，主轴线长度的相对精度为 1/5 000。测设主轴线后，可测设矩形控制网，测设时分别将经纬仪

安置在 M、N、H、G 四点上，瞄准 O 点测设 $90°$ 方向，交会定出 I、II、III、IV 四个角点，精密丈量 MI、MII、NII、NIV、HI、HIV、GIV、GIII 的长度，精度要求同主轴线，不满足精度要求时应进行调整。

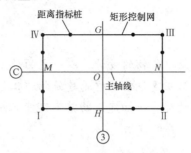

图 11-2　大型厂房矩形控制网的测设

三、工业厂房控制网的精度要求

工业厂房矩形控制网的允许误差应符合表 11-1 的规定。

表 11-1　工业厂房矩形控制网的允许误差

矩形网等级	矩形网类别	厂房类别	主轴线、矩形边长精度	主轴线交角容许差	矩形角容许差
I	根据主轴线测设的控制网	大型	1:50 000, 1:30 000	$\pm 3'' \sim \pm 5''$	$\pm 5''$
II	单一矩形控制网	中型	1:20 000		$\pm 7''$
III	单一矩形控制网	小型	1:10 000		$\pm 10''$

知识链接

厂房扩建与改建控制测量

在对旧厂房进行扩建或改建前，最好能找到原有厂房施工时的控制点，作为扩建与改建时进行控制测量的依据，但原有控制点必须与已有的吊车轨道及主要设备中心线联测，将实测结果提交设计部门。

原厂房控制点已不存在时，应按下列不同情况恢复厂房控制网：

(1) 厂房内有吊车轨道时，应以原有吊车轨道的中心线为依据。

(2) 扩建与改建的厂房内的主要设备与原有设备有联动或衔接关系时，应以原有设备中心线为依据。

(3) 厂房内无重要设备及吊车轨道时，可以原有厂房柱子中心线为依据。

任务实施

根据"相关知识"中的学习内容，在实际测量工作中，对大、中小型厂房控制网进行测设，注意控制控制网的允许误差。

任务二　进行工业建筑物放样

任务描述

工业建筑物放样是根据工业建筑物的设计，以一定的精度将其主要轴线和大小转移到实地上去，并将其固定起来。工业建筑物放样是建筑物施工的准备工作，是施工过程的一个开端，不进行工业建筑物的放样，一切建筑物就不可能正确地、有计划地进行施工。本任务要求学生掌握工业建筑物放样的方法。

相关知识

一、工业建筑物放样要求

工业建筑物放样的工作主要包括：直线定向、在地面上标定直线并测设规定的长度、测设规定的角度和高程。进行工业建筑物施工放样应符合下列要求：

(1)工业建筑物放样是以一定的精度将设计的点位在地面上标定出来，在测图时，测量工作的精度应与测图的比例尺相适应，尽可能使测量中所产生的误差不大于相应比例尺的图解精度，而且要遵守下列关系式：

$$M = \delta m$$

式中　δ——人眼在平面图上所能分辨的最小长度；

　　　m——平面图比例尺的分母。

(2)在建筑物放样时，在地面上标定建筑物每个点的绝对误差不取决于建筑物设计图的比例尺。

(3)建筑物的放样工作，应与施工的计划和进度配合。在进行放样以前，应当在建筑工地上妥善地组织测量工作。对于小型建筑物的放样工作通常由施工人员自己进行。对于建筑物结构复杂、放样精度要求较高的大、中型建筑物的放样工作应用精密的测量仪器，由经验丰富的测量工作者进行。

二、工业建筑物放样精度

工业建筑物放样精度是一个重要的、基本的问题，常要进行深入、细致的研究。

(1)设计和施工部门，应根据其自己公布的精度标准和实践经验进行广泛的讨论。

(2)当设计和施工部门在规定某种建筑物的放样精度时，必须具有足够的科学依据。

在工业建筑物的设计过程中，其尺寸的精度分为建筑物主轴线对周围物体相对位置的精度和建筑物各部分对其主轴线的相对位置的精度两种。

1. 建筑物主轴线对周围物体相对位置的精度

建筑物的位置在技术上与经济上的合理性，与其所在地区的地面情况有密切的关系。因此，在选择建筑物的地点前，要进行一系列综合性的技术经济调查。

当建筑物布置在现有建筑物中间时，可能会遇到各种情况：如建筑物轴线的方向应平行于现有建筑物，并且离开最近建筑物要有规定的距离；也可能要求在实地上定出建筑物的主轴线，这样会给测量工作者的实际工作带来很多困难。为了进行此项工作，必须预先拟定放样方案并进行计算。在这种情况下，轴线放样的精度取决于控制点相互位置的精度。

2. 建筑物各部分对其主轴线的相对位置的精度

建筑物各部分对其主轴线相对位置的精度取决于表 11-2 中各类因素的影响。

表 11-2　建筑物各部分对其主轴线的相对位置的精度的决定因素

序号	决定因素	分析内容
1	建筑物各元素尺寸的精度	在设计过程中，建筑物各个元素的尺寸和建筑物各部分相互间的位置，可以用不同的方法求得，如进行专门的计算、根据标准图设计或者用图解法进行设计等，其中： (1)专门计算所求得的尺寸精度最高； (2)根据标准图设计时，建筑物各部分的尺寸精度达到 0.5～1.0 cm； (3)用图解法设计时，所求得的尺寸精度较低
2	建造建筑物的材料	建造建筑物所用的材料对于放样工作的精度具有很大的影响。例如，土工建筑物的尺寸精度是难以做到很精确的。因此，确定这些建筑物的轴线位置和外廓尺寸的精度要求是不高的。对于由木料和金属材料建造的建筑物，其放样精度较高。对于由砖石和混凝土造的建筑物，其放样精度居中
3	建筑物所处的位置	空旷地面上的建筑物，往往较处在其他建筑物中间的建筑物精度要求低。对于城市里的建筑物通常要求较高的放样精度
4	建筑物之间有无传动设备	工业建筑物中往往有连续生产用的传动设备，这些设备是在工厂中预先造好而运到施工现场进行安装。显然，要在现场安装具有这种设备的建筑物，其相对位置及大小必须精确地进行放样，否则将会给传动设备的安装带来困难
5	建筑物的大小	建筑物的尺寸决定放样的相对精度，通常随着建筑物的尺寸的增加而提高，并且总是成正比例的增加，这是为了保证点位的绝对精度
6	施工程序和方法	新的施工方法大部分的工作都是平行进行的，通常是将预制的建筑物构件在工地上进行安装。显然，旧的逐步施工方法，其放样的精度是不高的，因为后面建造的建筑物各部分的尺寸，可以根据前面已采用的尺寸来确定。而同时施工时，建筑物各部分的尺寸相互影响，这就要求较高的放样精度
7	建筑物的用途	永久性建筑物比临时性建筑物在建造和表面修饰上要仔细，因此，这些建筑物放样的精度也要提高
8	美学上的理由	美学上的考虑也常影响放样的精度。有些建筑物，在施工过程中，它对放样的精度并不要求很高，可是为了某种美学上的理由往往要求提高放样精度

知识链接

工业建筑物施工放样的允许偏差

工业建筑物施工放样的允许偏差不应超过表 11-3 的规定。

表 11-3　工业建筑物施工放样的允许偏差

项　目	内　容		允许偏差/mm
基础桩位放样	单排桩或群桩中的边桩		±10
	群　桩		±20
各施工层上放样	外廓主轴线长度 L/m	L≤30	±5
		30<L≤60	±10
		60<L≤90	±15
		L>90	±20
	细部轴线		±2
	承重墙、梁、柱边线		±3
	非承重墙边线		±3
	门窗洞口线		±3

任务实施

根据"相关知识"中的学习内容，在实际测量工作中，进行建筑物的放样工作，注意保证建筑物主轴线与周围物体相对位置的精度、建筑物各部分与其主轴线相对位置的精度。

任务三　进行工业建筑物结构施工测量

任务描述

工业建筑物结构施工测量的主要内容包括基础施工测量、柱子安装测量、吊车梁安装测量、吊车轨道安装测量、钢结构工程安装测量等。本任务要求学生掌握工业建筑物结构施工测量的方法和步骤。

相关知识

一、建筑物结构基础施工测量

(一)混凝土杯形基础施工测量

混凝土杯形基础施工测量的方法及步骤如下。

1. 柱基础定位

柱基础定位是根据工业建筑平面图，将柱基纵、横轴线投测到地面上去，并根据基础图放出柱基挖土边线。

如图 11-3 所示，首先在矩形控制网边上以内分法测定基础中心的端点Ⓐ、Ⓐ、①和①等，然后将两台经纬仪分别置于矩形网上的端点Ⓐ和②处，分别瞄准Ⓐ和②进行中心投点，其交点就是②号柱基的中心。再根据基础图进行柱基放线，用灰线把基坑开挖边线的实地标出。在离开挖边线 0.5～1.0 m 处方向线上打入四个定位木桩，钉上小钉标示中线方向，供修坑立模之用。同法可放出全部柱基。

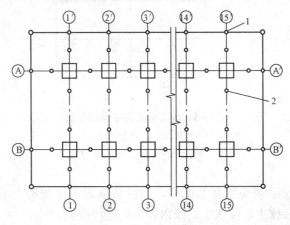

图 11-3　基础定位控制图
1—端点柱；2—定位柱

2. 基坑抄平

基坑开挖后，当快要挖到设计标高时，应在基坑的四壁或者坑底边沿及中央打入小木桩，在木桩上引测同一高程的标高，以便根据标高拉线修整坑底和打垫层。

3. 支立模板

打好垫层后，应根据已标定的柱基定位桩在垫层上放出基础中心线，作为支模板的依据。支模上口还可由坑边定位桩直接拉线，用吊垂球的方法检查其位置是否正确。然后在模板的内表面用水准仪引测基础面的设计标高，并画出标明。在支杯底模板时，应注意使实际浇筑出来的杯底顶面比原设计的标高略低 3～5 cm，以便拆模后填高修平杯底。

4. 杯口中心线投点与抄平

(1)杯口中心线投点。柱基拆模后，应根据矩形控制网上柱中心线端点，用经纬仪把柱中心线投到杯口顶面，并绘标志标明。中心线投点有以下两种方法：

方法一：将仪器安置在柱中心线的一个端点，照准另一端点而将中心线投到杯口上。

方法二：将仪器置于中心线上的合适位置，照准控制网上柱基中心线两端点，采用正倒镜法进行投点。

(2)杯口中心线抄平。为了修平杯底，须在杯口内壁测设某一标高线，该标高线应比基础顶面略低 3～5 cm。其与杯底设计标高的距离为整分米数，以便根据该标高线修平杯底。

(二)钢柱基础施工测量

1. 柱基础定位

钢柱基础定位的方法与上述混凝土杯形基础"柱基础定位"的方法相同。

2. 基坑抄平

钢柱基础基坑抄平的方法与上述混凝土杯形基础"基坑抄平"的方法相同。

3. 垫层中线投点的抄平

(1)垫层中线投点。垫层混凝土凝结后，应在垫层面上进行中心线点投测，并根据中心线点弹出墨线，绘出地脚螺栓固定架的位置(图 11-4)。

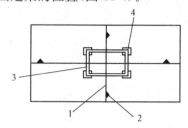

图 11-4　地脚螺栓固定架的位置

1—墨线；2—中心线点；
3—螺栓固定架；4—垫层抄平位置

投测中线时经纬仪必须安置在基坑旁，然后照准矩形控制网上基础中心线的两端点。用正倒镜法，先将经纬仪中心导入中心线内，而后进行投点。

(2)垫层中心线抄平。在垫层上绘出螺栓固定架的位置后，即在固定架外框四角处测出四点标高，以便用来检查并整平垫层混凝土面，使其符合设计标高，以便于固定架的安装。如基础过深，从地面上引测基础底面标高，标尺不够长时，可采取挂钢尺法。

4. 固定架中心线投点与抄平

(1)固定架的安置。固定架是指用钢材制作，用以固定地脚螺栓及其他埋件设件的框架。根据垫层上的中心线和所画的位置将其安置在垫层上，然后根据在垫层上测定的标高点，借以找平地脚，使其与设计标高符合。

(2)固定架抄平。固定架安置好后，用水准仪测出四根横梁的标高，以检查固定架标高是否符合设计要求。固定架标高满足要求后，将固定架与底层钢筋网焊牢，并加焊钢筋支撑。若系深坑固定架，在其脚下需浇灌混凝土，以使其稳固。

(3)中心线投点。在投点前，应对矩形边上的中心线端点进行检查，然后根据相应两端点，将中心线投测于固定架横梁上，并刻绘标志。

5. 地脚螺栓的安装与标高测量

安装地脚螺栓时，应根据垫层上和固定架上投测的中心点把地脚螺栓安放在设计位置。为了测定地脚螺栓的标高，在固定架的斜对角处焊两根小角钢，在两角钢上引测同一数值的标高点，并刻绘标志，其高度应比地脚螺栓的设计高度稍低一些。然后在角钢上两标点处拉一细钢丝，以定出螺栓的安装高度。待螺栓安好后，测出螺栓第一丝扣的标高。

6. 支立模板与混凝土浇筑

(1)支立模板。钢柱基础支立模板的方法与上述混凝土杯形基础"支立模板"的方法相同。

(2)混凝土浇筑。重要基础在浇筑混凝土的过程中，为了保证地脚螺栓位置及标高的正确，应进行看守观测，如发现变动应立即通知施工人员及时处理。

7. 安放地脚螺栓

钢柱基础施工时，为节约钢材，采用木架安放地脚螺栓，将木架与模板连接在一起，在模板与木架支撑牢固后，即在其上投点放线。地脚螺栓安装以后，检查螺栓第一丝扣标高是否符合要求，合格后即可将螺栓焊牢在钢筋网上。因木架稳定性较差，为了保证质量，模板与木器必须支撑牢固，在浇筑混凝土的过程中必须进行看守观测。

(三)混凝土柱基础、柱身与平台施工测量

当基础、柱身到上面的每层平台，采用现场捣制混凝土的方法进行施工时，配合施工要进行的测量工作如下。

1. 基础中心投点及标高测设

基础混凝土凝固拆模后，应根据控制网上的柱子中心线端点，将中心线投测在靠近柱底的基础面上，并在露出的钢筋上抄出标高点，以供在支柱身模板时定柱高及对正中心之用(图 11-5)。

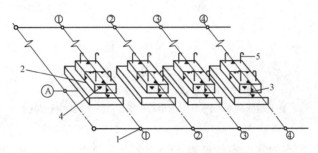

图 11-5　柱基础投点及标高测设

1—中线螺点；2—基础面上中线点；3—柱身下端中线点；

4—柱身下端标高点；5—钢筋上标高点

2. 柱子垂直度测量

柱身模板支好后，用经纬仪对柱子的垂直度进行检查。柱子垂直度的检查一般采用平行线投点法，其施测步骤如下：

第一步：在柱子模板上端根据外框量出柱中心点，和柱下端的中心点相连弹以墨线。

第二步：根据柱中心控制点 A、B 测设 AB 的平行线 $A'B'$，其间距为 $1\sim1.5$ m。

第三步：将经纬仪安置于 B' 点，照准 A'，由一人在柱上持木尺，并将木尺横放，使尺的零点水平地对正模板上端中心线。

第四步：转动望远镜，仰视木尺，若十字丝正好对准 1 m 或 1.5 m 处，则柱子模板正好垂直，否则应将模板向左或向右移动，达到十字丝正好对准 1 m 或 1.5 m 处。

通视条件差，不宜采用平行线法进行柱子垂直度检查时，可先按上法校正一排或一列首末两根柱子，中间的其他柱子可根据柱行或列间的设计距离丈量其长度加以校正。

3. 柱顶及平台模板抄平

柱子模板校正以后，应选择不同行列的两、三根柱子，用钢尺从柱子下面已测好的标高点沿柱身向上量距，引测两、三个同一高程的点于柱子上端模板上。然后在平台模板上设置水准仪，以引上的任一标高点作后视，施测柱顶模板标高，再闭合于另一标高点以资校核。平台模板支好后，必须用水准仪检查平台模板的标高和水平情况。

4. 高层标高引测与柱中心线投点

第一层柱子及平台混凝土浇筑好后，应将中心线及标高引测到第一层平台上，用钢尺根据柱子下面已有的标高点沿柱身量距向上引测。

向高层柱顶引测中心线的方法一般是将仪器安置在柱中心线端点上，照准柱子下端的中心线点，仰视向上投点(图 11-6)。

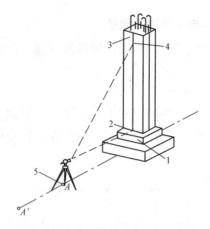

图 11-6　柱中心线投点

1—柱子下端标高点；2—柱子下端中心线投点；

3—柱上端标高点；4—柱上端中心线投点；5—柱中心线控制点

标高引测及中线投点的测设容差见表 11-4。

表 11-4　标高引测及中心线投点的测设容差

项　　目		容　　差/mm
标高测量		±5
以中心线投点	投点高度≤5 m	±3
	投点高度＞5 m	5

二、柱子安装测量

1. 柱子安装测量的基本要求

安装柱子时应保证平面与高程位置符合设计要求，柱身垂直，测量时应符合下列要求：

(1)柱子中心线应与相应的柱列中心线一致，其允许偏差为±5 mm。

(2)牛腿顶面及柱顶面的实际标高应与设计标高一致，其允许偏差为：当柱高≤5 m 时应不大于±5 mm；当柱高＞5 m 时应不大于±8 mm。

(3)柱身垂直允许误差：当柱高≤10 m 时应不大于 10 mm；当柱高超过 10 m 时，限差为柱高的 1‰，且不超过 20 mm。

2. 柱子安装时的测量工作

(1)弹出柱基中心线和杯口标高线。根据柱列轴线控制桩，用经纬仪将柱列轴线投测到每个杯形基础的顶面上，弹出墨线，当柱列轴线为边线时，应平移设计尺寸，在杯形基础顶面上加弹出柱子中心线，作为柱子安装定位的依据。根据±0.000标高，用水准仪在杯口内壁测设一条标高线，标高线与杯底设计标高的差应为一个整分米数，以便从这条线向下量取，作为杯底找平的依据。

(2)弹出柱子中心线和标高线。在每根柱子的三个侧面，用墨线弹出柱身中心线，并在每条线的上端和接近杯口处，各画一个红"▶"标志，供安装时校正使用。从牛腿面起，沿柱子四条棱边向下量取牛腿面的设计高程，即±0.000 标高线，弹出墨线，画上红"▼"标志，供牛腿面高程检查及杯底找平用。

（3）柱子垂直校正测量。进行柱子垂直校正测量时，应将两架经纬仪安置在柱子纵、横中心轴线上，且距离柱子约为柱高的 1.5 倍的地方，如图 11-7 所示，先照准柱底中心线，固定照准部，再逐渐仰视到柱顶，若中心线偏离十字丝竖丝，表示柱子不垂直，可指挥施工人员采用调节拉绳、支撑或敲打楔子等方法使柱子垂直。经校正后，柱的中心线与轴线偏差不得大于±5 mm；柱子垂直度容许误差为 $H/1\,000$，当柱高在 10 m 以上时，其最大偏差不得超过±20 mm；柱高在 10 m 以内时，其最大偏差不得超过±10 mm。满足要求后，要立即灌浆，以固定柱子的位置。

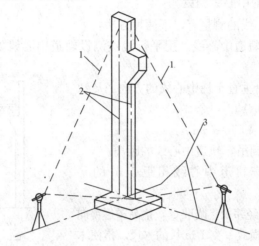

图 11-7　柱子垂直校正测量

1—经纬仪视线；2—柱子中心线；

3—杯形基础顶面中心线

三、吊车梁安装测量

吊车梁安装测量的目的是保证吊车梁中心线位置和标高满足设计要求。

1. 吊车梁安装时的中心线测量

根据工业厂房控制网或柱中心轴线端点，在地面上定出吊车梁中心线控制桩，然后用经纬仪将吊车梁中心线投测到每根柱子牛腿上，并弹以墨线，投点误差为±3 mm。吊装时使吊车梁中心线与牛腿上中心线对齐。

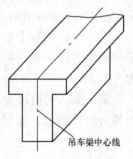

图 11-8　吊车梁中心线

（1）用墨线弹出吊车梁面中心线和两端中心线，如图 11-8所示。

（2）根据厂房中心线和设计跨距，由中心线向两侧量出 1/2 跨距 d，在地面上标出轨道中心线。

（3）分别安置经纬仪于轨道中心线的两个端点上，瞄准另一端点，固定照准部，抬高望远镜，将轨道中心线投测到各柱子的牛腿面上。

（4）安装时，根据牛腿面上轨道中心线和吊车梁端头中心线，两线对齐将吊车梁安装在牛腿面上，并利用柱子上的高程点，检查吊车梁的高程。

2. 吊车梁安装时的标高测量

吊车梁顶面标高应符合设计要求。根据±0.000标高线，沿柱子侧面向上量取一段距离，在柱身上定出牛腿面的设计标高点，作为修平牛腿面及加垫板的依据，同时在柱子的上端比梁顶面高5~10 cm处测设一标高点，据此修平梁顶面。

四、吊车轨道安装测量

吊车轨道安装测量的目的是保证轨道中心线和轨顶标高符合设计要求。

1. 吊车轨道安装时的中心线测量

吊车轨道安装时中心线的测量有以下两种方法：

(1)用平行线法测设轨道中心线。用平行线法测设轨道中心线如图11-9所示，具体操作步骤如下：

第一步：在地面上沿垂直于柱中心线的方向 AB 和 $A'B'$ 各量一段距离 AC 和 $A'C'$，令

$$AC = A'C' = l + 1$$

式中 l——柱列中心线到吊车轨道中心线的距离。

因此，CC' 即与吊车轨道中心线相距 1 m 的平行线。

第二步：在 C 点安置经纬仪，瞄准 C'，抬高望远镜向上投点。一人在吊车梁上横放一支 1 m 长的木尺，指使木尺一端在视线上，则另一端即轨道中心线的位置，并在梁面上画线表明。

第三步：重复第二步的操作，定出轨道中心线其他各点。

(2)根据吊车梁两端投测中心线测定轨道中心线。具备步骤如下：

第一步：根据地面上柱子中心线控制点或工业厂房控制网点，测出吊车梁(吊车轨道)中心线点。

第二步：根据中心线点用经纬仪在厂房两端的吊车梁面上各投一点，两条吊车梁共投四点。投点容差为±2 mm。

第三步：用钢尺丈量两端所投中心线点的跨距是否符合设计要求，如超过±5 mm，则以实量长度为准予以调整。

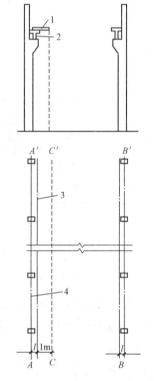

图 11-9 吊车轨道中心线的测设

1—木尺；2—吊车梁；
3—吊车轨中心；4—柱中心线。

第四步：将仪器安置于吊车梁一端中心线点上，照准另一端点，在梁面上进行中心线投点加密，每隔18~24 m加密一点。如梁面狭窄，不能安置三脚架，应采用特殊仪器架安置仪器。

2. 吊车轨道安装时的标高测量

吊车轨道中心线点测定后，应安放轨道垫板。此时，应根据柱子上端测设的标高点，测出垫板标高，使其符合设计要求，以便安装轨道。梁面垫板标高的测量容许偏差为±2 mm。

3. 吊车轨道检查测量

吊车轨道在吊车梁上安装好以后,必须检查轨道中心线是否成一直线、轨道跨距及轨顶标高是否符合设计要求。对检测结果要进行记录,作为竣工资料提出。吊车轨道检查测量内容及要求见表11-5。

表11-5　吊车轨道检查测量内容及要求

项　　目	检查方法	容差要求/mm
轨道中心线(加密点)投点	置经纬仪于吊车梁上,照准预先在墙上或屋架上引测的中心线两端点,用正倒镜法将仪器中心移至轨道中心线上,而后每隔18 m投测一点,检查轨道的中心是否在一直线上	±2
轨道跨距	在两条轨道对称点上,用钢尺精密丈量其跨距尺寸,将实测值与设计值比较	±3~±5
轨道安装标高	根据在柱子上端测设的标高点(水准点)检查轨顶标高。在两轨接头处各测一点,中间每隔6 m测一点	±2

五、钢结构工程安装测量

钢结构工程安装测量的内容见表11-6。

表11-6　钢结构工程安装测量的内容

序号	项　　目	内　　容
1	平面控制	建立施工控制网对高层钢结构施工是极为重要的。控制网离施工现场不能太近,应考虑到钢柱的定位、检查和校正
2	高程控制	高层钢结构工程标高测设极为重要,其精度要求高,故施工场地的高程控制网,应根据城市二等水准点来建立一个独立的三等水准网,以便在施工过程中直接应用,在进行标高引测时必须先对水准点进行检查。三等水准高差闭合差的容许误差应达到$\pm 3\sqrt{n}$(mm),其中,n为测站数
3	轴线位移校正	任何一节框架钢柱的校正,均以下节钢柱顶部的实际中心线为准,使安装的钢柱的底部对准下面钢柱的中心线即可。因此,在安装的过程中,必须时时进行钢柱位移的监测,并将实测的位移量根据实际情况加以调整
4	定位轴线检查	定位轴线从基础施工起就应引起重视,必须在定位轴线测设前做好施工控制点及轴线控制点,待基础浇筑混凝土后再根据轴线控制点将定位轴线引测到柱基钢筋混凝土底板面上,然后预检定位轴线是否同原定位线重合、闭合,每根定位线总尺寸误差值是否超过限差值,纵、横网轴线是否垂直、平行。预检应由业主、监理、土建、安装四方联合进行,对检查数据要统一认可鉴证
5	标高实测	以三等水准点的标高为依据,对钢柱柱基表面进行标高实测,将测得的标高偏差用平面图表示,作为临时支承标高块调整的依据

序号	项　目	内　容
6	柱间距检查	柱间距检查是在定位轴线认可的前提下进行的，一般采用检定的钢尺实测柱间距。柱间距偏差值应严格控制在±3 mm范围内，绝不能超过±5 mm。若柱间距超过±5 mm，则必须调整定位轴线
7	单独柱基中心检查	检查单独柱基的中心线同定位轴线之间的误差，若超过限差要求，应调整柱基中心线使其同定位轴线重合，然后以柱基中心线为依据，检查地脚螺栓的预埋位置

任务实施

根据"相关知识"中的学习内容，在实际测量工作中，进行工业建筑物结构施工测量。

任务四　进行工业管道工程施工测量

任务描述

管道工程施工测量是为各种管道的设计和施工服务的，它的任务有两个方面：

(1)为管道工程的设计提供地形图和断面图。

(2)按设计要求将管道位置敷设于实地。

本任务要求学生掌握工业管道工程施工测量的方法。

相关知识

一、管道工程施工测量的内容

管道工程施工测量的内容见表11-7。

表11-7　管道工程施工测量的内容

序号	项　目	内　容
1	收集资料	收集规划设计区域1∶10 000(或1∶5 000)、1∶2 000(或1∶1 000)地形图以及原有管道平面图和断面图等资料
2	规划与纸上定线	利用已有地形图，结合现场勘察，进行规划和纸上定线
3	地形图测绘	根据初步规划的线路，实地测量管线附近的带状地形图。如该区域已有地形图，需要根据实际情况对原有地形图进行修测
4	管道中心线测量	根据设计要求，在地面上定出管道中心线的位置
5	纵、横断面图测量	测绘管道中心线方向和垂直于中心线方向的地面高低起伏情况

序号	项　　目	内　　容
6	管道施工测量	根据设计要求，将管道敷设于实地所需进行的测量工作
7	管通竣工测量	将施工后的管道位置，通过测量绘制成图，以反映施工质量，并作为使用期间维修、管理以及今后管道扩建的依据

二、管道工程施工测量的准备工作

(1)熟悉设计图纸资料，弄清管线布置及工艺设计和施工安装要求。

(2)熟悉现场情况，了解设计管线走向，以及管线沿途已有平面和高程控制点分布情况。

(3)根据管道平面图和已有控制点，并结合实际地形，作好施测数据的计算整理，并绘制施测草图。

(4)根据管道在生产上的不同要求、工程性质、所在位置和管道种类等因素，确定施测精度，如厂区内部管道比外部要求精度高；无压力的管道比有压力的管道要求精度高。

三、管道中心线测量

管道中心线测量就是将已确定的管道位置测设于实地，并用木桩标定之。其内容包括管道主点的测设、管道中桩的测设、管线转向角的测量以及里程桩手簿的绘制等。

(一)管道主点的测设

1. 主点测设采集

测设管道主点时，根据管道设计所给的条件和精度要求，主点测设数据的采集可采用图解法或解析法两种方法。

(1)图解法[图 11-10(a)]。图解法适用于管道规划设计图的比例尺较大，而且管道主点附近又有明显可靠的地物的情况，此方法受图解精度的限制，精度不高。

(2)解析法[图 11-10(b)]。当管道规划设计图上已给出管道主点的坐标，而且主点附近又有控制点时，可用解析法来采集测设数据。

2. 测设方法

管道主点的测设可采用直角坐标法、极坐标法、角度交会法和距离交会法等，如图 11-10 所示。

图 11-10(a)中，A、B 是原有管道检查井位置，Ⅰ、Ⅱ、Ⅲ点是设计管道的主点。欲在地面上定出Ⅰ、Ⅱ、Ⅲ等主点，可根据比例尺在图上量出长度 D、a、b、c、d 和 e，即测设数据。然后，沿原管道 AB 方向，从 B 点量出 D 即得Ⅰ点；用直角坐标法从房角量取 a，并垂直房边量取 b 取得Ⅱ点，再量 e 来校核Ⅱ点是否正确；用距离交会法从两个房角同时量出 c、d 交出Ⅲ点。

图 11-10(b)中，1、2、……为导线点，A、B、……为管道主点，如用极坐标法测设 B 点，则可根据 1、2 和 B 点坐标，按极坐标法计算出测设数据 $\angle 12B$ 和距离 D_{2B}。测设时，安置经纬仪于 2 点，后视 1 点，转 $\angle 12B$，得出 $2B$ 方向在此方向上用钢尺测设的距离 D_{2B}，即得 B 点。

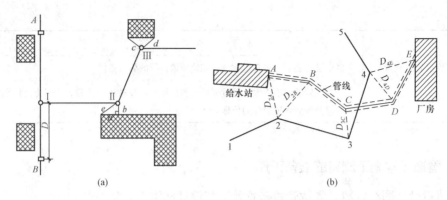

图 11-10　管道主点测设方法

(a)图解法收集主点测设数据；(b)解析法收集点测设数据

3. 主点测设工作的校核

主点测设后，由顶进行校核，校核主要分为以下两个步骤：

第一步：用主点的坐标计算相邻主点间的长度。

第二步：在实地量取主点间的距离，看其是否与算得的长度相符。

(二)管道中桩的测设

管道中桩的测设是指为测定管道的长度、进行管线中心线测量和测绘纵、横断面图，从管道起点开始，需沿管线方向在地面上设置整桩和加桩的工作。其中，整桩是指从起点开始按规定每隔一整数而设置的桩；加桩是指相邻整柱间管道穿越的重要地物处及地面坡度变化处要增设的桩。

为了便于计算，要对管道中桩按管道起点到该桩的里程进行编号，并用红油漆写在木桩侧面，如整桩号为 0＋150，即此桩离起点 150 m("＋"号前的数为千米数)，如加桩号为 2＋182，即表示离起点距离为 2 182 m。为了避免测设中桩错误，量距一般用钢尺丈量两次，精度为1/1 000。

对于不同的管道，其起点的规定不同，见表 11-8。

表 11-8　不同管道的起点规定

序号	项　　目	起点规定
1	给水管道	以水源为起点
2	排水管道	以下游出水口为起点
3	煤气、热力管道	以乘气方向为起点
4	电力、电信管道	以电源为起点

(三)管线转向角的测量

管线转向角是指管道改变方向时，转变后的方向与原方向的夹角，转向角有左、右之分，如图 11-11 所示。管线转向角的测量步骤如下：

(1)盘左读数。如图 11-11 所示，安置经纬仪于点 2，盘左瞄准点 1，在水平度盘上读数，纵转望远镜瞄准点 3，并读数，两读数之差即转向角。

(2)盘右读数。对管线转向角进行校核时，先用盘右按上述盘左的观测方向再观测一次。

(3)测量结果。取盘左、盘右两次观测读数的平均值作为测量结果。

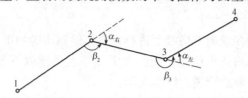

图 11-11　管线转向角的测量

(四)里程桩手簿的绘制

里程桩是指管道中心线上的整桩和加桩。在中桩测量的同时，要在现场测绘管道两侧带状地区的地物和地貌，这种图称为里程桩手簿。里程桩手簿是绘制纵断面图和设计管道时的重要参考资料。

里程桩手簿的绘制应符合下列要求：

(1)测绘管道带状地形图时，其宽度一般为左、右各 20 m，如遇到建筑物，则需测绘到两侧建筑物，并用统一图式表示。

(2)测绘的方法主要用皮尺以交会法或直角坐标法进行。必要时也用皮尺配合罗盘仪以极坐标法进行测绘。

(3)当已有大比例尺地形图时，应充分予以利用，某些地物和地貌可以从地形图上摘取，以减少外业工作量，也可以直接在地形图上表示出管道中心线和中心线各桩位置及其编号。

四、管道施工高程控制测量

为了便于管线施工时，引测高程及管线纵、横断面测量，应沿管线敷设临时水准点。水准点一般都选在旧建筑墙角、台阶和基岩等处。如无适当的地物，应提前埋设临时标桩作为水准点。

临时水准点应根据三等水准点敷设，其精度不得低于四等水准。临时水准点间距：自流管道和架空管道以 200 m 为宜，其他管线以 300 m 为宜。

五、管道纵、横断面图的测绘

(一)管道纵断面图的测绘

1. 管道纵断面的测量

(1)布设水准点。为了保证全线高程测量的精度，在纵断面水准测量之前，应先沿线设置足够的水准点。水准点的布设应符合下列要求：

1)当管道路线较长时，应沿管道方向每 1~2 km 设一个永久性水准点。

2)在较短的管道上和较长的管道上的永久性水准点之间，每隔 300~500 m 设立一个临时水准点。

(2)纵断面的施测。纵断面水准测量一般以相邻两水准点为一测段，从一个水准点出发，逐点测量中桩的高程，再附合到另一水准点上，以资校核。纵断面水准测量的视线长度可适当放宽，一般情况下采用中桩作为转点，但也可另设。两转点间各桩的高程通常用仪高法求得。转点上的读数必须读至毫米，中间点读数可读至厘米。

2. 纵断面图的绘制

纵断面图的绘制一般在毫米方格纸上进行，具体绘制步骤如下：

第一步：在方格纸上的适当位置，绘出水平线。水平线以下各栏注记实测、设计和计算的有关数据，水平线上面绘管道的纵断面图。

第二步：根据水平比例尺，在管道平面图栏内，标明各里程桩的位置，在距离栏内注明各桩之间的距离，在桩号栏内标明各桩的桩号；在地面高程栏内注记各桩的地面高程。根据里程桩手簿绘出管道平面图。

第三步：在水平线上部，根据各里程桩的地面高程，按高程比例尺在相应的垂直线上确定各点的位置，再用直线连接相邻点，即得纵断面图。

第四步：根据设计要求，在纵断面图上绘出管道的设计线，在坡度栏内注记坡度方向，在坡度线之上注记坡度值，在线下注记该段坡度的距离。

(二)管道横断面图的测绘

1. 管道横断面的测量

测量管道横断面时，施测宽度应由管道的直径和埋深来确定，一般每侧为 20 m。测量时，横断面的方向可用十字架(图 11-12)定出。将小木桩或测钎插入地上，以标志地面特征点。特征点到管道中心线的距离用皮尺丈量。特征点的高程与纵断面水准测量同时施测，作为中间点看待，但分开记录。

2. 横断面图的绘制

在中心线各桩处，作垂直于中心线的方向线，测出该方向线上各特征点距中心线的距离和高程，根据这些数据绘制断面图，

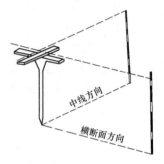

图 11-12 横断面方向

这就是横断面图。横断面图表示管线两侧的地面起伏情况，供设计时计算土方量和施工时确定开挖边界之用。

管道横断面图一般在毫米方格纸上绘制，绘制要求如下：

(1)绘制时，以中心线上的地面点为坐标原点，以水平距离为横坐标，以高程为纵坐标。

(2)为了计算横断面的面积和确定管道开挖边界的需要，其水平比例尺和高程比例尺应相同。

六、地下管道施工测量

(一)地下管线调查

(1)地下管线调查，可采用对明显管线点的实地调查、对隐蔽管线点的探查、疑难点位开挖等方法确定管线的测量点位。对需要建立地下管线信息系统的项目，还应对管线的属性做进一步的调查。

(2)隐蔽管线点探查的水平位置偏差 ΔS 和埋深较差 ΔH，应分别满足下式要求：

$$\Delta S \leqslant 0.10 \times h$$
$$\Delta H \leqslant 0.15 \times h$$

式中 h——管线埋深(cm)，当 $h < 100$ cm 时，按 100 cm 计。

(3)管线点宜设置在管线的起止点、转折点、分支点、变径处、变坡处、交叉点、变材点、出(入)地口、附属设施中心点等特征点上；管线直线段的采点间距，图上宜为 10～30 cm；隐蔽管线点应明显标识。

(4)地下管线的调查项目和取舍标准宜根据委托方要求确定，也可依管线疏密程度、管径大小和重要性按表 11-9 确定。

表 11-9　地下管线调查项目和取舍标准

管线类型		埋深		断面尺寸		材质	取舍要求	其他要求
		外顶	内底	管径	宽×高			
给水		*	—	*	—	*	内径≥50mm	—
排水	管道	—	*	*	—	*	内径≥200 mm	注明流向
	方沟	—	*	—	*	*	方沟断面≥300 mm×300 mm	
燃气		*	—	*	—	*	干线和主要支线	注明压力
热力	直埋	*	—	*	—	*	干线和主要支线	注明流向
	沟道	—	*	—	*	*	全　测	
工业管道	自流	—	*	*	—	*	工艺流程线不测	—
	压力	*	—	*	—	*		自流管道注明流向
电力	直埋	*	—	—	—	*	电压≥380 V	注明电压
	沟道	—	*	—	*	*	全　测	注明电缆根数
通信	直埋	*	—	*	—	*	干线和主要支线	
	管块	*	—	—	*	*	全　测	注明孔数

注：1. * 为调查或探查项目。

　　2. 管道材质主要包括：钢、铸铁、钢筋混凝土、混凝土、石棉水泥、陶土、PVC 塑料等。沟道材质主要包括砖石、管块等。

(5)在明显管线点上，应查明各种与地下管线有关的建(构)筑物和附属设施。

(6)对隐蔽管线的探查，应符合下列规定：

1)探查作业，应按仪器的操作规定进行。

2)作业前，应在测区的明显管线点上进行比对，确定探查仪器的修正参数。

3)对于探查有困难或无法核实的疑难管线点，应进行开挖验证。

(7)对隐蔽管线点探查结果，应采用重复探查和开挖验证的方法进行质量检验，并分别满足下列要求：

1)重复探查的点位应随机抽取，点数不宜少于探查点总数的 5%，并分别按以下公式计算隐蔽管线点的平面位置中误差 m_H 和埋深中误差 m_V，其数值不应超过限差的 1/2：

$$m_H = \sqrt{\frac{[\Delta S_i \Delta S_i]}{2n}}$$

$$m_V = \sqrt{\frac{[\Delta H_i \Delta H_i]}{2n}}$$

式中　ΔS_i——复查点位与原点位间的平面位置偏差(cm)；

ΔH_i——复查点位与原点位的埋深较差(cm);

    n——复查点数。

2)开挖验证的点位应随机抽取,点数不宜少于隐蔽管线点总数的1%,且不应少于3个点。

(二)地下管线信息系统

地下管线信息系统可按城镇大区域建立,也可按居民小区、校园、医院、工厂、矿山、民用机场、车站、码头等独立区域建立,必要时还可按管线的专业功能类别如供油、燃气、热力等分别建立。

1. 地下管线信息系统的功能

地下管线信息系统应具有以下基本功能:

(1)地下管线图数据库的建库、数据库管理和数据交换。

(2)管线数据和属性数据的输入和编辑。

(3)管线数据的检查、更新和维护。

(4)管线系统的检索查询、统计分析、量算定位和三维观察。

(5)用户权限的控制。

(6)网络系统的安全监测与安全维护。

(7)数据、图表和图形的输出。

(8)系统的扩展功能。

2. 地下管线信息系统的建立

地下管线信息系统的建立应包括以下内容:

(1)地下管线图库和地下管线空间信息数据库。

(2)地下管线属性信息数据库。

(3)数据库管理子系统。

(4)管线信息分析处理子系统。

(5)扩展功能管理子系统。

(三)地下管线施测

1. 施测程序

(1)管道开挖中心线与施工控制桩的测设。地下管道开挖中心线及施工控制桩的测设是根据管线的起止点和各转折点,测设管线沟的挖土中心线,一般每20 m测设一点。中心线的投点允许偏差为±10 mm。量距的往返相对闭合差不得大于1/2 000。管道中心线定出以后,就可以根据中心线位置和槽口开挖宽度,在地面上洒灰线标明开挖边界。在测设中心线时,应同时定出井位等附属构筑物的位置。由于管道中心线桩在施工中要被挖掉,为了便于恢复中心线和附属构筑物的位置,应在不受施工干扰、易于保存桩位的地方,测设施工控制桩。管线施工控制桩分为中心线控制桩和井位等附属构筑物位置控制桩两种。中心线控制桩一般是测设在主点中心线的延长线点。井位控制桩则测设于管道中心线的垂直线上(图11-13)。控制桩可采用大木桩,钉好后必须采取适当的保护措施。

(2)边桩与水平桩间水平距离的测量。由横断面设计图查得左、右两侧边桩与中心桩的水平距离,如图11-14中的a和b,施测时在中心桩处插立方向架测出横断面的位置,在断面方向上,用皮尺抬平量定A、B两点位置,各钉立一个边桩。相邻断面同侧边桩的连线,即开挖边线，用石灰放出灰线，作开挖的界限。开挖边线的宽度是根据管径大小、埋设深度和土质等情况而定。如图 11-15 所示，当地面平坦时，开挖槽口宽度采用下式计算：

$$d = b + 2mh$$

式中　b——槽底宽度；

　　　h——挖土深度；

　　　m——边坡率。

（3）高程测量。欲测管道高程即各坡度顶板的高程。坡度顶板又称为龙门板，在每隔 10 m 或 20 m 槽口上设置一个坡度顶板(图 11-16)，以在施工中控制管道中心线和位置，掌握管道设计高程的标志。坡度顶板必须稳定、牢固，其顶面应保持水平。用经纬仪将中心线位置测设到坡度顶板上，钉上中心钉，安装管道时，可在中心钉上悬挂垂球，以确定管道中心线的位置。以中心钉为准，放出混凝土垫层边线、开挖边线及沟底边线。

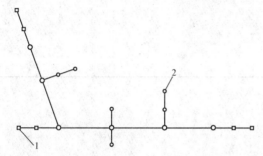

图 11-13　管线控制桩

1—中心线控制桩；2—井位控制桩

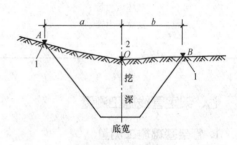

图 11-14　横断面测设

1—边桩；2—中心桩

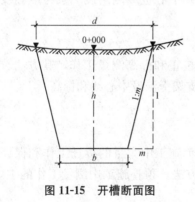

图 11-15　开槽断面图

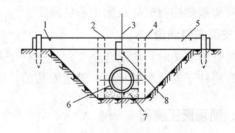

图 11-16　坡度顶板的设置

1—开挖边线；2—垫层边线；3—中心线；

4—沟底边线；5—坡度顶板；6—水管；

7—混凝土垫层；8—坡度钉

为了控制管槽开挖深度，应根据附近水准点测出各坡度顶板的高程。管底设计高程可在横断面设计图上查得。坡度顶板与管底设计高程之差称为下返数。由于下返数往往非整数，而且各坡度顶板的下返数都不同，施工检查时很不方便。为了使一段管道内的各坡度顶板具有相同的下返数(预先确定的下返数)，为此，可按下式计算每一坡度顶板向上或向下量取的调整数：

调整数＝预先确定下返数－(板顶高程－管底设计高程)

2. 测量允许偏差

自流管的安装标高或底面模板标高每 10 m 测设一点(不足时可加密),其他管线每 20 m 测设一点。管线的起止点、转折点、窨井和埋设件均应加测标高点。各类管线安装标高和模板标高的测量允许偏差应符合表 11-10 的规定。

管线的地槽标高,可根据施工程序,分别测设挖土标高和垫层面标高,其测量允许偏差为 ±10 mm。

地槽竣工后,应根据管线控制点投测管线的安装中心线或模板中心线,其投点允许偏差为 ±5 mm。

表 11-10 管线标高测量允许偏差

管线类别	标高测量允许偏差/mm
自流管(下水道)	±3
气体压力管	±5
液体压力管	±10
电缆地沟	±10

七、架定管线施工测量

1. 管架基础施工测量

管架基础中心桩可根据起止点和转折点测设,其直线投点的容差为 ±5 mm,基础间距丈量的容差为 1/2 000。

管架基础中心桩测定后,一般采用十字线法或平行基线法进行控制,即在中心桩位置沿中心线和中心线垂直方向打四个定位桩,或在基础中心桩一侧测设一条与中心线平行的轴线。管架基础控制桩应根据中心桩测定。

2. 支架安装测量

安装管道支架时,应配合施工,进行柱子垂直校正和标高测量工作,其方法、精度要求均与厂房柱子安装测量相同。管道安装前,应在支架上测设中心线和标高。

八、顶管施工测量

当管道穿越铁路、公路或重要建筑时,为了避免施工中大量的拆迁工作和保证正常的交通运输,往往不允许开沟槽,而采用顶管施工的方法。顶管施工中测量工作的主要任务,是掌握管道中心线方向、高程和坡度。

1. 顶管测量的准备工作

顶管测量的各项准备工作见表 11-11。

表 11-11 顶管测量的各项准备工作

序号	项　目	操　作　方　法
1	设置顶管中线桩	根据设计图上管线的要求,在工作坑的前、后钉立中心线控制桩,然后确定开挖边界。开挖到设计高程后,将中心线引到坑壁上,并钉立大钉或木桩,此桩称为顶管中线桩,以标定顶管中心线的位置

序号	项　目	操　作　方　法
2	设置临时水准点	为了控制管道按设计高程和坡度顶进，需要在工作坑内设置临时水准点。一般要求设置两个，以便相互检核
3	安装导轨	导轨一般安装在方木或混凝土垫层上。垫层面的高程及纵坡都应当符合设计要求，根据导轨宽度安装导轨，根据顶管中线桩及临时水准点检查中心线和高程，无误后，将导轨固定

2. 顶管施工中心线测量

如图 11-17 所示，通过顶管中线桩拉一条细线，并在细线上挂两垂球，两垂球的连线即管道方向。在管内前端横放一木尺，尺长等于或略小于管径，使它恰好能放在管内。木尺上的分划是以尺的中央为零向两端增加的。将尺子在管内放平，如果两垂球的方向线与木尺上的零分划线重合，则说明管子中心在设计管线方向上；如不重合，则管子有偏差。其偏差值可直接在木尺上读出，若读数超过 ±1.5 cm，则需要对管子进行校正。

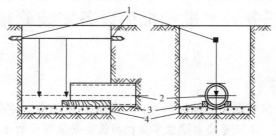

图 11-17　顶管施工中线测量
1—顶管中线桩；2—木尺；3—导轨；4—垫层

3. 顶管施工高程测量

顶管施工高程测量应符合下列要求：

(1)水准仪安置在工作坑内，以临时水准点为后视，以顶管内待测点为前视。将算得的待测点高程与管底的设计高程比较，其差数超过 ±1 cm 时，需要校正管子。

(2)在顶进过程中，每 0.5 m 进行一次中心线和高程测量，以保证施工质量。

(3)对于长距离顶管，需要分段施工，每 100 m 设一个工作坑，采用对向顶管施工方法，在贯通时，管子错口不得超过 3 cm。

(4)有时顶管工程采用套管，此时顶管施工精度要求可适当放宽。

(5)对于距离较长、直径较大的顶管，并且采用机械化施工的时候，可用激光水准仪进行导向。

九、管道竣工测量

管道工程竣工图包括竣工带状平面图和管道竣工断面图两方面内容。

1. 竣工带状平面图

竣工带状平面图主要对管道的主点、检查井位置以及附属构筑物施工后的实际平面位置和高程进行测绘。图上除标有各种管道位置外，还根据资料在图上标有：检查井编号、检查井顶面高程和管底(或管顶)的高程,以及井间的距离和管径等内容。对于管道中的阀门、消火栓、排气装置和预留口等,应用统一符号标明。

2. 管道竣工断面图

管道竣工断面图测绘一定要在回填土前进行,测绘内容包括检查井口顶面和管顶高程,管底高程由管顶高程和管径、管壁厚度算得。对于自流管道应直接测定管底高程,其高程中误差不应大于±2 cm;井间距离应用钢尺丈量。如果管道互相穿越,在断面图上应表示出管道的相互位置,并注明尺寸。

任务实施

根据"相关知识"中的学习内容,在实际测量工作中,进行管道中心线测量,高程控制测量,纵、横断面图测绘,地下管道施工测量,架空管线施工测量,顶管施工测量,管道竣工测量等工作。

任务五　进行机械设备安装测量

任务描述

机械设备安装需要做好设备基础控制网、设备安装基准线、标高基准点的测设,以保证机械设备的安装精度。本任务要求学生掌握机械设备安装测量的方法。

相关知识

一、设备基础控制网的设置

1. 内控制网的设置

设备基础内控制网的设置应根据厂房的大小与厂内设备的分布情况而定,主要包括两方面内容,见表 11-12。

表 11-12　内控制网设置的内容

序号	项　目	内　容
1	中小型设备基础内控制网的设置	内控制网的标志一般采用在柱子上预埋标板,然后将柱中心线投测于标板之上,以构成内控制网
2	大型设备基础内控制网的设置	大型连续生产设备基础中心线及地脚螺栓组中心线很多,为便于施工放线,将槽钢水平地焊在厂房钢柱上,然后根据厂房矩形控制网,将设备基础主要中心线的端点投测于槽钢上,以建立内控制网

2. 线板的架设

对于大型设备基础,有时需要与厂房基础同时施工。因此,不可能设置内控制网,而采用在靠近设备基础的周围架设钢线板或木线板的方法。

(1)钢线板的架设。架设钢线板时，采用预制钢筋混凝土小柱子作固定架，在浇灌混凝土垫层时，将小柱子埋设在垫层内，如图 11-18 所示。首先在混凝土柱上焊以角钢斜撑，再以斜撑上铺焊角钢作为线板。最好靠近设备基础的外模，这样可依靠外模的支架顶托，以增加稳固性。

(2)木线板的架设。木线板可直接支架在设备基础的外模支撑上，支撑必须牢固稳定。在支撑上铺设截面为 1~5 cm×10 cm 表面刨光的木线板，如图 11-19 所示。为了便于施工人员拉线来安装螺栓，木线板的高度要比基础模板高 5~6 cm，同时纵、横两方向的高度必须相差 2~3 cm，以免挂线时纵、横两钢丝在相交处相碰。

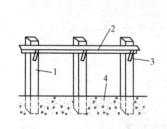

图 11-18 钢线板的架设

1—钢筋混凝土预制小柱子；2—角钢；

3—角钢斜撑；4—垫层

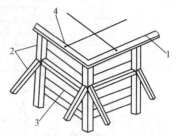

图 11-19 木线板的架设

1~5 cm×10 cm 木线板；2—支撑；3—模板；

4—地脚螺栓组中心线点

二、设备安装基准线和基准点的确定

(1)检查施工单位移交的基础或结构的中心线(或安装基准线)与标高点。

(2)根据已校正的中心线与标高点，测出基准线的端点和基准点的标高。

(3)根据所测的或前一施工单位移交的基准线和基准点，检查基础或结构的相关位置、标高和距离等是否符合安装要求。平面位置安装基准线与基础实际轴线(如无基础时则与厂房墙或柱的实际轴线或边缘线)的距离偏差不得超过±20 mm。如核对后需调整基准线或基准点，应根据有关部门的正式决定调整之。

三、基坑开挖与设备基础放线

1. 基坑开挖

安装设备时，基坑开挖多采用机械挖土，测量要求如下：

(1)根据厂房控制网或场地上其他控制点测定挖土范围线，其测量容许偏差为±5 cm。

(2)标高根据附近水准点测设，容许偏差为±3 cm。

(3)在基坑挖土中应经常配合检查挖土标高，挖土竣工后，应实测挖土面标高，测量容许偏差为±2 cm。

2. 设备基础底层放线

设备基础底层放线包括坑底抄平与垫层中心线投点两项工作，测设成果供施工人员安装固定架、地脚螺栓及支模时使用。

3. 设备基础上层放线

设备基础上层放线主要包括固定架设点、地脚螺栓安装抄平及模板标高测设等。需要说明的是，对于大型设备，其地脚螺栓很多，而且大小类型和标高不一，为保证地脚螺栓的位置和标高都符合设计要求，必须在施测前绘制地脚螺栓图。地脚螺栓图可直接从原图上描下来。若此图只供给检查螺栓标高用，上面只需绘出主要地脚螺栓组中心线，地脚螺栓与中心线的尺寸关系可以不注明，只将同类的螺栓分区编号，并在图旁附绘地脚螺栓标高表，注明螺栓号码、数量、螺栓标高及混凝土面标高，如图 11-20 所示。

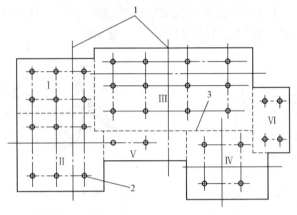

图 11-20　地脚螺栓分区编号
1—螺栓组中心线；2—地脚螺栓；3—区界

四、设备标高基准点设置

（1）简单的标高基准点作为独立设备安装基准点。可在设备基础或附近墙、柱上的适当部位处分别用油漆画上标记，然后根据附近水准点（或其他标高起点）用水准仪测出各标记的具体数值，并标明在标记附近。其标高的测定允许偏差为 ±3 mm，安装基准点多于一个时，其任意两点间高差的允许偏差为 1 mm。

（2）预埋标高基准点。在连续生产线上安装设备时，应用钢制标高基准点，可将直径为 19～25 mm、杆长不小于 50 mm 的铆钉，牢固地埋设在基础表面（应在靠近基础边缘处，不能在设备下面），铆钉的球形头露出基础表面 10～14 mm。

埋设位置距离被测设备上有关测点越近越好，并且应在容易测量的地方。相邻安装基准点高差的误差应在 0.5 mm 以内。

任务实施

根据"相关知识"中的学习内容，在实际测量工作中，设置设备基础控制网，确定设备安装基准线和基准点，进行基坑开挖与设备基础放线，设置设备标高基准点。

▷项目小结

凡工业厂房或连续生产系统工程，均应建立独立矩形控制网，作为施工放样的依据。

工业厂房控制网测设前的准备工作主要包括：制定测设方案、计算测设数据和绘制测略图。工业建筑物放样是根据工业建筑物的设计，以一定的精度将其主要轴线和大小转移到实地上去，并将其固定起来。工业建筑物放样的工作主要包括：直线定向、在地面上标定直线并测设规定的长度、测设规定的角度和高程。

思考与练习

1. 工业厂房控制网测设前的准备工作有哪些？
2. 工业建筑物放样的要求有哪些？
3. 管道工程测量的项目和内容是什么？
4. 管道工程竣工图包括哪些内容？

项目十二　建筑物变形观测与竣工测量

学习目标

　　通过本项目的学习，了解建筑物变形观测的基本概念；掌握沉降观测、倾斜观测、裂缝和水平位移观测的方法，变形观测数据处理方法，编制竣工总平面图的方法。

能力目标

　　能进行一般精度的沉降观测、倾斜观测、裂缝和水平位移观测，并且能对变形观测数据进行处理，能够绘制竣工总平面图。

任务一　进行建筑物的沉降观测

任务描述

　　建筑物沉降观测是用水准测量的方法，周期性地观测建筑物上的沉降观测点和水准基点之间的高差变化值。本任务要求学生掌握建筑物的沉降观测的方法。

相关知识

一、沉降观测基准点和观测点的设置

　　变形测量点可分为控制点和观测点。控制点包括基准点、工作基点及联系点、检核点等工作点。基准点是指在变形测量中，作为测量工作基点及观测点依据的稳定可靠的水准点。工作基点是指作为直接测定观测点的较稳定的控制点。观测点是指设置在变形体上能反映变形特征及变形量的点，作为变形测量用的固定标志。

　　各种测量点的选设及使用，应符合下列要求：

　　(1)基准点应选设在变形影响范围以外，便于长期保存的稳定位置，使用时应作稳定性检测。

　　(2)工作基点应选设在靠近观测目标且便于联测观测点的稳定或相对稳定的位置，使用前应进行稳定性检测。

　　(3)工作基点与联系点布设的位置应视构网需要而确定。作为工作基点的水准点位置与邻近建筑物的距离不得小于建筑物基础深度的 1.5～2.0 倍。工作基点与联系点也可在稳定的永久性建筑物墙体或基础上设置。

（4）观测点应选设在变形体上能反映变形特征的位置，可以直接从工作基点（或邻近的基准点）和其他工作点对其进行观测。

（5）各类水准点应避开交通干道，地下管线，仓库堆栈，水源地，河岸，松软填土，滑坡地段，机器振动区以及其他标石、标志易遭腐蚀和破坏的地点。

为了测定建筑物的沉降，需要在远离变形区的稳固地点布设水准基点。水准基点即沉降观测的基准点，其应尽可能埋设在基岩上或原状土层中，确保其稳定不变和长久保存。每一测区的水准基点不应少于 3 个。对于小测区，当确认点位稳定、可靠时可少于 3 个，但连同工作基点不得少于 3 个。水准基点的标石，应埋设在基岩层或原状土层中。在建筑区内，点位与邻近建筑物的距离应大于建筑物基础最大宽度的 2 倍，其标石埋深应大于邻近建筑物基础的深度。在建筑物内部的点位，其标石埋深应大于地基土压缩层的深度。

在建筑物附近埋设工作基点，直接测定观测点的沉降。为保证工作基点高程的正确性，应定期根据稳定的水准基点对工作基点进行精密水准测量，以求得工作基点的垂直位移值，从而对观测点的垂直位移加以改正。

二、水准基点的布设

水准基点是沉降观测的基准，因此，其构造与埋设必须保持稳定不变和长久保存。水准基点的布设应满足以下要求：

（1）要有足够的稳定性。水准基点必须设置在沉降的影响范围以外，冰冻地区的水准基点应埋设在冰冻线以下 0.5 m。

（2）要具备检核条件。为了保证水准基点高程的正确性，水准基点最少应布设三个，以便相互检核。

（3）要满足一定的观测精度。水准基点和观测点之间的距离应适中，相距太远会影响观测精度，水准基点应距沉降观测点 20～100 m。

【小提示】 城市地区的沉降观测水准基点可用二等水准与城市水准联测，可采用假定高程。

三、沉降观测点的布设

进行沉降观测的建筑物，应埋设沉降观测点。沉降观测点应布设在最有代表性的地点，埋设时要与建筑物连接牢靠。沉降观测点的布设应满足以下要求：

（1）沉降观测点的位置。沉降观测点应布设在能全面反映建筑物沉降情况的部位。对于民用建筑，通常在它的四角点、中点、转角处布设观测点。设有沉降缝的建筑物，在其两侧布设观测点。对于宽度大于 15 m 的建筑物，在其内部有承重墙和支柱时，应尽可能布设观测点。

（2）沉降观测点的数量。一般来说，沉降观测点是均匀布置的，沿建筑物的周边每隔 10～20 m 布设一个观测点。

（3）沉降观测点的设置形式。对于工业与民用建筑物，沉降观测点标志应根据观测对象的特点和观测点埋设的位置来确定。通常采用的观测点的标志如图 12-1 所示。其中，图 12-1(a)所示为钢筋混凝土基础上的观测标志，它是埋设在基础面上的直径为 20 mm、长为 80 mm 的铆钉；图 12-1(b)所示为钢筋混凝土柱上的观测标志，它是一根截面为 30 mm×30 mm×5 mm、长度为 150 mm 的角钢，以 60°的倾斜角埋入混凝土内；图 12-1(c)所示为钢柱上的观测标志，它是在角钢上焊一个铜头后再焊到钢柱上的；图 12-1(d)所示为隐蔽式的观测标志，观测时将球形标志旋入孔洞内，用毕即将标志旋下，换以罩盖。

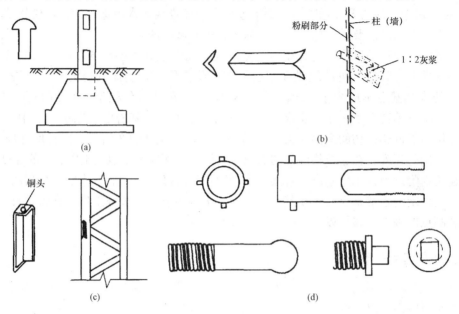

图 12-1　常用观测点标志
(a)钢筋混凝土基础上的观测标志；(b)钢筋混凝土柱上的观测标志；
(c)钢柱上的观测标志；(d)隐藏式的观测标志

四、沉降观测

在建筑物变形观测中，进行得最多的是沉降观测。对中、小型厂房和建筑物，可以采用普通水准测量；对大型厂房和高层建筑物，应采用精密水准测量法。沉降观测的水准路线(从一个水准点到另一水准点)应形成闭合线路。与一般水准测量相比，其视线长度较短，一般不大于 25 m，一次安置仪器可以有几个前视点。为了提高精度，可采用"三固定"的方法，即固定人员，固定仪器，固定施测线路、镜位与转点。观察时，前、后视宜使用同一根水准尺，且保持前、后视距大致相等。由于观测线路较短，其闭合差一般不会超过 1～2 mm，闭合差可按测站平均分配。

沉降观测的时间和次数，应根据工程的性质、施工进度、地基地质情况及基础荷载的变化情况而定。当埋设的沉降观测点稳固后，应在建筑物主体开工前，进行第一次观测。在建(构)筑物主体施工过程中，一般每盖 1～2 层观测一次。如中途停工时间较长，应在停工时和复工时进行观测。当发生大量沉降或严重裂缝时，应进行逐日或几天一次的连续观测。建筑物封顶或竣工后应根据沉降量的大小来确定观测周期。开始时可每隔 1～2 月观测一次，以每次沉降量在 5～10 mm 为限，否则要增加观测次数。如果沉降速度减缓，可改为 2～3 个月观测一次，逐渐延长观测周期，直至沉降稳定为止。

观测时先后视水准基点，接着依次前视各沉降观测点，最后再次后视该水准基点，两次后视读数之差不应超过 ±1 mm。另外，沉降观测的水准路线(从一个水准基点到另一个水准基点)应为闭合水准路线。

五、沉降观测的成果整理

(1)整理原始记录。每次观测结束后，都应检查记录的数据和计算是否正确、精度是否合格，然后调整高差闭合差，推算出各沉降观测点的高程，并填入"沉降观测记录表"(表 12-1)中。

(2)计算沉降量。

1)计算各沉降观测点的本次沉降量。

沉降观测点的本次沉降量＝本次观测所得的高程－上次观测所得的高程

2)计算累积沉降量。

累积沉降量＝本次沉降量＋上次累积的沉降量

将计算出的沉降观测点本次沉降量、累积沉降量和观测日期、荷载情况等记入"沉降观测记录表"(表 12-1)中。

表 12-1　沉降观测记录表

观测次数	观测时间	各观测点的沉降情况						...	施工进展情况	荷载情况 /(t·m⁻²)
		1			2			...		
		高程 /m	本次下沉 /mm	累积下沉 /mm	高程 /m	本次下沉 /mm	累积下沉 /mm	...		
1	2014.01.10	50.454	0	0	50.473	0	0	...	一层平口	
2	2014.02.23	50.448	−6	−6	50.467	−6	−6		三层平口	40
3	2014.03.16	50.443	−5	−11	50.462	−5	−11		五层平口	60
4	2014.04.14	50.440	−3	−14	50.459	−3	−14		七层平口	70
5	2014.05.14	50.438	−2	−16	50.456	−3	−17		九层平口	80
6	2014.06.04	50.434	−4	−20	50.452	−4	−21		主体完	110
7	2014.08.30	50.429	−5	−25	50.447	−5	−26		竣工	
8	2014.11.06	50.425	−4	−29	50.445	−2	−28		使用	
9	2015.02.28	50.423	−2	−31	50.444	−1	−29			
10	2015.05.06	50.422	−1	−32	50.443	−1	−30			
11	2015.08.05	50.421	−1	−33	50.443	0	−30			
12	2015.12.25	50.421	0	−33	50.443	0	−30			

注：水准点的高程 BM_1：49.538 mm；BM_2：50.123 mm；BM_3：49.776 mm。

(3)绘制沉降曲线。图 12-2 所示为沉降曲线，沉降曲线分为两部分，即时间与沉降量关系曲线和时间与荷载关系曲线。

1)绘制时间与沉降量关系曲线。首先，以沉降量为纵轴，以时间为横轴，组成直角坐标系。然后，以每次累积沉降量为纵坐标，以每次观测日期为横坐标，标出沉降观测点的位置。最后，用曲线将标出的各点连接起来，并在曲线的一端注明沉降观测点的号码，这样就绘制出了时间与沉降量关系曲线，如图 12-2 所示。

2)绘制时间与荷载关系曲线。首先，以荷载为纵轴，以时间为横轴，组成直角坐标系，再根据每次观测时间和相应的荷载标出各点，将各点连接起来，即可绘制出时间与荷载关系曲线，如图12-2所示。

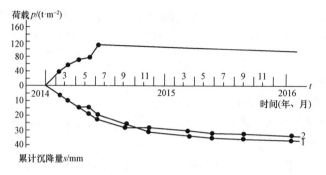

图 12-2　沉降曲线

任务实施

根据"相关知识"中的学习内容，在实际测量工作中，进行水准基点、沉降观测点的布设，进行沉降观测，并对沉降观测成果进行整理。

任务二　进行建筑物的倾斜观测

任务描述

测定建筑物倾斜度随时间而变化的工作称为倾斜观测。测定方法有两类：一类是直接测定法；另一类是通过测定建筑物基础的相对沉降确定其倾斜度。本任务要求学生掌握建筑物倾斜观测的方法。

相关知识

一、一般建筑物的倾斜观测

如图12-3所示，将经纬仪安置在离建筑物的距离大于其高度1.5倍的固定测站上，瞄准上部的观测点 M ，用盘左和盘右分中投点法定出下面的观测点 N 。用同样的方法，在与原观测方向垂直的另一方向，定出上观测点 P 与下一观测点 Q 。相隔一段时间后，在原固定测站上安置经纬仪，分别瞄准上观测点 M 与 P ，仍用盘左和盘右分中投点法得 N' 与 Q' 。若 N' 与 N 、 Q' 与 Q 不重合，说明建筑物发生了倾斜。用尺量出倾斜位移分量 ΔA 、 ΔB ，然后求得建筑物的总倾斜位移量 ΔD ，即

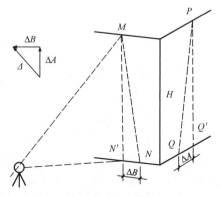

图 12-3　一般建筑物的倾斜观测

$$\Delta D = \sqrt{\Delta A^2 + \Delta B^2} \tag{12-1}$$

建筑物的倾斜度 i 用下式表示：

$$i = \tan\alpha = \frac{\Delta D}{H} \tag{12-2}$$

式中　　H——建筑物高度；

　　　　α——倾斜角。

二、塔式建筑物的倾斜观测

当测定圆形构筑物如烟囱、水塔等的倾斜角度时，首先需求出顶部中心对底部中心的偏心距。其方法为：如图 12-4 所示，在烟囱底部横放一根水准尺，然后在水准尺的中垂线方向上安置经纬仪。经纬仪与烟囱的距离尽量大于烟囱高度的 1.5 倍。用望远镜将烟囱顶部边缘两点 A、A' 及底部边缘两点 B、B' 分别投到水准尺上，得读数为 y_1、y_1' 及 y_2、y_2'。烟囱顶部中心 O 对底部中心 O' 在 y 方向上的偏心距为

$$\Delta y = \frac{y_1 + y_1'}{2} - \frac{y_2 + y_2'}{2} \tag{12-3}$$

同样，可测得在 x 方向上顶部中心 O 的偏心距为

$$\Delta x = \frac{x_1 + x_1'}{2} - \frac{x_2 + x_2'}{2} \tag{12-4}$$

顶部中心对底部中心的总偏心距为 ΔD，即

$$\Delta D = \sqrt{\Delta x^2 + \Delta y^2} \tag{12-5}$$

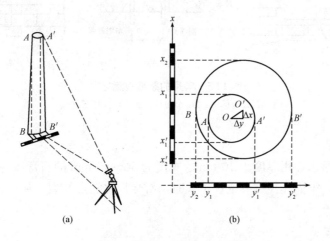

(a)　　　　　　　　　　　(b)

图 12-4　塔式建筑物的倾斜观测

(a)在烟囱底部横放一根水准尺；(b)将点投射到水准尺上

任务实施

根据"相关知识"中的学习内容，在实际测量工作中，进行一般建筑物和塔式建筑物的倾斜观测。

任务三　进行建筑物的裂缝观测和水平位移观测

建筑物发生裂缝时，为了解其现状及其变化情况，应进行裂缝观测。根据观测资料分析产生裂缝的原因和其对建筑物安全的影响，及时采取有效措施加以处理。建筑物水平位移观测是根据平面控制点测定建筑物的平面位置随时间而移动的大小和方向。本任务要求学生掌握建筑物裂缝观测和水平位移观测的方法。

一、建筑物的裂缝观测

当建筑物多处出现裂缝时，需要对裂缝统一进行编号，并测定在建筑物上的裂缝分布位置，在裂缝处设置观测标志。然后，分别观测裂缝的走向、长度、宽度及其变化程度等。常用的观测标志如图 12-5 所示。

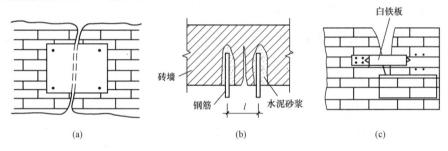

图 12-5　常用的裂缝观测标志
(a)石膏板标志；(b)金属棒标志；(c)白铁板标志

1. 石膏板标志

如图 12-5(a)所示，用厚度为 10 mm、宽度为 50～80 mm 的石膏板(长度视裂缝大小而定)在裂缝两边固定牢固。当裂缝继续扩大时，石膏板也随之开裂，从而观察裂缝继续发展的情况。

2. 金属棒标志

如图 12-5(b)所示，在裂缝两边钻孔，将长约为 10 cm、直径为 10 mm 以上的钢筋头插入，并使其露出墙外 2 cm 左右，用水泥砂浆填灌牢固。在两钢筋头埋设前，应先把外露的一端锉平，在上面刻画十字线或中心点，作为量取间距的依据。待水泥砂浆凝固后，量出两金属棒的间距，以后定期观测距离，并进行比较，即可掌握裂缝的发展情况。

3. 白铁板标志

如图 12-5(c)所示，用两块大小不同的矩形薄白铁板，分别钉在裂缝两侧，作为观测标志。固定时，使内、外两块白铁板的边缘相互平行。将两铁板的端线相互投到另一块的表面上。用红油漆画成两个"▶"标记。如裂缝继续扩大，则铁板端线与三角形边线逐渐离开，定期分别量取两组端线与边线之间的距离，取其平均值，即裂缝扩大的宽度，连同观测时间一并记入手簿内。另外，还应观测裂缝的走向和长度等项目。

【小提示】 对重要的裂缝以及大面积的多条裂缝，应在固定距离及高度设站，进行近景摄影测量。通过对不同时期摄影照片的量测，可以确定裂缝变化的方向及尺寸。

二、建筑物的水平位移观测

位移观测有时只要求测定建筑物在某特定方向上的位移量，例如大坝在水压方向上的位移量。观测时，可垂直于移动方向上建立一条基准线，在建筑物上埋设一些观测标志，定期测量各标志偏离基准线的距离，就可了解建筑物随时间位移的情况。图 12-6 所示为用导线测量法查看工业厂房的位移情况。A、B 为施工中的平面控制点，M 为墙上设立的观测标志，用经纬仪或全站仪测量 $\angle BAM = \beta$，视线方向大致垂直于厂房的位移方向。若厂房有平面位移 MM'，则测得 $\angle BAM' = \beta'$，设 $\Delta\beta = \beta' - \beta$，则位移量 MM' 按下式计算：

$$MM' = AM \frac{\Delta\beta}{\rho} \tag{12-6}$$

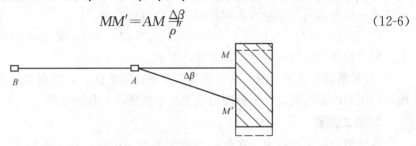

图 12-6　位移观测

任务实施

根据"相关知识"中的学习内容，在实际测量工作中，进行建筑物裂缝观测和水平位移观测。

任务四　编绘竣工总平面图

任务描述

竣工总平面图是设计总平面图在施工结束后对实际情况的全面反映。由于设计总平面图在施工过程中因各种原因需要进行变更，所以设计总平面图不能完全代替竣工总平面图。为此，施工结束后应及时编绘竣工总平面图。本任务要求学生掌握竣工总平面图的编绘方法。

相关知识

一、编绘竣工总平面图的意义

（1）由于设计变更，建成后的建（构）筑物的位置、尺寸或构造与原设计位置、尺寸或构造等有所不同，这种临时变更设计的情况必须通过测量反映到竣工总平面图上。

（2）它将便于日后进行各种设施的维修工作，特别是地下管道等隐蔽工程的检查和维修工作。

（3）它为企业的扩建提供了原有各项建筑物、地上和地下各种管线及测量控制点的坐标、高程等资料。

【小提示】 编绘竣工总平面图，需要在施工过程中收集一切有关的资料，并对资料加以整理，然后及时进行编绘。为此，在建筑物开始施工时应有所考虑和安排。

二、编绘竣工总平面图的方法和步骤

1. 绘制前的准备工作

（1）确定竣工总平面图的比例尺。建筑物竣工总平面图的比例尺一般为1：500或1：1 000。

（2）绘制竣工总平面图底图坐标方格网。为了能长期保存竣工资料，竣工总平面图应采用质量较好的图纸，如聚酯薄膜、优质绘图纸等。编绘竣工总平面图，要先在图纸上精确地绘出坐标方格网。坐标方格网画好后，应进行检查。

（3）展绘控制点。以底图上绘出的坐标方格网为依据，将施工控制网点按坐标展绘在图上。展点对所临近的方格而言，其允许误差为±0.3 mm。

（4）展绘设计总平面图。在编绘竣工总平面图之前，应根据坐标方格网，先将设计总平面图的图面内容按其设计坐标用铅笔展绘于图纸上，作为底图。

2. 竣工测量

在建筑物施工过程中，在每一个单项工程完成后，必须由施工单位进行竣工测量，提出工程的竣工测量成果，作为编绘竣工总平面图的依据。竣工测量内容包括：

（1）工业厂房及一般建筑物：房角坐标、几何尺寸、各种管线进出口的位置和高程，房屋四角室外高程，并附注房屋编号、结构层数、面积和竣工时间等。

（2）地下管线：检修井、转折点、起终点的坐标，井盖、井底、沟槽和管顶等的高程，附注管道及检修井的编号、名称、管径、管材、间距、坡度和流向。

（3）架空管线：转折点、结点、交叉点和支点的坐标，支架、间距、基础标高等。

（4）交通线路：起终点、转折点和交叉点的坐标，曲线元素，桥涵等构筑物的位置和高程，人行道、绿化带界线等。

（5）特种构筑物：沉淀池、污水处理池、烟囱、水塔等及其附属构筑物的外形、位置及标高等。

（6）其他：测量控制网点的坐标及高程、绿化环境工程的位置及高程。

三、编绘竣工总平面图的注意事项

对有竣工测量资料的工程，若竣工测量成果与设计值之差不超过所规定的定位容许误差，则按设计值编绘；否则应按竣工测量资料编绘。

如果施工单位较多，多次转手，造成竣工测量资料不全，图面不完整或与现场情况不符，应实地测绘竣工总平面图。外业实测时，必须在现场绘出草图，最后根据实测成果和草图在室内进行展绘，完成实测竣工总平面图。

对于各种地上、地下管线，应用各种不同颜色的墨线绘出其中心位置，注明转折点及井位的坐标、高程及有关注记。在一般没有设计变更的情况下，用墨线绘的竣工位置与按设计原图用铅笔绘的设计位置应该重合。随着施工的进展，逐渐在底图上将铅笔线都绘成墨线。在图上按坐标展绘工程竣工位置时，与在底图上展绘控制点的要求一样，均以坐标格网为依据进行展绘，展点对临近的方格而言，其容许误差为±0.3 mm。

四、竣工总平面图的附件

为了全面反映竣工成果，以便于日后的管理、维修、扩建或改建，下列与竣工总平面图有关的一切资料，应分类装订成册，作为竣工总平面图的附件保存：

(1)建筑场地及其附近的测量控制点布置图及坐标与高程一览表。

(2)建筑物或构筑物沉降及变形观测资料。

(3)地下管线竣工纵断面图。

(4)工程定位、放线检查及竣工测量的资料。

(5)设计变更文件及设计变更图。

(6)建设场地原始地形图等。

任务实施

根据"相关知识"中的学习内容，在实际测量工作中，编绘竣工总平面图。

➤ 项目小结

变形测量点可分为控制点和观测点。控制点包括基准点、工作基点及联系点、检核点等工作点；为了提高精度，可采用"三固定"的方法，即固定人员，固定仪器和固定施测线路、镜位与转点。在建筑物变形观测中，进行最多的是沉降观测，沉降观测的成果整理包括整理原始记录、计算沉降量、绘制沉降曲线；测定建筑物倾斜度如何随时间而变化的工作称为倾斜观测。测定方法有两类：一类是直接测定法；另一类是通过测定建筑物基础的相对沉降确定其倾斜度。当建筑物多处发生裂缝时，需要对裂缝统一进行编号，并测定其在建筑物上的分布位置，在裂缝处设置观测标志。常用的观测标志有石膏板标志、金属棒标志、白铁板标志三种。建筑物的水平位移观测是根据平面控制点测定建筑物的平面位置随时间而移动的大小和方向，了解建筑物随时间位移的情况。竣工总平面图是设计总平面图在施工结束后对实际情况的全面反映。编绘竣工总平面图，需要在施工过程中收集一切有关的资料，并对资料加以整理，然后及时进行编绘。

➤ 思考与练习

1. 变形观测分为哪几类？

2. 简述建筑物倾斜观测、位移观测的方法。

3. 怎样进行建筑物墙面的裂缝观测？试画图说明。

4. 经检测，某烟囱顶部中心在两个相互垂直的方向上各偏离底部中心 58 mm 及 73 mm，设烟囱的高度为 90 mm，试求烟囱的总倾斜度及倾斜方向的倾角，并画图说明。

5. 为什么要编绘竣工总平面图？竣工总平面图包括哪些内容？

参 考 文 献

[1] 中国有色金属工业总公司. GB 60026—2007 工程测量规范[S]. 北京：中国计划出版社，2008.

[2] 中华人民共和国住房和城乡建设部. CJJ/T8—2011 城市测量规范[S]. 北京：中国建筑工业出版社，2011.

[3] 魏静，李明庚. 建筑工程测量[M]. 北京：高等教育出版社，2008.

[4] 张国辉. 土木工程测量[M]. 北京：清华大学出版社，2008.

[5] 周建郑. 土木工程测量[M]. 北京：中国建筑工业出版社，2008.

[6] 王根虎，等. 土木工程测量[M]. 开封：黄河水利出版社，2006.

[7] 陈传胜，等. 控制测量技术[M]. 武汉：武汉大学出版社，2014.

[8] 高绍伟，等. 控制测量[M]. 北京：煤炭工业出版社，2007.

[9] 潘松庆，等. 测量技术基础[M]. 开封：黄河水利出版社，2012.